オープン・イノベーション・システム

――欧州における自動車組込みシステムの開発と標準化――

徳田昭雄・立本博文・小川紘一 編著

晃洋書房

本書出版にあたって

　本書の目的は，"電子化によって深刻化する複雑性の急増にどう対応するか"，そして"自動車の電子化の先に何が見えるか"，という問題意識を念頭に，21世紀型オープン・イノベーション・システムの新たな方向性を示すことにある．

　21世紀の我々が着目する電子化とは，デジタル化・ソフトウエア化のことである．これをモノづくり現場の視点で言えば，組込みシステムが自動車設計の深部で広範囲に介在し，基本機能や性能はもとより自動車の品質までも左右することを意味する．組込みシステムとは，マイクロプロセッサーと組み込みソフトウエアで構成され，ハードウエア・ブロックをリアルタイム制御するデジタル型のフィードバック・システムである．

　マイクロプロセッサーは日本の一家族に100-150個も使われており，2015年には全世界で500億個という想像を絶する数になるという．またこの上で動く組込みソフトウエアのステップ数が10年で10倍以上へ急増し，製品やシステムの設計に深刻な複雑性をもたらす．人智を超えて誰もが全てを理解できない状況が，製品設計の現場に迫っているのである．

　自動車は非常に裾野の広い技術体系によって支えられ，いずれの国にとっても雇用と成長を支える巨大産業である．欧州でも製造業を象徴するのが自動車産業であり，他に抜きんでた巨額の研究開発費を使い（2007年の時点で約180億ユーロ），最も大きな粗利益（約800億ユーロ）を生み出して欧州連合の雇用と成長を支える．しかしこの自動車産業でも，環境規制の強化やネットワーク連携および途上国市場の急成長によって組込みシステムが巨大化し，複雑性が非常に深刻な問題となってきた．これを踏まえて欧州諸国は，2003年にAUTOSARを，また2004年にARTEMISをスタートさせ，国際標準化による"国家を超えたオープン・イノベーション・システム"によってこの問題を解決しようとしているのである．その経緯と現状および将来展開については本書をお読み頂きたい．

　本書が組込みシステムに焦点を当てるもう1つの背景は，これが製品設計の深部で広範囲に介在する，すなわちアナログ型からデジタル型へ移行するその

先に，経営環境のパラダイムシフトが待っていることを多くの人に理解して頂きたいためである．

製品設計とは，複雑に絡み合った技術体系を要素技術モジュールの単純組合せへ転換させ，分業とルーチン化によって生産効率を上げるための一連の行為である．例え匠の技の製品であっても，製造工程を個別工程の単純組合せ型へ転換することによってはじめて，分業による低コスト・高品質・大量生産が可能になるからである．ここで日本企業の競争力を支えたのは，それぞれの分業工程に許容される門外不出の工程管理パラメータ（許容公差）であり，公差を拡大させる生産技術や生産管理の組織能力であった．

しかしながらデジタル化，すなわち組込みシステムの介在は，基幹技術モジュール相互の結合インタフェースを暗黙知から形式知へ転換させ，同時にインタフェースの結合公差が飛躍的に拡大することを意味する．設計の段階で既に公差が拡大しているのであれば，生産技術・生産管理ノウハウの役割が低くなる．更に本書が着目するオープン環境の国際標準化によって，門外不出のノウハウであった部品相互の結合公差や相互依存性などが形式知としてグローバル市場へ公開されてしまう．

ここから技術の伝播/着床スピードが10倍以上に加速し，先進工業国と途上国との間に比較優位の国際分業が，同じ産業の中で生まれるのである．途上国企業は，技術の伝播/着床スピードが速い産業領域からビジネスチャンスを摑んで自国の経済を成長させ，同時に先進工業国の企業は自らのビジネスモデルに新興国の成長を取り込んで経済成長に寄与している．デジタル化と国際標準化を起点としたオープン国際分業が，グローバル市場の競争ルールを一変させたのである．

この意味で世界の産業構造は，1970年代に興隆したマイクロプロセッサーとその延長で発展する組込みシステムによって，まずエレクトロニクス産業から歴史的な転換期に立った．デジタル化，すなわち組込みシステムの爆発的な普及は，単に技術の問題でなく企業制度やグローバル産業構造を一変させる作用を持っていたのである．技術や知財に勝り，モノづくりで圧倒的な優位性を誇った我が国企業が，エレクトロニクス産業で何度も市場撤退を繰り返す背景がここにあった．

本書は，AUTOSAR標準によってハードウエア・ブロック側に依存しない自動車アプリケーションの開発が可能になるなど，自動車産業も，このような

デジタル化／ソフトウェア化の影響と無縁ではいられないと指摘している．もしこの延長で比較優位のオープン国際分業が必ず生まれ，途上国の自動車産業を躍進させて経営環境のパラダイムが変わるのであれば，我々は国の政策や企業制度ならびに組織能力やビジネスモデルを再構築しなければならない．あるいは既存の勝ちパターンを支えるパラダイムの維持発展に向けて，国も企業も全力で自己改革に取り組まねばならない．

　組込みシステムの爆発的な普及は，以上の二つの課題を我々に突き付けているが，本書は自動車産業が直面する複雑性の急増問題に焦点を当て，国際標準化による協調と協調のオープン・イノベーションが問題解決の方向性であることを示した．パラダイムが一変するメカニズム，およびこれが自動車産業の競争力に与える影響については，稿を新ためて論じたい．

　本書は，2008（平成20）年度から2010（平成22）年度まで財団法人　日本自動車研究所で行われた経済産業省委託の，"自動車電子システム調査委員会およびその関連ワーキンググループ"による活動成果を基本資料として活用している．この意味で，調査委員会やワーキンググループで調査と討論に参加頂いた皆様はもとより，日本自動車研究所の皆様へ，当時の自動車電子システム調査委員会委員長として，ここに改めて感謝申し上げる．

　2011年5月

小　川　紘　一

はしがき

1 本調査研究について

1-1 本調査研究の意義
　イノベーションには，①新規のもの，②新規のものを生み出すプロセス，という2つの意味がある．イノベーション研究では，後者の「プロセスとしてのイノベーション」を重視している．イノベーション・プロセスは，たとえば，新規技術の発見，要素技術開発，製品開発，製品の市場導入，製品の普及などのいくつかの段階で構成される．

　もっとも素朴なイノベーション・プロセスは，これらの段階を順繰りに経るリニア・イノベーションである（Bush, 1945）．純粋なリニア・イノベーションでは，巨大企業が1社で，中央研究所を持ち，材料・部品の為の子会社を持ち，製品開発から販売を行う事業部を持つ．戦前から戦後にかけてのアメリカ産業が具体的な例である（Shumpeter, 1942）．

　ところが，1980年代以降，「純粋なリニア・イノベーションを追求するだけでは，複雑性増大に対して不十分である」という指摘が多方面から提出されるようになってきている．複雑性の増大によって，純粋なリニア・イノベーションが機能しなくなってきているのである．

　この現状を克服するため，多くの研究者が複雑性増大に対処できる仕組み（システム）について明らかにしようと研究を行っている（詳細は序論を参照）．これらの研究は，イノベーション・システム研究と呼ばれ，「特定の仕組みを用意することによって，特定のイノベーション・パターンの実現を促進する」との考えのもと，イノベーションの成功要因について研究を行っている．

　では，複雑性に対処するイノベーションには，どのようなイノベーション・システムが良いのであろうか．残念ながら現時点では，「複雑性問題を完全に解決するようなイノベーション・システム」について，実務界にも学界にもコンセンサスはない．有望そうな解決法は，オープン・イノベーションの促進であろうとされている（真鍋・安本，2011）．オープン・イノベーションとは，「知

識の流入と流出を自社の目的にかなうように利用して社内イノベーションを加速するとともに，イノベーションの社外活用を促すような市場を拡大するイノベーション」である（Chesbrough, 2003）．つまり，1社ですべてのイノベーション・プロセスを完結させるのではなく，複数社でイノベーション・プロセスを分担して行った方がよいと主張しているのである．企業ネットワーク指向のアプローチである．

しかし，オープン・イノベーションの定義は，これ以上のことを何も言っていない．すなわち，オープン・イノベーションは「1社で完結するような『純粋なリニア・イノベーション』を否定するイノベーション・プロセス」として定義されているだけであって，どのように複数社が共同したらよいのか，どのように自社の戦略にかなうように他社と「協調と競争」を行えばいいのか，等について，よくわかっていなかったのである．ようやく，最近の研究によって，オープン・イノベーションにもいろいろなバリエーションが存在する可能性が示唆されているが（Chesbrough et al., 2006；立本・小川, 2010）未だその詳細については明らかになっていない．

本書では，オープン・イノベーション・システムが複雑性増大に対してどのように機能するのかを，欧州自動車産業が電子システム複雑性に対処している事例を用いて探った．複雑性をうまく扱うことができるイノベーション・システムは，学術的にも，実務的にも重要であり，今後，この探求の意義はますます大きくなっていくであろう．

1-2 調査の目的

本調査研究の目的は，「電子システム化による複雑性増大を自動車産業がどのように対処しているのか」を明らかにすることである．衆知の通り，自動車に搭載される組込みシステム，そしてそれを制御する組込みソフトウェアは拡大の一途をたどっており，製品としての自動車の複雑性は爆発寸前である．昨年のアメリカ市場でのハイブリッド車のリコール問題からわかるように，電子システムによる複雑性増大は，かつてない困難な問題を自動車産業に突きつけている（徳田, 2008；藤本, forthcoming）．

このような複雑なシステムを1社だけで対処することはできない．このため，企業間のネットワーク，産官学のネットワークによる解決が指向されている．企業間ネットワークに関して，大きく2つの方向性がある．1つ目は企業間の

情報処理能力を上げコミュニケーションを濃密にすることで複雑性を解決しようとする方法であり，2つ目は産業標準を設定して簡明なインターフェイスを与えることにより，企業間の調整コストを下げようとする方法である．本書 Part I (1～4章)で紹介しているように，欧州自動車産業が盛んに標準化活動を行っているのは，後者の取り組みであると考えることができる．はたして，欧州自動車産業のアプローチは，複雑性増大に対して機能するのだろうか．

さらに，複雑性の問題は，自動車産業という個別産業のレベルにとどまらず，国としてのイノベーション・システム（ナショナル・イノベーション・システム）の根源的な部分にまで影響しているように見える．たとえば Part II (5～7章)のなかで紹介している「目的基礎研究」の考え方（5章）は，今までのイノベーション管理の考え方とは異なる視点を提示している．基礎研究は「目的を定めない，汎用的な」研究フェーズであるにもかかわらず，「目的を特定化してしまわないと複雑性に対処できない」というジレンマに直面している．「開発ツール間連携」(6章)や「認証制度」(7章)は，自動車産業のためのナショナル・イノベーション・システムの一部であるが，今日では，自動車以外の幅広い産業が組込み制御システムとして電子システムを利用している．このような状況を考慮した時，従来通り，自動車産業の視点のみから産業環境の整備をしてよいのであろうか．

このように，様々な視点で「複雑性」という魔物を飼い慣らすための試行錯誤が続けられている．これらのイノベーション・システムを包括的に理解するため，本書では「重層的なオープン・イノベーション」という分析枠組みを用いて欧州自動車産業の取組みを明らかにした．

1-3 調査の対象と方法

本調査が選んだ対象産業は，日本がもっとも国際競争力をもつ「自動車産業」である．しかし，その対象技術分野は，日本がもっとも競争力を失いつつある「電子システム」である．

様々な既存研究によって，日本の自動車産業が国際的に見て，すぐれた製品開発力を持っていることが明らかにされている．しかし電子化による複雑性増大によって，これまでどおりのやり方は通用しないかもしれない．自動車産業はおよそ100年の間，安定したアーキテクチャの下で競争を行い切磋琢磨してきた（下川, 2004）．しかし，複雑性問題への危惧から，「新しいやり方を学ばな

ければならない」という機運を自動車産業内に強く感じる.

　このため本調査研究では，グローバル自動車産業のいまひとつの雄である欧州自動車産業が，どのように電子システムの複雑性増大に対処しているのかに焦点を当てた．欧州自動車産業の試行錯誤を包括的に理解しようとしたため，様々なバックグランドを持つ研究者が本書の執筆を行うことになった．最終的に，欧州自動車産業の取り組みだけでなく，欧州のイノベーション・システムそのものにも光を当てることになった．

　理解を容易にするために，既存研究が明らかにしてきたことを大くくりに示しておくと次のようになる．アメリカ，日本，欧州の自動車産業を比較すると，アメリカ自動車産業はもっとも垂直統合度が高い（高かった）．ここでいう垂直統合とは，製品開発ばかりでなく，材料製造から基礎研究開発まですべてを単一の巨大企業が行うことをイメージしている．これに対して，日本自動車産業は垂直統合を指向しているが，アメリカほど単一巨大企業ではなく，ネットワーク型であるといえる．系列ネットワークは問題解決を効率的に行う「良い」企業ネットワークであることが，様々な実証研究から明らかになっている（Clark and Fujimoto, 1991；Dyer and Nobeoka, 2000；武石, 2003）．1980年代以降継続的に続けられている自動車の製品開発生産性の国際比較調査は，一貫して日本の開発生産性がアメリカを凌駕していると報告している（藤本・延岡, 2006）．

　さらに欧州自動車産業に目を転じてみると，そこにも確かにネットワーク型の産業構造がある．しかし日本の系列ネットワークよりは，かなり自律度が高い．自動車企業の集中度（市場独占度）も，欧州は日本よりかなり低い．関係の深い自動車メーカーと部品メーカーの組み合わせが存在するものの，日本よりも流動的であり，機会主義的である．日本の自動車産業を，有能な企業が濃密なコミュニケーションを基盤として問題解決を行う「コア・ネットワーク」だとすれば，欧州の自動車産業は，関係特殊的な資産が希薄で自律性の高い「オープン・ネットワーク」であるといえる（立本・許・安本, 2008）．

　複雑性増大に対して，どちらの企業ネットワークのアプローチが有効なのだろうか．欧州自動車産業の「オープン・ネットワーク」は，果たしてどのように，複雑性増大の問題を解くのであろうか．そして，オープンネットワークで行われるイノベーション，すなわちオープン・イノベーションによるアプローチは，自動車の電子システム化に伴う複雑性増大に対して，経済上の合理性を持っているのだろうか．

これらの疑問を解く過程で，我々は企業ネットワークを支えるナショナル・イノベーション・システムの問題にも踏み込んでいった．たとえば，第5章で取り上げたような，要素技術（形式手法やモデリング技術）は，民間企業が単独で行うには，あまりに基礎科学的過ぎる．第6章で取り上げたような支援産業としてのツール産業の整備も，一企業が行える範囲を大きく超えている．第7章で紹介しているような認証局の問題も一企業だけで解決できる問題ではない．これらの諸問題は，典型的なナショナル・イノベーション・システムの問題である．

　欧州自動車産業の車載システムの複雑化への取り組みは，欧州のナショナル・イノベーション・システムを基盤として成り立っている．このような認識のもと，本書では「重層的アプローチ」を用いて欧州自動車産業の取り組みがどのようなものなのかを明らかにしようと試みた．

　調査の過程では，社会科学の伝統的な方法を用いた．すなわち，様々な分野の専門家と議論を行い，連携しながらフィールド調査を行ったわけである．本書を執筆するために，複数の企業からの産業人（電子システム専門），基礎理論の研究者（情報システム），さらに，社会科学の研究者（経営学）が集まった．議論の場としては，日本自動車研究所（JARI）の自動車電子システム調査委員会（2009-10年度）が母体となった．ただし本書で表した見解は必ずしも同委員会と完全に一致するわけではない．

　複雑な問題であることを反映して，欧州自動車産業の電子システムへの取り組みについて，様々な意見が出された．各執筆者が全く異なる出自であるため，はじめは意見の交換さえままならない状態であった．しかし，議論を重ねていくうちに，一定の見解や日本の自動車産業が抱える問題が見えてきた．この知見をもとに，それぞれの専門に近いトピックについて各章，執筆分担を行い，完成したのが本書である．

1-4　本書が想定する読者

　本書が想定するのは，第1に，自動車産業に関係している産業人である．自動車産業の中で電子システムを専門にしている方から見れば，本書の内容は初歩的なものかもしれない．しかし，自動車産業の関係者であっても，電子システム分野以外の方から見れば，本書の内容は目新しいものであろう．さらに，日本の自動車産業のアプローチに慣れている現場の方にとっては，欧州のアプ

ローチを知ることは刺激的であるに違いない.

本書が想定する第2の読者は,イノベーション・システムに関心を持っている方である.イノベーション政策に関心がある方は,政府関係者だけでなく,自動車産業の中にもいるだろうし,学界の中にもいるだろう.本書で触れているイノベーション・システムの議論は,特定の省庁の中にとどまるとは思えない.欧州委員会のイノベーション政策は,より包括的なアプローチを指向しており,これを基盤として欧州企業も新しいイノベーションの方法を模索しているように見える.様々なバックグランドをもった方々にとって,新しいイノベーション・システムについて議論をするためのプラットフォームとなるように本書を執筆した.

本書が想定している第3の読者は,いわゆる一般の方である.ただし,イノベーション・システムとしての産業を考えたいという目的を持った方である.たとえば,大学に通われている学生や,自動車産業以外で働いておられる企業人の方である.このため,なるべく専門知識を前提としないで,各トピックの本質を理解できるように,各章の著者に努力していただいた.扱っている内容は専門的であり,ホット・イシューも含むため,執筆は大変困難であった.しかし,十分その努力に見合うものができたと思う.

2 本書の構成と概要

本調査研究の発見物を各章に従って短くまとめるならば,次のようになるだろう.

序論では,オープン・イノベーションという概念を用いて欧州における組込みシステムの開発と標準化の動向を考察するための分析視角が提示される.ここでは,本書Part Iにおいて「重層的なオープン・イノベーション・システム」として欧州の様々なレベルの取組みを描く根拠や,複雑な製品システム(CoPS: Complex Product Systems)としての性質をもつ組込みシステムとオープン・イノベーションの関係性,組込みシステムのイノベーションがインターフェイスの標準化をともなって進行していることの意味が理論的に明らかにされる.

1~4章は,Part I「組込みシステムの開発・標準化をリードする欧州の重層的オープン・イノベーション」と題して,欧州型オープン・イノベーショ

ン・システムの成立背景や特徴を紹介した．欧州型オープン・イノベーションのメカニズムについて深く理解するため，「超国家レベル」「バリュー・ネットワーク・レベル」「企業間ネットワーク・レベル」といった重層的な視点を用いて説明を行った．

　1章では，欧州委員会レベルのイノベーション政策としてFP7を取り上げた．FP7では，ERA，ETP，JTIなどの新しいアプローチが組み込まれており，企業の共同研究，産学官のネットワーク化の促進が行われている．この成果を市場化する強力な方法として，産業標準化，さらに国際標準化が指向されている．これらの特徴を「欧州型オープン・イノベーション」として紹介した．

　2章では，より自動車組込みシステムの開発と標準化の取り組みにフォーカスし，JTIの1つであるARTEMISを取り上げ紹介した．このコンソーシアムでは，自動車産業だけでなく，航空機やデジタルコンシューマ機器産業までもが共同して，組込みシステム複雑化の問題に対処しようとしている．このような従来産業の境界を越えたコンソーシアムの成立こそが，欧州型オープン・イノベーションの特徴の1つであり，産業競争力に影響を与える大きな潜在性を秘めている事を指摘した．

　3章では，自動車電子システムに関連した複数のコンソーシアムが「縦の調整」「横の調整」を通じて柔軟に連携し，産業標準を生み出しながら，最終的に巨大な複雑性に対処している様子を紹介した．複雑性に対処するために産業標準が有効であることは従来から指摘されてきたが，その主な実現方法は市場プロセスに依存する「デファクト標準」だけであった．しかし，本章で紹介したように，産業コンソーシアムが主導する「コンセンサス標準」は，非市場プロセスによる調整であるにも関わらず，柔軟性をもった調整機関として機能している．さらに，これら産業標準の中に「競争力の源泉」や「経済成長の機会」が埋め込まれている点を指摘した．

　4章は，本書で最も重要な章である．自動車組込みシステムの標準化で中心的な役割を果たしているコンソーシアムとしてAUTOSARを詳細に紹介した．そこでは自動車メーカー間，さらに自動車とサプライヤー／開発ツール企業が，競争と協調を行いながら，自動車電子システムに関連する一連の標準規格を作り出している．AUTOSARの影響が本格的に市場化されるのは2010年以降（要素部品や開発環境も含めると2015年以降）であるが，そこでは産業標準に強く影響された産業エコシステムが形成される可能性がある．さらに，電気自動車や

新興国産業にまで AUTOSAR 標準が影響し始めている点を紹介し，国際競争力へ影響する可能性を指摘した．

5章以降は，Part II「欧州における組込みシステムの開発と標準化」と題して，組込みシステムの開発にとって不可欠な主要な要素技術に焦点を当てている．そして，それら要素技術の開発活動の実際を産業標準との関わりに着目しながら紹介している．これらは自動車の電子システムに欠かせないナショナル・イノベーション・システムの要素である．

5章では，組込みシステムの複雑性に対処するための要素技術開発の現状がどのようになっているのかを紹介した．形式手法とモデリング技術は，複雑性増大下における組込みシステム開発には必須の要素技術である．欧州型オープン・イノベーションでは，このような要素技術を「目的基礎研究」と位置づけ，欧州委員会由来のファンドおよび産業とのマッチング・ファンドで支援している．これらの要素技術は欧州が先行しており，プロジェクト支援の枠組みも含めて学ぶところが大きい．

6章では，開発環境／ツール・チェーンからみた，自動車電子システムの産業エコシステムを紹介した．自動車組込みシステム関連の標準規格は，実際には，このようなツール・チェーン整備が最大の普及促進要因であり，その影響は計り知れない．従来の調査研究では，この事実をあまりに軽視していた．「MODELISAR」や「INTERESTED」など，ツール・チェーンの産業エコシステムが成長を始めており，ここでは日本ツール産業はほとんど存在感を示せていない．現実的にみれば，この状況が自動車組込みシステム開発の将来像に大きく影響することは間違いないだろう．

7章では，産業標準の中でも「ネットワーク・プロトコル」と「機能安全」に話題を絞り，そこでどのような標準化が行われているのかを詳細に紹介した．この2つのトピックは，ホット・イシューとして解釈することも可能であるが，より高度を上げて眺めてみると，産業標準化が競争力構築のツールとして使われている事例として解釈することもできる．とくに「欧州企業は標準化を戦略的に使っている．標準化活動が開始され，参加可能になった時点ではすでに標準化の大枠は決まっている．ゆえに，後から参加する企業は，詳細に肉付けを行う作業のみに終始し，本質的な議論には入れない．この方法を欧州企業は繰り返し実施している」という本章の指摘は，重く受け止めなくてはならない．

Appendix 1 では，5章で取り上げた形式手法について，その概説がなされ

ている.また,Appendix 2 では,2章で取り上げた ARTEMIS におけるテーマ選定のプロセスが紹介されている.

　このように各章のハイライトを整理し振り返ってみると,本調査研究が実に様々な視点を提供している事がわかる.各章は,独立しても読めるし,ある一連の流れをもっても解釈することができる.たとえば,本章の構成は,自動車の電子化や組込みシステムには必ずしも明るくない一般読者に配慮したものである.各章の順番は,調査テーマ的には「マクロ的テーマ」(イノベーション・システム)から「ミクロ的テーマ」(自動車組込みシステム)へと,時系列的には「歴史的な背景」(欧州型オープン・イノベーションの起源)から「ホット・イシュー」へと,段階を経て理解できるように配置した.

　もしも自動車の電子化や組込みシステムに関わっている産業人で,すぐにも現状を知りたい方は,Part II(5章～7章)を読むことによって現状把握することができるだろう.しかし,すぐに,このような欧州自動車産業の活動がどのような将来像を持つのか興味が湧くと思う.その際には,Part I(1章～4章)を読んでいただきたい.そうすることで,この自動車電子システムの標準化を牽引している欧州型オープン・イノベーションの本質を知ることができると思う.

　イノベーション政策に関わる方は,Part I を読んでいただき,そのイノベーション政策がどのような結果をもたらしているのかを,Part II の具体的な事例を踏まえて理解してもらいたい.共同研究支援や産業コンソーシアム・標準化活動の推奨などのマクロ的なイノベーション政策が,「目的基礎研究」「ツール・チェーン」「認証局制度」などのミクロ的な各現象につながっていることを理解できるだろう.

　最後に,「オープン・イノベーション」という考え方に関心があり,この考え方を応用して実際の事例研究に適用してみたい研究者には,本書通読後に再度,序論に目を通してもらいたい.序論で示された関連先行文献のサーベイに基づく分析視角は,そのような取り組みの一助になるはずである.

　「はしがき」では簡単に論点をまとめたが,各章ではより詳しく懸念点が述べられている.本調査が,自動車産業に関係する産業人,イノベーション政策関係者,さらにイノベーション・システムを理解しようとする方々に,少しでも貢献できれば幸いである.

3 謝　辞

本書は，実に多くの方々の協力によって完成したものである．従来の自動車産業研究では，自動車メーカーが主役になりがちであった．しかし，本研究では，産業エコシステムの観点から，半導体部品企業，ソフトウェア企業，システム・サプライヤーも調査対象に含めて，多くの方にインタビュー調査を行った．また，イノベーション・プロセスを扱ったため，政策担当者にもインタビューを行った．当然，日本・欧州の双方についてフィールド調査を行ったため，その工数は膨大なものとなってしまった．このような調査研究に協力していただいた方々に対して，一人一人の名前を挙げることはご迷惑になるかもしれないので敢えて行わないが，あらためて感謝の意を表したい．また，本書の出版を快く引き受けてくださった晃洋書房 編集部 西村喜夫様に厚く御礼申し上げたい．

最後に．執筆者は多大な工数をこの調査研究に費やしてしまったため，家庭に大きな負担を強いてしまった．執筆者にも効率化のために新しいイノベーションが必要かもしれない．本書の完成を支えてくれた家族に感謝したい．

2011年4月

ボストンにて執筆者を代表して

立 本 博 文

参考文献

Bush, V. (1945) *Science The Endless Frontier*, United States Government Printing Office.

Chesbrough, H. (2003) *Open Innovation*, Harvard Business School Press.

Chesbrough, H., Vanhaverbeke, W. and West, J. eds. (2006) *Open Innovation: Researching a New Paradigm*, Oxford University Press.

Clark, K. B. and Fujimoto, T. (1991) *Product Development Performance: Strategy, Organization, and Management in the World Auto Industry*, Harvard Business Press（田村明比古訳『実証研究 製品開発力——日米欧自動車メーカー20社の詳細調査』ダイアモンド社）.

Dyer, J. H. and Nobeoka, K. (2000) Creating and managing a high-performance knowledge-sharing network: the Toyota case, *Strategic. Management Journal*, Vol.21, pp. 345-367.

Schumpeter, J. A. (1942) *Capitalism, Socialism, and Democracy*, University of Illinois at Urbana-Champaign's Academy for Entrepreneurial Leadership Historical Research Reference in Entrepreneurship.

下川浩一 (2004)『グローバル自動車産業経営史』有斐閣.

武石彰 (2003)『分業と競争——競争優位のアウトソーシング・マネジメント』有斐閣.

立本博文・小川紘一 (2010)「欧州のイノベーション政策:欧州型オープン・イノベーション・システム」『赤門マネジメント・レビュー』9(12), 849-872. (Download from http://www.gbrc.jp/journal/amr/AMR 9-12.html).

立本博文・小川紘一・新宅純二郎 (2010)「オープン・イノベーションとプラットフォーム・ビジネス」『研究 技術 計画』Vol. 25, No. 1, p. 78-91.

徳田昭雄編 (2008)『自動車のエレクトロニクス化と標準化——転換期に立つ電子制御システム市場』晃洋書房.

藤本隆宏編 (forthcoming) 人工物複雑化への挑戦』有斐閣.

藤本隆宏・延岡健太郎 (2006)「競争力分析における継続の力:製品開発と組織能. 力の進化」『組織科学』39 巻, 4 号, pp. 43-55.

真鍋誠司・安本雅典 (2011)「オープン・イノベーションの諸相——文献サーベイ——」『研究 技術 計画』pp. 8-34.

執筆者紹介（50音順，＊は編者）

後呂考亮
　　財団法人日本自動車研究所 ITS 研究部 標準化グループ
＊小川紘一
　　東京大学 知的資産経営総括寄附講座 特任教授
香月伸一
　　財団法人日本自動車研究所 ITS 研究部 標準化グループ
金子貴信
　　財団法人日本自動車研究所 ITS 研究部 標準化グループ
國弘由比
　　財団法人日本自動車研究所 ITS 研究部 企画研究グループ
後藤正博
　　株式会社デンソー 電子プラットフォーム開発部先行技術開発室
鈴村延保
　　アイシン精機株式会社 ソフトウェアセンター主査
＊立本博文
　　兵庫県立大学 経営学部 准教授
＊徳田昭雄
　　立命館大学 経営学部 イノベーション・マネジメント研究センター准教授
豊島真澄
　　北九州市立大学 国際環境工学部情報メディア工学科 講師
中島　震
　　情報・システム研究機構 国立情報学研究所 教授
森田康裕
　　財団法人日本自動車研究所 ITS 研究部

目　次

本書出版にあたって　　　　　　　　　　　　　　　　　　　　　　　　小川紘一
はしがき　　　　　　　　　　　　　　　　　　　　　　　　　　　　立本博文

序　論　重層的なオープン・イノベーション・システム … 25
　　　　──複雑な製品システムの開発と標準化──

　　　　　　　　　　　　　　　　　　　　　　　　　　　　　　　　徳田昭雄

はじめに（25）
1　複雑な製品システム（CoPS）のオープン・イノベーション　（27）
　1-1　「チャンドラー型企業」の終焉
　1-2　オープン・イノベーション論とは
　1-3　複雑な製品システムとオープン・イノベーション
2　進化ケイパビリティ論におけるインターフェイス標準　（38）
　2-1　システミック・イノベーションから自律的イノベーションへ
　2-2　自律的イノベーションとインターフェイス標準

Part I　組込みシステムの開発・標準化をリードする欧州の重層的オープン・イノベーション

第1章　欧州型オープン・イノベーションの構造と特徴 … 55
　　　　──欧州における産学官連携の成立──

　　　　　　　　　　　　　　　　　　　　　　　　　　　　　小川紘一・立本博文

1　欧州イノベーション・システムの成立経緯とオープン標準化の萌芽　（55）
　1-1　イノベーション制度の改革プロセスとその歴史的背景
　1-2　Framework Programmeの発足と現在に至る経緯

2 第7次 Framework Programme（FP 7）の構造と特徴　（63）
    2-1　FP 7 の構造
    2-2　取り上げられるテクノロジ・プラットフォームとその特徴
  3 Joint Technology Initiative の構造と役割　（66）
    3-1　Joint Technology Initiative の構造
    3-2　JTI の示すロードマップ：産業エコシステム・標準化と規制・対象市場
    3-3　ERA 構想：研究ネットワーク構築の仕組み
  4 欧州連合のイノベーション政策への評価　（73）
    4-1　欧州の研究開発の効率性
    4-2　欧州型オープン・イノベーションの代表的成功モデル：GSM携帯電話
    4-3　インプット政策とアウトプット政策
  5 組込みシステム ARTEMIS の JTI における位置付け　（77）
    5-1　組込みシステムの JTI: ARTEMIS
    5-2　組込みシステムの重要性
  6 日本のイノベーション・システムは欧州から何を学ぶか　（79）
    6-1　欧州型オープン・イノベーション・システム
    6-2　政府支援のデメリットとその克服
    6-3　出口戦略の重要性
    6-4　日本型オープン・イノベーション・システムの構築にむけて

第2章　超国家レベルのオープン・イノベーション………88
――組込みシステムの共同研究開発と標準化 ARTEMIS の事例分析――

徳 田 昭 雄

  1 共同研究開発活動の揺籃としての欧州技術プラットフォーム　（88）
  2 ETP の JTI としての ARTEMIS　（90）
  3 ARTEMIS の概要　（91）
    3-1　ARTEMIS 設立の経緯
    3-2　ARTEMIS のプロジェクト・デザイン
  4 ARTEMIS の組織と研究プロジェクト　（97）
    4-1　ARTEMIS の組織と研究開発資金の流れ

4-2　ARTEMISの研究プロジェクト
　5　ARTEMISと産業クラスター間の連携　(102)
　6　EUのオープン・イノベーション政策とARTEMIS　(104)

第3章　バリュー・ネットワーク・レベルのオープン・イノベーション… 108
　　　――コンセンサス標準の確立過程におけるコンソーシアム間の調整――
　　　　　　　　　　　　　　　　　　　　　　　　徳田昭雄・立本博文

　1　組込みシステムの標準化に向けたコンソーシアム間の協業関係　(108)
　　1-1　産業コンソーシアム間の連関とコンセンサス標準
　　1-2　AUTOSARとコンソーシアムの協調関係
　　1-3　コンソーシアム間の協調関係
　2　アーキテクチャの標準化：OSEK/VDXの活動　(116)
　　2-1　OSEK/VDXの概要
　　2-2　OSEK/VDXの標準化活動と産官学連携
　3　ネットワークの標準化：FlexRayコンソーシアムの活動　(119)
　　3-1　FlexRayコンソーシアムの概要
　　3-2　FlexRayコンソーシアムの標準化活動
　4　フォーマットの標準化：ASAMの活動　(123)
　　4-1　ASAMの概要
　　4-2　ASAMの標準化の対象
　5　安全要件の標準化：HISの活動　(125)
　　5-1　HISの概要
　　5-2　開発プロセスの標準化
　　5-3　Automotive SPICEとの関係
　　5-4　MISRAとの関係
　6　国際競争力向上に向けたオープン・イノベーションと標準化の役割　(130)

第4章 企業間ネットワークレベルのオープン・イノベーション… 137
──標準化フェーズから市場化フェーズに向かうAUTOSAR──

徳田昭雄

1　AUTOSARの目的と組織構造　(137)
　1-1　技術コンセプトとソフトウェア・アーキテクチャ
　1-2　AUTOSARのパートナーシップと組織構造
2　AUTOSARの標準化活動の変遷　(146)
　2-1　フェーズI（AUTOSARリリース1.0, 2.0, 2.1）
　2-2　フェーズII（AUTOSARリリース3.0, 3.1/3.2, 4.0）
　2-3　フェーズIII（AUTOSARリリース5.0）
3　市場化の段階に向かうAUTOSAR仕様　(154)
　3-1　ドイツ自動車メーカの動向
　3-2　日本・アジア勢の動向
　3-3　EV（電気自動車）とAUTOSAR
4　AUTOSARの経済的メリットと自動車産業に与える影響　(159)
　4-1　"ボトム・オブ・ピラミッド"への対応
　4-2　"トップ・オブ・ピラミッド"への対応

Part II　欧州における組込みシステムの開発と標準化

第5章　ソフトウェアのコア技術 ……………………… 173
──高信頼性を目指すモデリングと形式手法の技術──

中島　震・豊島真澄

1　ソフトウェア信頼性に対する考え方　(173)
　1-1　価値ある信頼性の達成
　1-2　ソフトウェア開発の状況：エンジニアリング技術の必要性
　1-3　車載ソフトウェアの難しさ
2　目的基礎研究プロジェクトのポートフォリオ　(179)

2-1　研究開発プロジェクト群の構造
　　2-2　コントロールタワーとしての Artist Design
　　2-3　2つの方向性：モデリング技術と形式手法
　3　モデリング技術への取り組み　(184)
　　3-1　モデリングの役割
　　3-2　モデリングの方向性
　　3-3　欧州のモデリング分野研究プロジェクト
　　3-4　車載システムにおけるモデリングの重要性
　4　形式手法への取り組み　(195)
　　4-1　機能安全と形式手法
　　4-2　欧州の形式手法プロジェクト：DEPLOY
　5　FP 7-ICT ESD の最新動向　(199)
　　5-1　Call 4 の状況
　　5-2　その他の取り組み

第6章　開発環境／ツールチェーンの研究開発と標準化 …… 204
　　　　──欧州における取り組みの考察──

　　　　　　　　　　　　　　　　　　　　　　鈴村延保

　1　開発環境の要素技術と標準化領域　(204)
　　1-1　開発環境プロセス領域：Process
　　1-2　開発に携わる人のスキル領域：People
　　1-3　製品に織り込まれる技術：Product technology
　2　開発環境とツールの機能，および主要プレーヤ　(208)
　　2-1　個別要素技術の発展とV字プロセス管理への移行
　　2-2　異種領域の協調設計
　3　オープンソース活動と開発環境／ツールの標準化　(216)
　　3-1　ECLIPSE
　　3-2　プログラム言語のオープンソース活動
　4　開発環境とツールの今後の展望　(226)

第7章　ネットワークの標準化および認証機関の動向 … 229
——欧州主導で進められる標準化と認証規定の策定——

後 藤 正 博

1　車載ネットワークの標準化　(229)
　1-1　自動車のネットワーク化
　1-2　車載ネットワークの標準化への歩み：独自仕様から標準仕様へ
2　FlexRayの標準化　(235)
　2-1　基本的な特徴と標準化の動向
　2-2　最新仕様 FlexRay v 3.0 の変更点
　2-3　FlexRayの採用動向
3　MOSTの標準化　(242)
　3-1　MOSTの特徴と標準化の動向
　3-2　最新規格 MOST 150
4　認証機関　(245)
　4-1　AUTOSAR認証
　4-2　ISO26262認証
5　欧州主導で進む標準化の影響　(250)

結びにかえて ………………………………………………… 253

立 本 博 文

1　自動車産業と複雑性問題　(253)
　1-1　欧州自動車産業の複雑化への対応
　1-2　複雑性問題と企業ネットワークの戦略的マネジメント
2　イノベーション政策と国際競争力　(258)
　2-1　ナショナル・イノベーション・システム研究について
　2-2　FP7の中間評価と次期イノベーション政策
　2-3　ナショナル・イノベーション・システムの新モデル構築に向けて
3　企業の国際競争力の構築　(263)
　3-1　産業環境としてのナショナル・イノベーション・システム
　3-2　企業ネットワークと国際競争力
4　最後に　(266)

Appendix 1　形式手法概説 …………………………………… 271
中島　震

1　高い信頼性　(271)
    1-1　信頼性への総合的なアプローチ
    1-2　正しさの基準
2　形式手法の発展　(275)
    2-1　夢から現実へ
    2-2　設計方法論と形式手法
    2-3　実用化の2つの方向

Appendix 2　ARTEMIS における研究課題の優先順位 …………… 283
日本自動車研究所　ITS 研究部

1　「リファレンス設計とアーキテクチャ」の研究課題　(283)
2　EU 産業界の研究優先順位評価　(283)

序論

重層的なオープン・イノベーション・システム
――複雑な製品システムの開発と標準化――

徳田昭雄

はじめに

　2010年，EUの欧州委員会・共同研究センター（Joint Research Centre）は，『欧州の自動車組込みシステム産業の競争力（The Competitiveness of the European Automotive Embedded Systems Industry）』と題する報告書をまとめた．報告書には，今日の欧州の組込みシステム産業が国際的に主導的なポジションにあるとの認識が示されている．そして欧州自動車産業の長期的な国際競争力の維持には，組込みシステムに対する公的部門を含む更なる投資が必要であることが強調されている[1]．

　いうまでもなく同報告書は，欧州における自動車組込みシステム産業の動向の把握にとって必読である．と同時に，物理的・技術的に「見えにくい」特性をもつがゆえに，これまでひとつの産業として捉えられてこなかった組込みシステムを明示的に分析の俎上に載せて，その産業構造の包括的な分析が行われている点において画期的な報告書ともいえる．

　本書の主要な目的のひとつは，欧州における自動車組込みシステムの開発と標準化を研究対象として，その実態を分析することにある．欧州における自動車組込みシステムの開発と標準化を研究対象にする理由は，組込みシステムを構成する各種要素技術の国際標準の多くが，欧州のコンソーシアムが策定した規格だからである．欧州発の規格は，欧州企業の利害を多分に反映している．ゆえに，その利用を余儀なくされる日本の自動車産業は，実装の局面において往々にして不利な状況に陥ってしまっている（徳田編，2008）．ますます自動車のエレクトロニクス化が進展していくなか，組込みシステムの開発は日本の自動車産業が抱える数少ない「アキレス腱」のひとつになり兼ねない．したがって，

日本の自動車産業の国際競争力を将来的にも維持していくうえで，欧州の取組みの把握は不可欠な作業と考える．

分析にあたって本書では「オープン・イノベーション」という概念を持ち込み，様々なレベルに位置するアクターの「重層的」な協調メカニズムに焦点をあてる．「オープン・イノベーション」によって欧州の実態を分析する理由は，欧州発の国際標準が企業間の競争メカニズムを通じたデファクト標準という形態ではなく，その多くが企業間の協調メカニズムを通じて策定されるコンセンサス標準という形態をとっているからである（立本・高梨, 2010）．

本書で明らかにされる通り，欧州ではコンセンサス標準の策定に向けて様々なタイプの企業間ネットワーク（コンソーシアム）が形成されている．さらに，こうしたコンソーシアム・レベルの協調メカニズムは，欧州委員会の示す技術ロードマップや技術ロードマップに基づく標準化政策とシステマティックに連動している．結果的にそれは，様々なレベルにおける協調（EU各国の超国家的なレベルの協調，既存の産業の枠組みを越えた産業間の協調，バリューネットワーク構築に向けたコンソーシアム間の協調，目的基礎研究と開発・実装の壁を越えた産官学の協調）を促している．本書ではこのような様々なレベルの協調メカニズムのあり様を「重層的なオープン・イノベーション」として描くことになる．企業やコンソーシアムを分析の中核に据えながらも，これらアクターの諸活動を背後で支えるEUの制度や仕組みにまで視野を広げる．そして，組込みシステムの開発と標準化に向けた欧州の取組みをオープン・イノベーションという視角から重層的に行うことが本書の目的である．

以下，本章では，第1に「オープン・イノベーションとは何か？」を明らかにしておく．オープン・イノベーションといっても，その定義や焦点は研究者の観点に応じてさまざまである（OECD, 2008；Gassmann, et al., 2010；真鍋・安本, 2010）．ここではチェズブロウ等（Chesbrough, et al., 2006）のオープン・イノベーション論のサーベイを行い，本書における分析視角としてのオープン・イノベーションを定める．それは，本書PartⅠ（第1～第4章）において重層的なオープン・イノベーションとして欧州の様々なレベルの取組みを描く根拠になっている．第2に，オープン・イノベーション概念を用いて組込みシステムのイノベーションを分析することの妥当性を示しておく．ここでは，複雑な製品システム（CoPS：Complex Product Systems）としての性質をもつ組込みシステムに着目し，オープン・イノベーションと組込みシステムの関わりを明らかにす

る．そして第3に，組込みシステムのイノベーションがインターフェイスの標準化をともなって進行していることの意味を理論的に明らかにしておく．ここでは，イノベーションとインターフェイス標準や製品アーキテクチャの関係性に着目している新制度派経済学の進化ケイパビリティ論を検討する．進化ケイパビリティ論を取り上げるのは，同論者の代表格ラングロア（Langlois, R. N.）等が，19世紀末の垂直統合型企業の勃興から20世紀末に始まる脱垂直統合への歴史的文脈の中で，イノベーションとインターフェイス標準の関わりを理論的に提示しているからである．

以上の関連文献サーベイを通じて，複雑な製品システム（CoPS）の開発プロセスにおいて生じる事後（ex post）の調整コスト縮減のために策定されるインターフェイス標準と，インターフェイス標準の策定に向けて発現する事前（ex ante）の調整メカニズムとしてのオープン・イノベーション・システムを統一的に捉えることが可能になる．

1 複雑な製品システム（CoPS）のオープン・イノベーション

本節では，脱垂直統合によるイノベーション・プロセスの分析枠組みとして注目されているオープン・イノベーション論のサーベイを行い，複雑な製品システム（CoPS）とオープン・イノベーションとの関係性を把握する．

1-1 「チャンドラー型企業」の終焉

20世紀中葉にかけての重要な産業技術の発現は，欧米の垂直統合型企業によるクローズド・イノベーションによって主導されてきた．垂直統合型企業は専門経営者のマネジメントによる調整を通じてR&D活動によって産み出された技術の消散リスク（dissipation risk）[2]を抑えつつ，その一方で高位のスループット（throughput）[3]技術とそれによる大量生産を維持することで国際的・多角的に規模と範囲の経済性を発揮し，成長を遂げるものとしてモデル化されてきた[4]（Chandler, 1977, 1990；Lamoreaux. et al., 2003；Buckley and Casson, 1976；Rugman, 1981）．

しかし，1980年代後半からグローバルな規模で広がる企業間提携や産官学の連携，コンソーシアムの急増の例が示すように，クローズド・イノベーションの効用は相対的に低減しているように思われる（Dunning, 1997；Doz and

Hamel, 1998)．また，コンピュータ産業にみられる垂直統合型の産業構造の終焉や水平分業（非垂直統合）の進展，アウトソーシングの拡大の例が示すように，多角的な垂直統合型企業が主導するモデルだけでは今日の産業の発展を十分に説明できなくなってきている（Langlois and Robertson, 1992, 1995；Sturgeon, 2002；青木・安藤, 2002）．このような垂直統合化した企業を「チャンドラー型企業」[5]と呼び，学会においてはその歴史的通用性について白熱した議論が展開されている（i.e. Langlois, 2003；Lamoreaux, et al., 2003；Sabel and Zeitlin, 2004）．

企業成長のための戦略的提携の創造を訴えたバダラッコ Jr. は，既に1990年代の初頭，著書 *The Knowledge Link*（『知識の連鎖』）の中で，垂直統合パラダイムの終焉を次のように描写していた（Badaracco, 1991：iv）．

「かつての企業は，市場という大海に浮かぶマネージャーの調整の孤島であった．だが今日では，こうした見解は時代遅れになっている．企業は今，ベルリンの壁のように何十年にもわたって持ちこたえてきた壁を破壊している．企業のマネージャーは，単に市場と企業からなる世界のみならず，多様な他の組織との複雑な関係からなる世界で現在活動している」．

専門経営者による調整の下，必要な経営資源を全て自ら開発し，所有し，支配し，そこから生み出される製品やサービスを市場で販売するという，いわゆる「チャンドラー型企業」によるクローズド・イノベーションは色褪せてしまった．こうした企業観の変化が，企業集団や系列取引，ネットワーク組織，戦略的提携，産官学連携，クラスター・モデル，オープン・イノベーションをはじめとする，社外の組織との関係性をも視野に入れて企業活動を分析していく新たな研究領域へと多くの研究者を誘ってきた．

オープン・イノベーション論の研究者であるチェズブロウは，クローズド・イノベーションの効用低減の背景として，知識の流動性がグローバルに高まったことやベンチャー資本が登場してそのような知識を活用する企業が生まれるようになったことを上げている（Chesbrough, 2003 a；Chesbrough, et al., 2006）．そして，企業にとって垂直統合の必要性が失われており，クローズド・イノベーションからオープン・イノベーションにシフトさせる必要があると説く．また，"Unbundling the Corporation"でマッキンゼー賞を受賞したヘーゲルとシンガー（Hagel and Singer, 1999）は，文書化された標準仕様に従うことで企業間に互助の関係が芽生えたため，システムを構成する補完財を企業間で簡単に生産できるようになったとする．その結果，専門特化した企業が協調しあう企業ネ

ットワークが形成された．ひいては，盤石な地位を確立していた垂直統合型の巨大企業と伍して戦えるようになったという．

そのような専門特化した企業が協調しあう企業ネットワークを「エコシステム（産業生態系）[6]」と称したのがガワーとクスマノ（Gawer and Cusmano, 2002）である．彼らは広範な産業レベルにおける特別な基盤技術の周辺で，補完的なイノベーションを起こすように他社を動かす能力をプラットフォーム・リーダーシップと定義した．プラットフォームは，さまざまな企業によって生産された製品やサービスの1つのシステムの中に存在するあるコア製品にすぎない．しかし，異なる製品やサービスが存在することで，プラットフォーム，そして補完的な製品やサービスはともに，より価値あるものになる．したがって，プラットフォーム・リーダーシップ戦略を発揮し得る条件とは，ある企業の製品が単独で使用された場合にはたいした価値を生み出さないが，補完製品と組み合わさって使用されると価値が増すような場合である．

このように，「チャンドラー型企業」の終焉を唱える言説とともに，オープン・イノベーションやエコシステムといった企業の成長を説明する様々な新しいコンセプトやパラダイムが提起されるようになってきた．

1-2 オープン・イノベーション論とは

それでは，オープン・イノベーションとはいったい何なのか．ここでは，イノベーションの様態をあらわす新しいコンセプトとして登場したオープン・イノベーション論について，第1にその全体像を把握したうえで，第2に関連する先行研究を取り上げながら，その特徴を明らかにしておく．

チェズブロウ等（Chesbrough, et al., 2006）によれば，オープン・イノベーション・パラダイムは，企業内のR&Dが製品の社内開発を主導し，その製品を同じ会社が流通させるという従来の垂直統合モデルに対するアンチテーゼである．それは，自社の技術を発展させたいなら他社の知識も活用できるし，場合によっては積極的に活用すべきであり，また市場への進出にも他社のリソースを活用すべきだということを前提にしたパラダイムにほかならない．オープン・イノベーション・パラダイムのもとでは，プロジェクトを立ち上げるきっかけとなる知識や技術は社内外どちらでもよい．なおいえば，イノベーションに必要な知識や技術は生産プロセスの様々なステージで導入することができる（図1参照）．

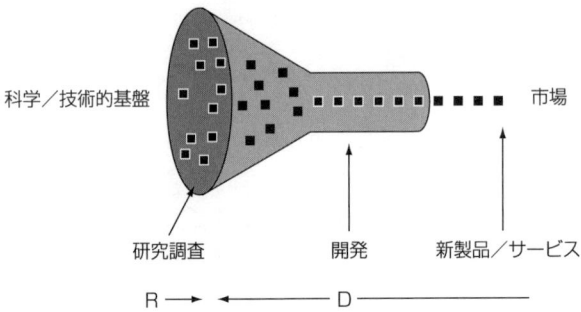

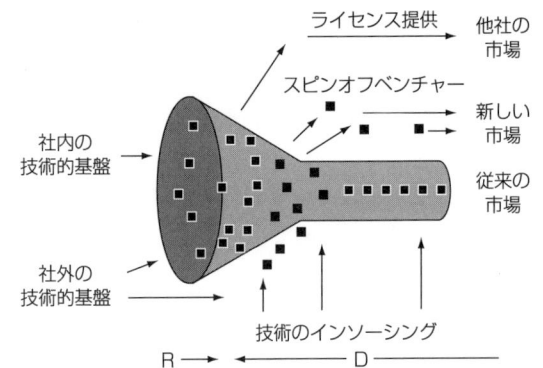

図1 クローズド・イノベーションとオープン・イノベーション

出所）Chesbrough, et. al.（2006）.

　しかし，このような考え方がことさら，目新しいというわけでもない．たとえば，様々なステージの中でも，特に顧客やユーザーとの関係性に着目して，リード・ユーザーによるイノベーションの活用が企業のパフォーマンス向上をもたらすことを実証している研究がある（von Hippel, 1986, 1988, 2005）．また，イノベーションにおけるユーザーと生産者の相互作用の役割に着目した研究や，ユーザーと生産者だけでなく流通がイノベーションの主体となり得ることを実証している研究もある．プロジェクトが市場に向かう方法も，他社へのライセンス供与やフランチャイズ方式など他社と提携する仕方もある．

　また，チェズブロウ等（Chesbrough, et al., 2006）によると殆どの研究では企業

レベルのオープン・イノベーションが検討されている．というのも，イノベーションは伝統的に単一の企業の意識的な活動の成果と考えられ，R&Dの競争は複数の企業によるイノベーションの競争と見なされてきたからという．しかし従来よりも分散的なイノベーション環境において組織のイノベーション活動を理解するためには，企業レベルだけでなく複数の分析レベルを持つことが必要であると説く．すなわち，その分析レベルとは，個人とグループ，組織と企業，バリューネットワーク[7]，産業とセクター，国家体制の各レベルである[8]．

ただし，それぞれのレベルにおけるオープン・イノベーション研究には，既に重厚な蓄積が築かれているように思われる．オープン・イノベーションという言葉を明示的に使用していなくとも，その性質についての言及の多くは，取引を調整する際の知識の役割を重視したハイエク（Hayek, 1937）や，市場でも階層でもない非公式の調整メカニズムを重視したリチャードソン（Richardson, 1972）の分析視角を発展させたものとも読み取れる．

既存の研究は，イノベーションの源泉としての個人の知識が組織レベルの知識へと伝播・活用されるプロセスを取り扱ってきた．また，企業間アライアンスや産業クラスターにおいて知識の相互作用が促進されることに着目するなど，様々なレベルのオープン・イノベーション・プロセスを明らかにしてきた．たとえば，野中・竹内（Nonaka and Takeuchi, 1995）は，イノベーションの創造という観点から，そのままではイノベーションに結実しがたい，暗黙でしばしば高度に主観的な洞察や直感や従業員個々人の発見を企業組織レベルで利用するプロセスとして，知識変換のサイクルモデル「SECIモデル」[9]をあらわした．クラインとローゼンバーグ（Kline and Rosenberg, 1986）は，企業のイノベーション・プロセスを，川上のR&D部門で開発された新製品技術が川下の設計部門，製造部門，販売部門へと単線的に進んでいく「線形モデル」としてではなく，様々な専門部門間の相互学習を通じて必要な情報や知識が同期的に生み出されていく「鎖状リンク・モデル（chain-link model）」として描いた．

「ネットワーク型イノベーション・モデル」を提唱した今井（1990）のように，イノベーションを企業間および産業間の相互学習として捉える研究も豊富である．大企業間の研究組合方式による共同R&Dの研究がその代表的なものであるが，近年では中小企業のオープン・イノベーションの実態も明らかにされ始めている（e.g. 岡室, 2009）．同じ「ネットワーク型イノベーション・モデル」の中でも，とりわけ地理的な近接性に着目して地域のイノベーション・プロセス

を明示的にオープン・イノベーションの観点から分析した研究もある（cf. Cooke, 2005, 2006）．

産業集積やクラスター，経済地理研究の分野では，特定地域における集積・クラスタリング効果やネットワーク効果[10]と，諸アクターによるローカルな知識のスピルオーバーとの因果関係が考察されてきた．サクセニアン（Saxenian, 1994）が描いたICT産業のシリコンバレーにおける興隆[11]，ポーター（Porter, 1998）の取り上げた産業クラスター，あるいはピオリとセーブル（Piore and Sabel, 1984）が明らかにしたイタリア中・北西部の専門化された製造業に見られる柔軟なネットワーク等は，そのような事例研究の先駆けである．地理的に集積した企業群や大学，研究機関は，より多くのより優れたイノベーションを生み出すために，それら異質な知識の集合を組織の壁を越えて有利に利用することができる．

国家レベルについても，政府にたいしてオープン・イノベーションを働きかけるような政策的提言やオープン・イノベーションの実態を明らかにした研究に枚挙にいとまがない．もともと国家的イノベーションの研究は，"イノベーションの国家システム"（Lundvall, 1992），"国家イノベーション体制"（Nelson, 1993 ; 後藤・児玉, 2006）などの呼称を用いながら，国ごとのイノベーションとイノベーションを支援する制度を結びつけようとしてきた．今日では政府資金による産学連携や大学との共同研究などの制度，あるいは研究成果のスピルオーバー効果に焦点を当ててオープン・イノベーションを促進する国家の主体的な役割が言及されるようになってきている[12]．

以上のような様々なレベルの研究蓄積を前にすると，「イノベーションに必要な知識や技術はプロセスの様々なステージで導入することができる」，「企業レベルだけでなく分析レベルを複数持つ」というチェズブロウ等の指摘それ自体に，ことさら目新しさがあるわけではなさそうである．オープン・イノベーションはクローズド・イノベーションと対峙する型として提示されているに過ぎず，いつ何をどの程度，いかなる条件下でオープンにすべきかについて，多くのことが語られないままである．しかも，彼ら自身，複数の分析レベルが重要であるとしながらも，本書で展開されるように，具体的にそのような枠組みを用いて具体的なオープン・イノベーションの様態を複数のレベルから重層的に描いているわけでもない．

とはいうものの，ステージやレベルの別に応じてイノベーションの調整主体

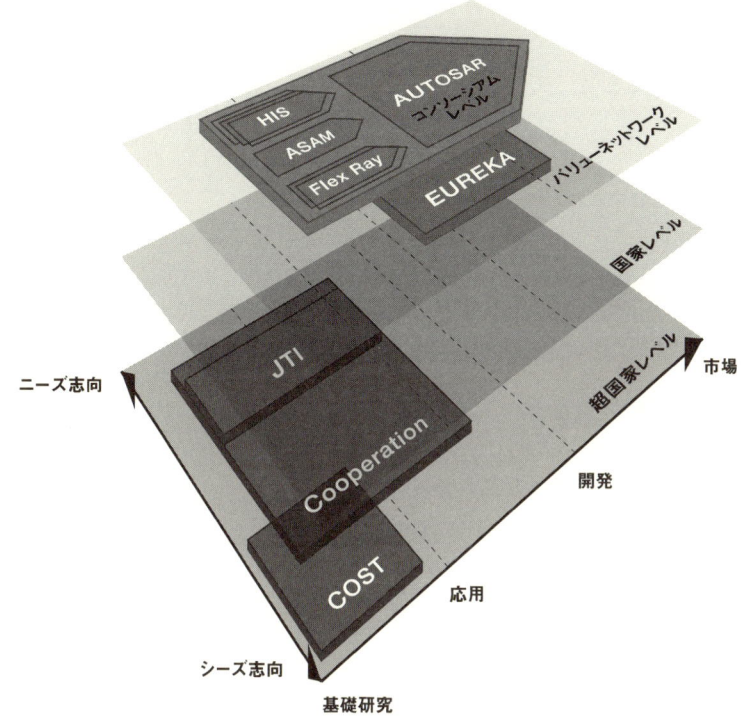

図2 オープン・イノベーションの重層的な分析

出所）筆者作成.

が異なることや，それぞれの調整主体による協調の可能性を言外に読み取り得るという意味において，彼らが提示した分析枠組みは，我々の研究にとって有益であることに変わりはない．そして彼らの枠組みに本稿の分析対象を位置づけるならば，それは組込みシステムの開発と標準化に向けて，EUにおける超国家的（欧州委員会主体）レベル，バリューネットワーク・レベル，コンソーシアム・レベル等，既存の壁を越えた様々なレベルの取組みを重層的に描くことにほかならない（図2）．

1-3 複雑な製品システムとオープン・イノベーション

さて，オープン・イノベーション論を用いて組込みシステムを考察することの意味を，別の角度から示しておきたい．それは，複雑な製品システム（以下

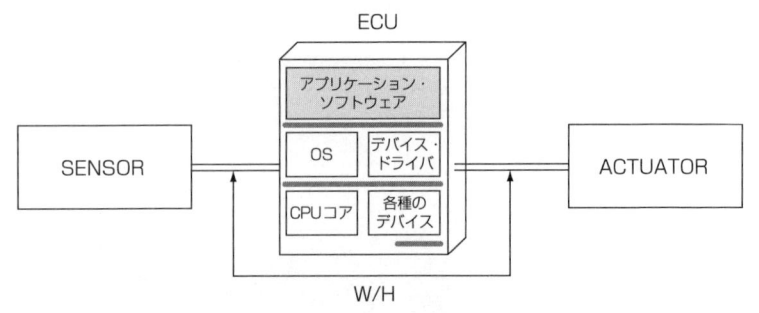

図3 組込みシステムの構成要素　概念図
出所）徳田編 (2008).

CoPS) としての性質をもつ組込みシステムに着目し，オープン・イノベーションと組込みシステムの関わりを明らかにすることである．

（1）CoPS としての自動車組込みシステム

　組込みシステムは「マイコンを応用したハードウェアの上で，その機器や製品の機能／性能を専用ソフトウェアで実現，制御するシステムまたはサブシステム」である（星野他, 2008）．組込みシステムを狭義に捉えるならば，それは応用領域が自動車の場合，ハードウェア（マイコン：MCU，各種のデバイス）とソフトウェア（OS，デバイスドライバ・ソフトウェア，アプリケーション・ソフトウェア）が"組込まれた"電子制御ユニット（ECU：Electronic Control System）ということになろう．広義に捉えるならば，ECU とつながる構成要素も含んだシステムということになろう．すなわち，①車内外の状況を認識する"五感"を掌る「センサ」，②ECU からの電気信号に反応して動く手足の"筋肉"に相当する「アクチュエータ」，③センサとアーキテクチュアを仲立ちする"頭脳"にあたる「ECU」，そして④これら構成要素を結ぶ"神経線・血管"とも言うべきワイヤハーネス（Wire Harness）にバッテリがそのエネルギー源として関わる電子制御システムである（図3）．

　このように組込みシステムに関連する要素技術はソフトウェア，メカトロニクス，ハードウェアまで広範に亘るが，すそ野となる要素技術も幅広い．たとえば組込みソフトウェアの開発にあたっては，IT 系のソフトウェアと違って最終的に組込みシステムに実装された時の安全性や信頼性要件を満たす形で開発環境基盤，プログラム言語，モデリング言語，開発プロセス，テスト環境，シミュレーション環境を整備しておかなければならない（徳田, 2011）．

分散ソフトウェア工学の専門家である中島氏は，IT系のソフトウェアと比較した場合の自動車組込みソフトウェアの特徴を，以下のように整理している（中島，2011）．自動車組込みソフトウェアの大きな特徴は，エンジンや機械系といった装置を対象とする制御ソフトウェアであるという点にある．制御ソフトウェアは自身を取り巻く環境との相互作用が大きい．運転者の判断という人間系，環境負荷を軽減する燃費効率の最適化といった機械系等とのフィードバックを含む．装置系は，自動車という最終製品の骨格を決めることから，システムの製品定義ならびにシステム開発の重要な要素である．従来にない新しい機能や特徴を出すことが望まれ，ソフトウェアは製品ごとに大きく異なる．その結果，共通化が難しく，制御ソフトウェアの開発が"個別撃破"のアプローチになることが多い．また，ソフトウェアの性質としてリアルタイム性が強調される．エンジン制御系が代表例であり，求められる時間内に計算結果を出すことが要求される．同時に，自動車という最終製品の価格を適切に保つという目的から，安定供給される標準的な性能のプロセッサを採用し，また主メモリや通信制御機器といったシステム資源の容量や性能が制限される．この資源制約が大きいシステムという点が，制御ソフトウェア開発に大きな影響を与える．システム資源の性能を最大限に引き出すことを目的として，実行レベルの記述，すなわち開発の最終成果物であるプログラムに対するチューニングを行う．これは開発上流工程の設計段階からの共通化を難しくし，"個別撃破"の方法にならざるを得ない理由である．さらに，IT系の計算システムがせいぜい数個のプロセッサから構成されているのに対して，最近の自動車組込みソフトウェアは，多数のECUが協調動作するネットワーク分散システムになっている．したがって，リアルタイム分散システムと呼ぶ先進的な技術を必要とする．最後に，すべての機能が，安全運転の達成に集約されるという点も大きな特徴である．出荷規模の面では，パソコンと同様な大衆化製品でありながら，IT系に対応させると銀行オンライン・システムなどの社会基盤ソフトウェアと同等の高い信頼性が求められる．不具合があるからといって，運行中にシステム・リセットすることはできない．

　まさに自動車の車載組込みシステムは，取り扱う要素技術の範囲が広く，資源制約が大きく，高い安全性・信頼性が要求される複雑な製品システムといえる．

(2) CoPSとオープン・イノベーションの関係

　ホブデイ（Hobday, 1998 a, b）やドシ等（Dosi, et al., 2003）によれば，イノベーションのプロセスや組織形態，調整メカニズムの形成は製品の性質に大きく規定される．本節では，これまで考察してきたオープン・イノベーションと，多数のコンポーネントと技術からなるコンプレックス製品システム（CoPS）との関係を整理する．

　CoPSのイノベーションをマス・プロダクション製品のそれと比較したのがホブデイ（Hobday, 1998 a, b）である．ホブデイは，マス・プロダクション製品と区別されるCoPSの4つの性質を明らかにしている．それは，①カスタマイズされ相互に連結した多くの要素からなる高価で階層的な製品（high cost hierarchical goods），②1社以上で協働する多くの組織が参加するプロジェクトにおいて生産される製品，③システムのある部分的変化が他の部分に大きな変化をもたらす製品，④ユーザーの参画程度が高く，それを通じてユーザー・ニーズが直接的にイノベーション・プロセスに反映される製品の4点である．そして，マス・プロダクション製品に比して，CoPSのイノベーション・プロセスの調整が困難である理由のひとつに「組織間の事前のプロジェクト・ベースの協働」が必要であることを上げている．それは，CoPSの開発と生産について仔細にわたって異なるタイプのサプライヤ，ユーザー，規制当局，専門機関の合意をとりつけるための時限的なプロジェクトにおける協働である．時限的プロジェクトは，市場の立ち上げ，企業間の意思決定の調整，プロジェクトへの買い手の参画，技術的・資金的資源の配分に責任を持つ．そして製品の設計やアーキテクチャに関する知識を伝達し，多くのサプライヤのもつ独自の資源やノウハウ，スキルを連結するために存在する（Hobday, 1998 b：21）．CoPSは，企業の枠を越えたプロジェクト・ベースのオープン・イノベーションを必要とする．製品の性質上，関わる企業が広範に及ぶことが，CoPSのイノベーション・プロセスの調整を困難にしているのである．

　加えてホブデイは，CoPSの調整が困難な理由のひとつに「システムのある部分的変化が他の部分に大きな変化をもたらす」ことを上げている（*Ibid*.：16-18）．すなわち，個別のコンポーネントや技術のイノベーションの影響がCoPS全体に及ぶシステミック（systemic）なものになるということである．システミック・イノベーションとは，企業が組み込まれている事業システムの別の部分にまで大きな調整を加えなければならない性質のイノベーションである

(Teece, 1986；Chesbrough and Teece, 1996). システミック・イノベーションは，関連する補完的イノベーションとともに実現されるため，相互依存する要素やアクティビティを調整するコストが指数関数的に増大する[14]. しかも，今日のシステミック・イノベーションはあまりに規模が大きく複雑なので，もっともすぐれた統合力を持つ大企業でも単独による管理は難しくなってきている（De Laat, 1999；Kano, 2000). したがって，システミック・イノベーションは益々オープン・イノベーションのプロセスを必要としている（Chesbrough, 2003b；Maula, et al., 2006). 製品の性質上，関わる企業が広範にわたり，それらが相互に依存していることがCoPSのイノベーション・プロセスの調整を困難にしているのである.

かつてティース（Teece, 1984, 1988）は，イノベーションの及ぶ範囲が一企業内でおさまらないシステミック・イノベーションは，調整が大変であるがゆえに統合的に管理されるべきであると指摘した[15]. しかし，CoPSのシステミック・イノベーションにおいて企業が垂直統合を選択する余地は多くない. そのような背景から，自社内のみならずサプライヤ，大学，規制当局等，関連するアクターの様々なアクティビティの調整を行うシステム・インテグレータの役割がロスウェル（Rothwell, 1992）によって強調してきた. あるいは，アーキテクト（Chesbrough, 2003a），プラットフォーム・リーダー（Gawer and Cusmano, 2002）などの呼称によって，このような企業の役割に注目が集まるようになってきたのである.

ただし，企業レベルのシステム・インテグレータに焦点を当てた分析だけでは，複雑化・大規模化するCoPSのイノベーション・プロセスの全体像を把握することが困難になってしまった. いまやCoPSのイノベーションは，個人や事業部，企業，産業の枠を越えて国家や超国家各レベルの複数のインテグレータによる複雑な調整プロセスを経なければならなくなっている.「社外を重視しながら，イノベーション・プロセスを様々なレベルから重層的に分析する」というオープン・イノベーション論の提示した分析視角がCoPSとしての組込みシステムの分析にあたる本書にとって有益なのは，以上のような理由による.

2 進化ケイパビリティ論におけるインターフェイス標準

システム・インテグレータと並んで，CoPS のイノベーション・プロセスの調整役として注目されているのが，外部調整メカニズムとしてのインターフェイス標準である．本章では，CoPS のオープン・イノベーションがインターフェイスの標準化を伴って進行していることの理論的な理解に努める．そのために，イノベーションとインターフェイス標準の関係を明らかにした新制度派経済学の進化ケイパビリティ論を検討する．進化ケイパビリティ論を取り上げるのは，同論者の代表格ラングロア等が，19世紀末の垂直統合型企業の勃興から20世紀末に始まる脱垂直統合への歴史的文脈の中で，イノベーションとインターフェイス標準の関わりを理論的に提示しているからである．

2-1 システミック・イノベーションから自律的イノベーションへ

CoPS に特徴的なシステミック・イノベーションは，自律的イノベーション（autonomous innovation）の対概念である．自律的イノベーションとは，他の段階との調整を必要とせずにある生産段階における変化が進展していくものである（Langlois and Robertson, 1995：151）[16]．これらは「市場と組織」の境界のあり様の理論化を試みる，新制度派経済学の進化ケイパビリティ論の鍵概念として取り扱われてきた．進化ケイパビリティ論者の代表格ラングロアは，20世紀末に始まる企業の脱垂直統合の動向を，企業から市場への資源調整メカニズムの回帰と捉えた．そして市場への回帰を「消え行く手（vanishing hand）」と称して，「消え行く手仮説」を提示した[17]．「消え行く手仮説」とは，市場の発達が進むにつれ，資源の調整メカニズムはスミスの見えざる手（invisible hand）からチャンドラーの見える手（visible hand）へ，そして消え行く手へと変化するというものである[18]．この見える手にかわって，市場の自律的イノベーションを促す調整メカニズムとして現れてきたのがインターフェイス標準である．

ラングロアを代表とする論者等は，企業が垂直統合を行うようになるのは，市場には動的取引コスト（dynamic transaction cost）が発生するからであると主張する．動的取引コストとは，経済変化やイノベーションに直面した際に外部のサプライヤにたいして，説得，交渉，調整，そして教示するコスト（Langlois and Robertson, 1995：37）[19]，あるいは組織化されずしばしば暗黙的な知識をサ

プライヤに伝え，企業家のビジョンを共有も理解もしていない独立した資産の保有者を説得するコストのことである（Langlois, 2004a：361）。動的取引コスト[20]が高くなる場合として，彼らは企業がシステミック・イノベーションに直面した時を指摘する．システミック・イノベーションとは，多数の生産段階にまたがって遂行されるもので，各々の段階で修正を要し，またそれらの段階での調整を要するものである．関連した生産段階の間に高位の相互依存性がある場合，そしてある生産段階における変化が単一ないし複数の他段階における変化を同時に必要とする場合，段階間の調整を実現するコストは極めて高くなる（Langlois and Robertson, 1995：37）．

　市場を支援する既存の制度（existing market-supporting institutions）が新技術と新しい収益の機会のニーズにとって不十分であるときに，システミック・イノベーションの動的取引コストは高くなる（Langlois, 2003：353）．そもそも，イノベーションの実現にあたってニーズを伝達する市場自体が存在しない．生産段階間の調整をサポートする既存の制度も存在しない．ゆえに，生産活動の調整にあたっては市場よりも内部組織が優位性を持ち，企業は垂直統合を行うようになるというのが進化ケイパビリティ論者のロジックである（Langlois and Robertson, 1995：36-38）．

　しかし，20世紀後半までの歴史的な時間経過は，市場の密度（thickness of markets）[21]を高め，バファリングの緊急性（urgency of buffering）[22]を低下させたとラングロアは指摘する（Langlois, 2003：353）．市場の範囲の拡大と交換をサポートする制度の進化が，動的取引コストを低減させたというのである．その結果，階層組織による管理的調整の市場に対する相対的優位性が低減した．そして，資源の調整メカニズムは市場に委ねられるようになっていった．ここでラングロアは，企業を脱垂直統合化に向かわせる（動的取引コスト低減の）要因，つまり市場の範囲の拡大と交換をサポートする制度のひとつとして，生産段階間の公式的インターフェイス（formal interface）を通じて規定される生産のモジュラー化をあげている（*Ibid.*：355）．公式的インターフェイスによって分解されたシステムでは，モジュール間の相互作用は最小限に抑えられる．仮に環境の不確実性に直面してひとつのモジュールが変化しても，システム全体の破壊につながらないように公式的インターフェイスがバファリングの役割を果たすという[23]．このような，システミック・イノベーションにともなう調整コストを削減し，市場の範囲の拡大と交換をサポートする制度としての公式的インターフ

ェイスを，筆者はインターフェイス標準と称する．

2-2 自律的イノベーションとインターフェイス標準

　システミック・イノベーションとは対照的に，自律的イノベーションが市場で活発に行われているとき，垂直統合型の企業は，より専門化した垂直非統合型（more specialized, vertically disintegrated）の企業に取って替わられる．生産段階の非集中化（decentralization）は，市場の範囲に依存する．同時に，市場の範囲は専門化と交換をサポートする制度に依存する．そのような制度の中でも特に重要な形態が，標準（standards）である[24]．非集中化の程度は，高い調整コストがかからないように生産段階を「別個の手」に配置してすっきり切り分ける能力，すなわち，その能力によって生産段階間のインターフェイスを予めどの程度まで規定しておくことができるのかに因る．ラングロアは，生産段階の分化が進むもっとも端的なケースとして，標準化されたインターフェイスが製品をモジュラー・システムに転換する場合を上げている（Ibid.：374）[25]．

　それでは，標準化されたインターフェイスが製品をモジュラー・システムに転換する場合の利点とは何か．ラングロア（Ibid.：374-376）では，市場での交換を支援する場合と市場の範囲の拡大をもたらす場合についてそれぞれの利点が上げられているが，それらは以下のようにまとめられる．

　市場での交換を支援する制度については，モジュラー・システムの需要面における利点としてマス・カスタマイゼーションが上げられている．マス・カスタマイゼーションとは，パーソナライズされた製品を手ごろな値段で供給することである（Duray, 2002）．それは，製品の多様性と低い生産コストという相互排他的な関係を克服してくれるように見える（Pine, 1993；Pine, et al., 1995）[26]．インターフェイス標準を使って，構成要素とシステム全体の商品価値を分離させる．それによって，一方においては要素の選択肢を限定して諸要素の大量生産によるコスト削減を実現しつつも，他方においては諸要素の自由な組み合わせによるシステムのバリエーション拡大を同時に追求することが可能になる．組み合わせの多様性を確保することで，顧客ニーズという需要面での不確実性が緩和されるわけである．そのほか，需要面における別の利点として「汎用的な専門家（general specialist）[27]」の出現による需要面での不確実性の緩和が上げられている．汎用的な専門家は，エレクトロニクス業界においてあらゆる電子装置の組み立てに専門化したEMS（Electronic Manufacturing Service）に携わる企

業や,製薬業界において臨床試験に専門化した企業に代表される.ある要素の生産に専門特化した企業(専門家)であっても,インターフェイス標準を使って様々なアプリケーションに向けて汎用的に要素の販路を拡大する.これによって,企業は特定の製品やブランドに縛られることなくポートフォリオの効果的な多様化が可能になり,高位の通量が確保される.他方,モジュラー・システムの供給面における利点としては,1920年代に米国にて自動車のスペア部品の市場が拡大したように,標準化による部品やサービスの品質安定が上げられている.標準化による品質の安定化は,質のばらつきとなって顕在化する要素市場の不確実性を減らして,製品やサービスの流動性を高める効果をもたらす.

　市場の範囲の拡大を支援する制度については,モジュラー・システムの利点として,「チャンドラー型企業」のように,もっぱら内部ケイパビリティに制限されることなく,広く経済全体の外部ケイパビリティのオープンな調達が容易になることが上げられている.この外部ケイパビリティには,潜在的な取引相手の数だけでなく,市場参加者の利用可能な累積したスキル,経験,技術が含まれる.さらにモジュラー・システムについて言えば,代替の経済(economies of substitution)ないし範囲の外部経済(external economies of scope)を創出することによって,広く市場から最良のモジュールを利用することができる.代替の経済とは,「見た目はかなり奇妙かもしれないが,メルセデス用のフェンダーをトヨタの自動車にも利用できることから生じる経済性」(ラングロア,2009:14)である.それは,システム設計者が他の要素を変更することなく特定システムにおける構成要素を置換・代替することから生まれる経済性である(Garud and Kumaraswamy, 1993, 1995).また範囲の外部経済とは,補完的ケイパビリティをコントロールする主体間の集権的な調整に代わって自社のケイパビリティの範囲を狭めて深化を図るべく集中化を行うとともに,他社とは独立にシステムの部分的な構成要素を改良していくことから生まれる経済性である(Langlois and Robertson, 1995).言い換えるならば,市場の範囲を拡大させる契機としてのモジュラー・システムとは,インターフェイス標準を通じて企業が内部ケイパビリティの連結のくびきから自らを解放し,市場から最良の補完的ケイパビリティと代替的ケイパビリティを調達するためのシステムのことである.それは,インターフェイス標準によって媒介された分業に基づく協業の社会化された形態といえる.

以上のように，生産段階の非集中化を促す社会制度（social institution），その多くは標準という外部調整メカニズムとして現れる（*Ibid.*：374）．インターフェイス標準は，動的取引コストを左右する調整メカニズムとして機能する．調整メカニズムとしてのインターフェイス標準は，一方では元来未分割のシステミックな性質をもったCoPSを諸要素に分化する（専門化と交換を支援する）調整メカニズムとして，他方では外部ケイパビリティを補完的・代替的にCoPSに連結させる調整メカニズムとして，階層や市場における調整機能を補完しているのである．

　元来システミックな性質をもつCoPS，しかも，ますますオープン・イノベーションのプロセスを要するCoPSの調整コストは計り知れない．だからこそ，外部調整メカニズムとしてのインターフェイス標準を利用して，できる限り調整コストの削減を図る誘因が生じる（小川，2011）．とりわけCoPSが1回限りの利用を目的とした製品システムとしてではなく，外部ケイパビリティを活用してシステムの将来的な拡張性や諸要素の移植性の向上を視野に入れた時，インターフェイス標準はますますその効力を発揮することになる．このことが，今日のオープン・イノベーションが自律的イノベーションを促すインターフェイスの標準化に伴って進行している理由である．

　それでは次章以降，本章で提示された重層的なオープン・イノベーションという枠組みを使って，欧州における様々なレベルの様々なアクター間の協業に着目しながら，組込みシステムの開発と標準化の動向を考察していくことにしよう．

注
1）報告書では組込みシステムを「ひとつの大きなシステムの部分として，特定の機能を処理するためにプログラムされたコンピュータ」として定義し，組込みハードウェア（マイコン：MCU，電子制御ユニット：ECU）と組込みソフトウェア（オペレーティング・システム：OS，ドライバ・ソフトウェア，アプリケーション・ソフトウェア）に分けて，それぞれの技術的特性やバリューチェーンの特徴，参入企業の動向が明らかにされている．報告書は，組込みシステムのうち，特に組込みソフトウェアに欧州の競争優位が認められるとしている（Juliussen, et al., 2010）．
2）消散リスクとは，多国籍企業論ではライセンシングによる海外進出にあたって競合企業による模倣（copy）や迂回発明（invent around）のリスクのことをいう．
3）スループット（throughput）とは，階層組織における最低限の効率的規模を維持す

るために必要とされる中間財の通量のこと.
4) チャンドラーの議論の出発点は，19世紀終わりの技術変化が多くの産業企業に対して規模の経済を享受することを可能にしたという観察であった．企業が低い単位費用を達成するには大工場を建設するだけでは不十分であり，たえず生産能力を高水準で利用するよう工場を稼働しつづけなければならなかった．そのために，原材料の供給不足による生産過程の混乱や倉庫での製品在庫の滞留を回避する必要があった．その解決策が，後方統合と前方統合を伴う管理階層組織の構築であった．このステップを踏んだ企業は効率性を達成し，莫大な競争優位を享受した．また，これらのために必要な膨大な資金を調達できた企業は少なかったので，そうした企業が属する産業は寡占化した．さらに，大企業は多角化によって範囲の経済を獲得するため，ますます多くの産業を支配するようになった（Lamoreaux. et al., 2003）.
5) 研究者の多くは，チャンドラーがモデルとした典型的な企業観がもはや通用しないという認識を持つに至り，20世紀末を境としてポスト・チャンドラー時代，もしくはポスト・チャンドラー・エコノミーと名付けるようになった.
6) 彼らは，プラットフォームと補完製品で構成されるシステムのことを「エコシステム（産業生態系）」と称し，イノベーションはエコシステムに参加する企業のネットワークの中で行われるとする.
7) バリューネットワークとは，ある共通するニーズを持つ顧客層と，それに価値を提供する企業群によって構成される機能的な集合体（既存顧客と自社，サプライヤ，流通事業者などからなるネットワーク）のことである（Christensen and Rosenbloom, 1995）.
8) 同書では，筆者によって分析レベルの解釈やそれらを構成する要素が一貫しているとはいえない．たとえば10章では，分析の第一のレベルとして社内ネットワーク，第二は企業レベル，第三は2社以上の対（dyad）レベル（いわゆる企業間提携），第四は組織間ネットワーク（一企業が織りなす様々な提携関係という意味で），第5は国家的・地域的なイノベーション・システムの5つの分析レベルが示されている．しかも，第1から第4のレベルについては所謂従来の企業を主体としてイノベーションの分析が重視されている.
9) SECIとは，知識の共同化（Socialization），表出化（Externalization）連結化（Combination），内面化（Internalization）のプロセスをあらわしている．プロセスの内容はそれぞれ，共体験などによって暗黙知を獲得・伝達するプロセス，得られた暗黙知を共有できるよう形式知に変換するプロセス，形式知同士を組み合わせて新たな形式知を創造するプロセス，利用可能となった形式知を基に個人が実践を行い，その知識を体得するプロセスである（Nonaka and Takeuchi, 1995）.
10) 産業クラスターの研究は，社会的ネットワーク・アプローチ（social network

approach）との融合が始まっている．この融合により，社会ネットワーク分析やグラフ理論のツールや方法論を用いて，ネットワーク効果のモデル化・計測化が試みられている．

11）同書においてサクセニアンは，「シリコンバレーは地域的なネットワークをベースとした産業システムを持っており，この産業システムは関連技術の複合体の専門的な生産者の間で，集団的な学習と柔軟な調整を促進させる．地域の濃密な社会的ネットワークとオープンな労働市場によって，実験と起業家精神がうながされる（19頁）」と述べたうえで「シリコンバレーとルート128の対照的な経験は，地域ネットワークの上に構築された産業システムのほうが，実験や学習が個別企業の中で閉ざされている産業システムより柔軟で技術的にダイナミックである（279頁）」としてオープン・イノベーションの優位性を明らかにした．

12）イノベーション・システムは，フリーマン（Freeman, 1987）によって提唱された概念である．それは，イノベーションを多様な主体間の相互作用プロセスとして捉えている．そこでは，企業は単独ではイノベーティブたり得ないことを強調するがゆえに，企業間，あるいは大学，研究所，政府機関，金融制度との共同的・集団的（collective）相互作用プロセスとしてイノベーションが描かれている．

13）製品の性質，とりわけCoPSとイノベーション・プロセス，組織形態，調整メカニズムの相関関係を考察したホブデイは，CoPSを「一社，一生産単位，一企業グループないし時限的一プロジェクト・ベース組織（a temporary project-based organization）によって供給される，高コストでエンジニアリング集約的な製品，サブシステム，システムもしくは構造物」と定義している（Hobday, 1998 b：2）．

14）CoPSは製品の性質上，設計・開発・統合・生産のために，生産者が複数の技術領域において能動的であることを求めるのである（Dosi, et al., 2003：96）

15）このような主張とは異なり，垂直統合せずとも企業間連携とシステム知識の獲得とを基軸とする事業範囲を越えた技術統合によってシステミックなタイプのイノベーションに対応可能なことを示した経営学分野の事例研究として，Brusoni and Prencipe（2001 a, b），Brusoni, Prencipe and Pavitt（2001），Gawer and Cusmano（2002）を参照されたい．

16）これは，ピン製造工場の職工たちの分業という例解によって知られるアダム・スミスの分業論（Smith, 1776）から着想を得たものである．

17）この仮説に対しては様々な批判的検討がなされているが（e.g. Lamoreaux, et al., 2003；Sabel and Zeitlin, 2004），それら相互の検討内容については，谷口（2006），渡部（2007）を参照されたい．

18）大企業経営者による調整というビジブル・ハンドの衰退，言い換えれば消え行く手という現象は，アダム・スミスが説く分業の進展過程のさらなる継続であり，チャンド

ラー型企業組織はその過程の「途中駅（a way-station）」であった（Langlois, 2003：377）．

19) 同書の別の個所では「必要とするときに，必要なケイパビリティをもたないことに起因する費用」として，特に「動的ガバナンス費用」と称するべきかもしれないという．適時必要なケイパビリティを持たないということは，内部組織の費用にもなり得るからである．（Langlois and Robertson, 1995：35）．

20) 多国籍企業論では古くから市場の失敗の中でも市場の構造的不完全性（structural market imperfections）から生ずるコストとして位置づけられてきたものである．これはコース流の取引そのものに内在する市場の不完全性（transaction cost market imperfections）によるコストとは区別されてきた．前者は，ハイマー・テーゼの基礎概念として，後者は内部化理論の基礎概念として理論展開されてきた．

21) 市場の密度の高さは，市場取引をサポートする制度の進化の程度を示す．それを構成する要素は，技術，人口，所得などから成り立つ外的な環境変数の総体である．たとえば技術の変化が効率的生産の最小規模を引き下げた結果，動的取引コストは低減し（Langlois, 2003：379），生産工程の通量を確保する「チャンドラー型企業」の必要性が低くなった．

22) バファリングの緊急性は環境の変化や不確実性を緩める必要性の緊急度を示す．19世紀末に技術の進歩が起こり規模と範囲の経済性が実現可能になった．しかし，市場にはそれを可能にするだけのケイパビリティが無かった．これらの経済性を実現するに足る通量（thorough put）を安定的に確保するために，企業は買い手と売り手を統合して，経営者の見える手による不確実性のバファリングが行われるようになった．

23) ラングロアは，トンプソン（Thompson, 1967：20）の命題「合理性の規範に従い組織は，コア・テクノロジをインプットとアウトプットの構成要素で取り囲むことにより，環境からの影響をバファーしようとする」に基づき，バファリングの形態として在庫や予防的保守のほか，サイモン（Simon, 1962）のシステム分解（system decomposition）の概念がバファリングと結びついているとする．分解された部分間，あるいはモジュール間の相互作用は最小限になり，公式的なインターフェイスを通じて規定される（Langlois, 2003：354-355）．

24) そのような制度の他の例として Langlois（2003）は，保証されかつ譲渡可能な財産権を指摘している．

25) ただし青島・武石（2001：39）は，モジュラー化とはインターフェイスの集約化とルール化の2つの独立した次元から構成される概念であるとして，インターフェイスの標準化をもって即モジュラー化と呼ばないとしている．

26) モジュラー化には需要サイドの不確実性をバファリングする効果があることを最初に指摘した研究者の一人がスター（Starr, 1965）である．

27）汎用的な専門家の例には，半導体業界においてデザイン，研究開発，マーケティングに専門化し自らの製造工場を持たないファブレス企業，逆にシリコン・ファウンドリーに専門化した企業がある。
28）ラングロアは，そのような制度を汎用技術（general purpose technology）と捉えている。

参考文献

Badaracco, Jr. J. L. (1991) *The Knowledge Link, How firms compete through strategic alliances*, Boston,MA: Harvard Business School Press.

Brusoni, S., Prencipe, A. (2001 a) "Unpacking the Black Box of Modularity: Technologies, Products and Organizations," *Industrial and Corporate Change*, Vo. 10. No. 1, pp. 179-205.

Brusoni, S., Prencipe, A. (2001 b) "Managing Knowledge in Loosely Couples Networks: Exploring the link between Product and Knowledge Dynamics," *Journal of Management Studies*, Vol. 38, No. 7, pp. 1019-1035.

Brusoni, S., Prencipe, A., Pavitt, K. (2001) "Knowledge Specialization, Organizational Coupling, and Boundaries of the Firm: Why Do Firm Know More Than They Make?," *Administrative Science Quarterly*, Vol. 46. No. 4, pp. 597-621.

Buckley, P. J., Casson, M. (1976) *The Future of Multinational Enterprise*, Macmillan（清水隆雄訳『多国籍企業の将来（第2版）』文眞堂，1993年）．

Chandler, A. D., Jr. (1977) *The Visible Hand: The Managerial Revolution in American Business*, Harvard University Press（鳥羽欽一郎・小林袈裟治訳『経営者の時代：アメリカ産業における近代企業の成立』東洋経済新報社，1979年）．

Chandler, A. D., Jr. (1990) *Scale and Scope: The Dynamics of Industrial Capitalism*, Harvard University Press（安部悦生・川辺信雄・工藤章・西牟田裕二・日高千景・山口一臣訳『スケール　アンド　スコープ──経営力の国際比較──』有斐閣，1993年）．

Chesbrough, H. W. (2003 a) *Open Innovation: The New Imperative for Creating and Profiting from Technology*. Boston: Harvard Business School Press.

Chesbrough, H. W. (2003 b) "The Era of Open Innovation," *Sloan Management Review*, Vol. 44. No. 3, pp. 35-41.

Chesbrough, H. W., Vanhaverbeke, W., West. J., eds. (2006) *Open Innovation: Researching a New Paradigm*. Oxford: Oxford University Press.

Chesbrough, H. W., Teece, D. J. (1996) "When is Virtual Viirtuous? Organizing for innovation," *Harvard Business Review*, 1, Jan-Feb, pp. 65-73.

Christensen, C. M., Rosenbloom, R. S. (1995) "Explaining the Attacker's Advantage: Technological Paradigms, Organizational Dynamics, and the Value Network," *Research Policy*, Vol. 24. No. 2, pp. 233-257.

Cooke, P. (2005) "Regionally asymmetric knowledge capabilities and open innovation: Exploring 'Globalisation 2'-A new model of industry organisation," *Research Policy*, Vol. 34. No. 8 (October), pp. 1128-1149.

Cooke, P. (2006) "Regional Knowledge Capabilities and Open Innovation: Regional Innovation Systems and Clusters in the Asymmetric Knowledge Economy," In Stefano Breschi & Franco Malerba (eds.), *Clusters, Networks & Innovation*, Oxford: Oxford University Press.

De Laat, P. B. (1999) "Systemic Innovation and the Virtues of Going Virtual: The case of the Digital Video Disc," *Technology Analysis and Strategic Management*, Vol. 11. No. 2, pp. 159-180.

Dosi, G., Hobday, M., Marengo, L., Prencipe, A. (2003) "The Economics of Systems Integration: Towards an evolutionary interpretation," in: Prencipe, Andrea, Davies, Andrew and Hobday, Mike, ed. *The Business of Systems Integration*. Oxford University Press, Oxford, UK, pp. 95-113.

Dunning, J. H. (1997) *Alliance Capitalism and Global Business*, Routledge.

Duray, R. (2002) "Mass customization origins: mass or custom manufacturing?," *International Journal of Operations and Production Management*, Vo. 22. No. 3, pp. 314-328.

Freeman, C. (1987) *Technology Policy and Economic Performance: Lessons from Japan*, London: Pinter.

Garud, R., Kumaraswamy, A. (1993) "Changing Competitive Dynamics in Network Industries: An Exploration of Sun Microsystems' Open Systems Strategy," *Strategic Management Journal*, Vol. 14, pp. 351-369.

Garud, R., Kumaraswamy, A. (1995) "Technological and organizational designs for realizing economies of substitution," *Strategic Management Journal*, Vol. 16, pp. 93-109.

Gawer, A., Cusmano, M. (2002) *Platform Leadership, How Intel, Microsoft, and Cisco Drive Industry Innovation*, Harvard Business School Press（小林敏男監訳『プラットフォーム・リーダーシップ：イノベーションを導く新しい経営戦略』有斐閣, 2005年).

Hagel, J., Singer, M. (1999) Unbundling the Corporation, Harvard Business Review, Mar.-Apr. pp. 133-141（中島由利訳「アンバンドリング：大企業が解体されるとき」

『ダイヤモンド・ハーバード・ビジネス』2000年, Apr.-May, pp. 11-24).

Hobday, M. (1998 a) "Product complexity, innovation, and industrial organization," *Research Policy*, Vol. 26. No. 6, pp. 689-710.

Hobday, M. (1998 b) "Product complexity, innovation, and industrial organization," *Working Paper*, Complex Product Systems Innovation Centre, Cops Publication No. 52, pp. i-38.

Hayek, F. A. von. (1937) "Economics and Knowledge," *Economia* (New Series), Vol 4, pp. 33-54.

Juliussen. E., Robinson. R., Editors Bogdanowicz. M., Turlea. G (2010) *Is Europe in the driver's seat? The competitiveness of the European automotive embedded systems industry*, European Commission Joint Research Centre.

Kano, S. (2000). "Technical Innovations, Standardization and Regional Comparison: A Case Study in Mobile Communications," *Telecommunication Policy*, Vol. 24. No. 4, pp. 305-321.

Kline S., Rosenberg, N. (1986), "An Overview of Innovation," in: Landau, R., Rosenberg, N., ed., The Positive Sum Strategy: *Harnessing Technology for Economic Growth*, National Academy Press.

Lamoreaux, N. R., Daniel M. G. Raff., Temin, P. (2003), "Beyond Markets and Hierarchies: Toward a New Synthesis of American Business History," *American Historical Review* 108 (April), pp. 404-433.

Langlois, R. N. (2003) "The vanishing hand: the changing dynamics of industrial capitalism," *Industrial and Corporate Change*, Vol. 12. No. 2, pp. 351-385.

Langlois, R. N. (2004 a) "Chandler in a Large Frame: Markets, Transaction Costs, and Organization Form in History," *Enterprise and Society*, Vol. 5. No. 3, pp. 355-375.

Langlois, R. N. (2004 b) "Competition through Institutional Form: the Case of Cluster Tool Standards," *Department of Economics Working paper Series*, University of Connecticut, Working Paper 2004-10.

Langlois, R. N., Robertson, P. L. (1992). "Network and innovation in a modular system: Lessons from the microcomputer and stereo component industries," *Research Policy*, Vol. 21. No. 4, pp. 297-313.

Langlois, R. N., Robertson, P. L. (1995), *Firms, Markets and Economic Change: A Dynamic Technology of Business Institutions*, Routledge.

Lundvall, B. A. (1992) *National System of Innovation: Towards a Theory of innovationand Interactive Learning*. London: Pinter.

Maula, M. V. J., Keil, T., Salmenkaita, J-P. (2006) "Open Innovation in Systemic

Innovation Cntexts," in Chesbrough, H. et al. *Open Innovation: Researching a New Paradigm*. Oxford: Oxford University Press.

Nelson, R. R. ed. (1993) *National Innovation System: A Comparative Analysis*, NY: Oxford University Press.

Nonaka, I., Takeuchi, H. (1995) *The Knowledge-Creating Company: How Japanese Companies Create the Dynamics of Innovation*. Oxford University Press（邦訳：野中郁次郎著，竹内弘高著，梅本勝博訳（1996）『知識創造企業』東洋経済新報社）.

OECD. (2008) *Open Innovation in Global Networks*, OECD.

Pine, B. J. II. (1993) *Mass Customization: The New Frontier in Business Competition*. Harvard Business School Press, Boston, MA（邦訳：江夏健一・坂野友昭訳『マス・カスタマイゼーション革命』日本能率協会マネジメントセンター，1994年）.

Pine, B. J. II., Peppers, D., Rogers, M. (1995) "Do you want to keep your customers forever," *Harvard Business Review*, Vol. 72. No. 2, pp. 103-114.

Piore., M. J., Sabel, C. F. (1984). *The Second Industrial Divide: Possibilities for Prosperity*, New York: Basic books（山之内靖・永易浩一・石田あつみ訳『第二の産業分水嶺』筑摩書房，1993年）.

Porter., M. E. (1998) "Clusters and the New Economics of Competition," *Harvard Business Review*, (Nov-Dec), pp. 77-90.

Richardson, G. B. (1972) "The Organization of Industry," *Economic Journal*," 82, pp. 883-896.

Rothwell, R. (1992) "Successful industrial innovation: critical factors for the 1990 s," *R&D Management*, Vol. 22. No. 3, pp. 221-240.

Rugman, A. M. (1981) *Inside the Multinationals: the Economics of Internal Markets*, London: Croom Helm, and New York, Columbia University（江夏健一・中島潤・有沢孝義・藤沢武史訳『多国籍企業と内部化理論』ミネルヴァ書房，1983年）.

Sabel, C. F., Zeitlin, J. (2004) "Neither Modularity nor Relational Contracting: Inter-Firm Collaboration in the New Economy," *Enterprise and Society*, Vol. 5, No. 3, pp. 388-403.

Saxenian, A. (1994) *Regional Advantage: Culture and Competition in Silicon Valley and Route 128*, Cambridge, MA: Harvard University Press.

Simon, H. A. (1962) "The Architecture of Complexity," Proceedings of the American Philosophical Society, 106, pp. 467-482; reprinted in *The Science of the Artificial*, 2 nd edn. MIT Press: Cambridge, MA (1981).

Smith, A. (1776) *An Inquiry into the Nature and Causes of Wealth of Nations*, 5 th ed., 1789（大河内一男監訳（1978）『国富論Ⅰ』中公文庫）.

Starr, M. K. (1965) "Modular Production: A New Concept," *Harvard Business Review*, (Nov-Dec), pp. 131-142.

Sturgeon, T. J. (2002) "Modular production networks: a new American model of industrial organization," *Industrial and Corporate Change*, Vol. 11. No. 3, pp. 451-496.

Teece, D. J. (1984) "Economic Analysis and Strategic Management," *California Management Review*, Vol 26, No. 3, pp. 87-110.

Teece, D. J. (1986) "Profiting from Technological Innovation: Implications for Integration, Collaboration, Licensing and Public Policy," *Research Policy*, Vol. 15. No. 6, pp. 285-305.

Teece, D. J. (1988) "Technical Chnge and the Nature of the Firm," in Dosi, G., Freeman, C., Nelson, R., Silverberg, G., Soete, L. eds, *Technical Change and Economic Theory*, London, Pinter, pp. 256-281.

Thompson, J. D. (1967) *Organizations in Action: Social Science Bases of Administrative Theory*, New York: McGraw-Hill(監訳：高宮晋／訳：鎌田伸一・新田善則・二宮豊志(1987年)『オーガニゼーション・イン・アクション』同文館『オーガニゼーション・イン・アクション』同文館, 1987年).

von Hippel, E. (1986) "Lead users: A source of novel product concepts," *Management Science*, Vol. 32. No. 7, pp. 791-805.

von Hippel, E. (1988) *The Source of Innovation*, New York: Oxford University Press.

von Hippel, E. (2005) *Democratizing Innovation*, MIT Press(邦訳：サイコム・インターナショナル監訳「民主化するイノベーションの時代」ファーストプレス).

青木昌彦・安藤晴彦編(2002)『モジュール化：新しい産業アーキテクチャの本質』東洋経済新報社.

青島矢一・武石彰(2001)「アーキテクチャという考え方」藤本隆宏・武石彰・青島矢一編『ビジネス・アーキテクチャ製品・組織・プロセスの戦略的設計』有斐閣, pp. 27-70.

後藤晃・児玉俊洋(2006)『日本のイノベーション・システム』東京大学出版会.

星野香保子・並木秀明・菊池宜志・日比野吉弘(2008)『組込みソフトウェア開発入門』技術評論社.

今井賢一(1990)『情報ネットワーク社会の展開』筑摩書房.

小川紘一(2011)「国際標準化と知的財産マネージメント」『自動車技術』Vol. 55. No. 5, pp. 25-30.

岡室博之(2009)『技術連携の経済分析：中小企業の企業間共同研究開発と産学官連携』同友館.

谷口和弘（2006）『企業の境界と組織アーキテクチャ：企業制度論序説』NTT 出版．

立本博文・高梨千賀子（2010）「標準規格をめぐる競争戦略：コンセンサス標準の確立と利益獲得を目指して」『日本経営システム学会誌』Vol. 26. No. 2, pp. 67-81.

徳田昭雄（2008）『自動車のエレクトロニクス化と標準化：転換期に立つ電子制御システム市場』晃洋書房．

徳田昭雄（2011）「調整メカニズムとしてのインターフェイスの類型化：イノベーションとインターフェイスの適合関係の考察を通じて」『立命館ビジネスジャーナル』Vol. 5, pp. 1-23.

中島震（2011）「組込みシステムとは」日本自動車研究所『ITS 規格化 S 10-1　自動車電子技術の動向調査報告書』日本自動車研究所, pp. 1-4.

ラングロア・リチャード・谷口和弘編訳（2009）「企業と組織経済学」『三田商学研究』Vol. 52. No. 2, pp. 1-17.

渡部直樹（2007）「ラングロアの「消え行く手（vanishing hand）」仮説の批判：ポスト・チャンドラー・エコノミーと歴史法則主義」『三田商学研究』Vol. 50. No. 3, pp. 57-81.

Part I
組込みシステムの開発・標準化をリードする欧州の重層的オープン・イノベーション

第1章

欧州型オープン・イノベーションの構造と特徴
――欧州における産学官連携の成立――

小川 紘一・立本 博文

　本章は，欧州イノベーション・システムを制度的・政策的な視点から説明する．1980年代の欧州は，リニア・イノベーションからオープン・イノベーションへと制度変更に着手した．「共同研究の推進」「独禁法の緩和（適用除外の明確化）」「標準化の促進」が大きな柱となっている．この制度変更は，リスボン戦略（2000年）と新リスボン戦略（2005年）を経て完成し，世界最大規模のオープン・イノベーションを担う仕組みとなった．本章では特に，欧州型オープン・イノベーションを象徴する Framework Programme に焦点を当て，その歴史的な経緯と現在の取り組みについて説明する．

1　欧州イノベーション・システムの成立経緯とオープン標準化の萌芽

1-1　イノベーション制度の改革プロセスとその歴史的背景

　戦後のヨーロッパはマーシャル・プランによって蘇り，20年以上にわたって経済成長を続けた．しかしながら第一次石油危機（1973年）以降，長期の不況が続き，大量失業と財政赤字などに見舞われた．既存の経済システムが機能不全に陥っているように思われた．事態の解決策として興隆する一連の経済思想が，シュンペータ的「大きな政府」の対局に位置づけられる「小さな政府」運動であった（シュンペータ反革命）．1979年のイギリスのサッチャー政権や1981年のミッテラン大統領の登場とともに，この小さな政府が具体化されたのである．

　小さな政府を目指した一連の産業構造改革と並行して，ヨーロッパは新しいイノベーション政策を次々に打ち出していった．石油危機で不況に陥った日本などの新興国企業が，存続を求めて怒濤の如くヨーロッパへ押し寄せたために，ヨーロッパ産業が壊滅的な打撃を受けたからである．現在の欧州連合に見るイノベーション・システムは，以上のような時代背景ならびに欧州統合に向けた

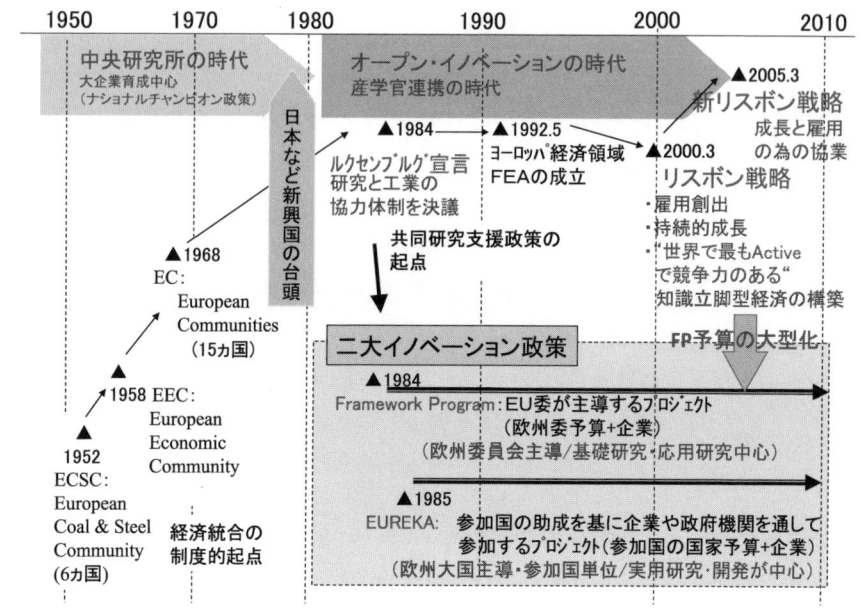

図1-1 ヨーロッパにおけるイノベーション政策の発足と経緯

1950年代〜1970年代：中央研究所の時代
大企業育成中心（ナショナル・チャンピオン政策）

- 1952 ECSC: European Coal & Steel Community（6ヵ国）
- 1958 EEC: European Economic Community
- 1968 EC: European Communities（15ヵ国）

経済統合の制度的起点

日本など新興国の台頭

1980年代〜：オープン・イノベーションの時代／産学官連携の時代

- ▲1984 ルクセンブルグ宣言 研究と工業の協力体制を決議
- ▲1992.5 ヨーロッパ経済領域 FEAの成立

共同研究支援政策の起点

二大イノベーション政策

- ▲1984 Framework Program：EU委が主導するプロジェクト（欧州委予算＋企業）（欧州委員会主導／基礎研究・応用研究中心）
- ▲1985 EUREKA：参加国の助成を基に企業や政府機関を通して参加するプロジェクト（参加国の国家予算＋企業）（欧州大国主導・参加国単位／実用研究・開発が中心）

- ▲2000.3 リスボン戦略
  - 雇用創出
  - 持続的成長
  - 世界で最もActiveで競争力のある"知識立脚型経済"の構築
- ▲2005.3 新リスボン戦略 成長と雇用の為の協業

FP予算の大型化

出所）筆者作成．

一連の動きのなかで，1980年代の中期から産業政策として実現されていった（図1-1）．その契機は，1984年にルクセンブルグで開かれたEC（European Communities）およびEFTA（European Free Trade Association）諸国の合同閣僚会議で，研究と工業分野における協力体制の確立に関する決議にあった．このルクセンブルグ宣言の延長線上に1992年の欧州連合が生まれる．

この意味で1984年は欧州産業政策が転換した年として重要視される．転換以前の欧州の産業政策では，企業の大規模化を促進する産業政策がとられていた．欧州企業はアメリカ企業を相手にして国際競争を戦い抜くには規模が非常に小さいと考えられていた．さらに垂直統合の範囲も小さく，アメリカ企業のようなフルセット垂直統合企業（中央研究所・事業部・生産工場・販売などの全ての機能を内部に持つ企業）も育成されていなかった．このためヨーロッパにも垂直統合型の大企業を育成しようとする産業政策が1970年代まで行われていた．これをナショナル・チャンピオン政策と呼ぶ（渡辺・作道，1996，p.324）．

ナショナル・チャンピオン政策の背景には，大企業の中央研究所が技術革新

の発信源であるとするリニア・イノベーションの考え方，および1940年代以降のシュンペータ的イノベーション・システムの考え方が強く影響していたと考えられる[3]．更には，チャンドラーやロナルド・コース，オリバー・ウイリアムソンなどが暗黙の前提とした「企業の大規模化（統合範囲の巨大化）が経済合理性持つ」という経済思想を，多くの人が信じていた．

ところが1970年代の石油危機を受けて，サッチャー首相（1979年）やミッテラン大統領（1981年）が誕生し経済問題に対処するようになると，1980年代半ば以降，従来の産業政策を一変させていった．特に欧州委員会レベルの産業政策では，企業間の共同研究や産学連携による共同研究が産業政策の中核に位置付けられ，また複数企業が連携して作る標準規格制定の推奨ならびにその規格を欧州地域標準として積極的に採用する方針が強力に進められたのである．

産業政策転換の背景には，東アジア新興諸国が1970～1980年代から新しい国際競争の相手として台頭した事実が挙げられる．特に日本は，アメリカとは異なるイノベーション・システムを持っていると考えられ，産業政策の研究対象となった．1980年代の産業政策研究は，そのまま日本経済の研究だったと言っても過言ではない（土屋，1996, pp. 529-530）．その成果の1つが，独禁法と共同研究の関係や，産業政策として政府支援も含む共同研究支援である．

たとえば日本の超LSI研究組合（1975～1979年）は大成功したオープン型のイノベーション・モデルとして，その後の欧米のイノベーション政策に大きな影響を与えた[4]．超LSI研究組合は日本の鉱工業研究組合法を基盤としている．同法によって，日本では大企業同士の共同研究を独禁法に抵触することなく促進することができたが，当時のアメリカは反トラスト法規制が厳しく，企業はコンソーシアムを形成して共同行為を行うことを躊躇する傾向があった[5]．同様に欧州でも，独禁法に抵触するとの懸念から，大規模な企業共同を行うことがためらわれていた．日本の超LSI研究組合のような大規模な共同研究は，当時の欧米で考えられないことであり，盛んにそのメカニズムが研究され，産業政策に取り入れられていった[6]．

1984年以降の欧州産業政策は，法律を改正しながら複数企業間での共同・連携を大胆に促進させ，欧州の産業競争力の強化する方向に舵を切った．イノベーション政策の観点から，特に重要な共同行為は，共同研究と産業標準の策定である．

1980年代後半のヨーロッパが実行する法改正や各種の施策を図1-2に要約

```
1980            1985            1990
─────────────────────────────────────────▶
```

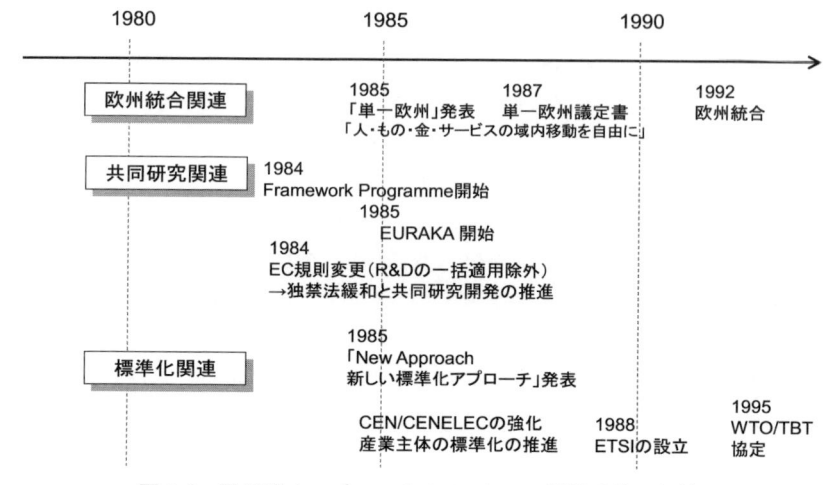

欧州統合関連
- 1985「単一欧州」発表「人・もの・金・サービスの域内移動を自由に」
- 1987 単一欧州議定書
- 1992 欧州統合

共同研究関連
- 1984 Framework Programme開始
- 1985 EURAKA開始
- 1984 EC規則変更（R&Dの一括適用除外）→独禁法緩和と共同研究開発の推進

標準化関連
- 1985「New Approach 新しい標準化アプローチ」発表
- CEN/CENELECの強化 産業主体の標準化の推進
- 1988 ETSIの設立
- 1995 WTO/TBT協定

図1-2 欧州型オープン・イノベーション関連政策の経緯

出所） 筆者作成.

した.

　EC委員会は，共同研究奨励のためにまず1984年から「研究開発一括適用除外に関するEC委員会規則」を施行し，一定の要件を満たした共同研究契約は，EC委員会に届け出・審査を受けることなく独禁法（ローマ条約第85条1項）適用の除外を受けることができるとした．欧州内での企業間の共同研究がここから促進されることになる.

　1984年には，共同研究に巨大な予算支出を行うFramework Programme（以下FP）が開始された．共同研究・標準化活動を助成しながらFPのような大規模な産業支援政策を推進することによって，新しい欧州のイノベーション・システムが構築されていったのである.

　1985年には，各国で別々に制定されて域内の市場統合を阻害する要因だった国家標準を域内統一標準へ置き換えるために，EC委員会は「新しいアプローチ（New Approach）」を発表し（図1-2），その後のCENやCENELECの強化およびETSI（European Telecommunication Standardization Institute）の設立（1988年）につながった．各国行政が主体であった標準化作業でさえ，産業界が主体となって統一標準を制定することとなったのである.

　このようなイノベーション・システムや標準化に関する一連の構造改革は，

1995年にWTOでTBT協定およびWTO政府調達協定が締結されることで，国際競争力に一段と大きな影響を与えることとなった．たとえばWTO政府調達協定では，各国行政の調達機関が調達する産品・サービスの技術仕様について，国際規格が存在する場合には当該国際規格に基づいて定める旨規定されている．

欧州連合の標準化政策や共同研究促進政策は，1980年代から具体的に実施されて1990年代に完成し，21世紀の国際競争力に大きな影響を与えるまでになっている．

欧州が新しいイノベーション・システムを求めた動機は，欧州統合の目標，すなわち「単一の欧州」を念頭にいれると理解しやすくなる．欧州を統合しようとする運動は，1918年に出版されたアニェリとカピアーティの"欧州連合か国際連盟か"によって本格的な議論が始まる．その内容はアメリカに匹敵する大規模市場の必要性を強く訴えるものであった．1923年にはクーデンホーフ・カレルギーによる著書『パン・ヨーロッパ』の呼びかけが大きな社会運動になり，欧州統合が多くの政治家や経済人の支持を受けた．この呼びかけにはヨーロッパの力を維持・強化するというナショナリズムが背景にあり，「イギリス，ロシア，アメリカ，極東アジアという4つの大帝国が今後の世界で力を持つので，その対抗としてのヨーロッパ連合が必要」と訴えるものであった．

これが第一次大戦直後から第二次大戦までのヨーロッパに興隆したナショナリズム運動であり，まずはアメリカの競争力に対抗するためのヨーロッパ経済関税同盟結成（1926年）へつながる．1926年の国際鉄鋼カルテルはこれを象徴する事例だったが，これら一連の運動も1929年にはじまる大恐慌によって低迷し，ナチスが政権を取る1933年から挫折する．

欧州統合に向けた動きが本格的に再開したのは，第二次大戦後のマーシャル・プランからであった．アメリカが1947年に発表したマーシャル・プランの背景には，ヨーロッパの経済復興だけでなく，ヨーロッパ統合によってソ連中心の共産主義諸国に対抗する政治的な狙いが込められていた．

ベルギー，西ドイツ，フランス，イタリア，ルクセンブルグ，ネーデルランド（オランダ）の6カ国が1952年にヨーロッパ石炭鉄鋼共同体（ECSC: European Coal and Steel Community）を発足させた（図1-1）．戦後の西ヨーロッパ経済統合の制度的な起点がECSCにあり，1958年には単なる石炭や鉄鋼という枠組みを超えたEEC（European Economic Community）が発足する．これが1968年に

発足する EC（European Communities, 欧州共同体）の母体となり，デンマーク，アイルランド，イギリス（1973年），ギリシャ（1986年），ポルトガル，スペイン（1986年），オーストリア，フィンランド，スウェーデン（1995年）が，次々と加わった．欧州共同体は拡大を続け，現在では27ヵ国が加盟するに至っている．[11]

このような欧州統合が目指した目標とは，モノ，人，サービス，資本の自由移動を実現する「単一欧州」である．「単一欧州」は，まず1985年3月にEC委員会が欧州理事会に提出した「1985年委員会計画」で市場統合を推進して単一市場を形成しようという提言に現れ，同年3月にブリュッセル欧州理事会で支持された．この具体的なスケジュールを明示した市場統合計画書である「域内市場白書」は1985年6月のミラノ欧州理事会で承認された．さらに1987年の単一欧州議定書には「1992年末までに域内市場統合を完成する」というように時期が盛り込まれ，欧州市場統合が一層加速した．

この一連のプロセスにより，企業（資本）が自由に共同研究を行う素地や，域内の障壁となる国家標準を取り除いて欧州域内の統一標準化を策定することが促進された．この「共同研究促進」と「域内統一標準化」こそが欧州型オープン・イノベーションの二大柱であり，21世紀にそれぞれグローバル・イノベーションシステムと国際標準化へ発展しながら欧州経済を支えている．

1-2　Framework Programme の発足と現在に至る経緯

大規模イノベーション・システムとしてその後のヨーロッパに大きな影響を与えたのは，1984年の Framework Programme（FP）と1985年の EUREKA である．特にFPは，1992年にそのまま欧州委員会に引き継がれて重要性が一段と高まった．

FPは，まず将来のヨーロッパのあるべき姿とその実現のための課題を想定し，課題解決のためにEC加盟国が協力する基礎研究のプログラムとして開始された．この意味でトップダウン型のイノベーション・システムと位置付けられる．FPは基本的に欧州委員会主導のファンドで運営されるEU全体としてのプログラムであり，研究開発を中核にした学術研究や人材育成，さらにはインフラ整備をも含む包括的なプログラムである．直接的な共同研究助成のみならず，必要な人材育成，研究ネットワークなど研究開発環境の整備を強化するという，包括的な仕組みになっている．

ほぼ同じ時期の1985年に発足した EUREKA は，フランスのミッテラン大

統領が主導した技術イノベーション・プログラムである．当時のヨーロッパは，1980年代の初期にアメリカが打ち出したStar Wars計画を実質的な産業育成政策とみなし，これに対抗する産業育成政策としてEUREKAを実施した．その特徴は，それぞれの国が他の国を誘い，EU全体としてではなく，参加国だけが推進する市場指向型の研究開発である．したがってEUではなく参加国の政府が資金を提供する．FPと対比させれば，ボトムアップ型のイノベーション・システムと言える．[12] EU委員会は，EUREKAの一メンバーに過ぎないものの，EUREKAの事務局を務める．この意味で間接的にFPとの情報共有や政策共有が図られている．ヨーロッパのイノベーション政策は，過去25年にわたってトップダウン型のFPとボトムアップ型のEUREKAが，ともに車の両輪となって推進された．

1984年の第1次Framework Programme（FP1）から2007年のFP7に至る予算の推移を図1-3に示す．1984年にわずか33億ユーロだった予算が10年後のFP4では約4倍の131億ユーロになった．2007年から始まるFP7では，従来の5カ年計画から7年カ計画に長期化し，また27カ国のEU加盟国に準加盟国のスイス，ノルウェー，イスラエルが加わる30カ国の巨大イノベーション・システムへと成長した．FP7のEU予算は533億ユーロだが，民間企業も同額の出資を義務付けられているので総額1,000億ユーロ（約13兆

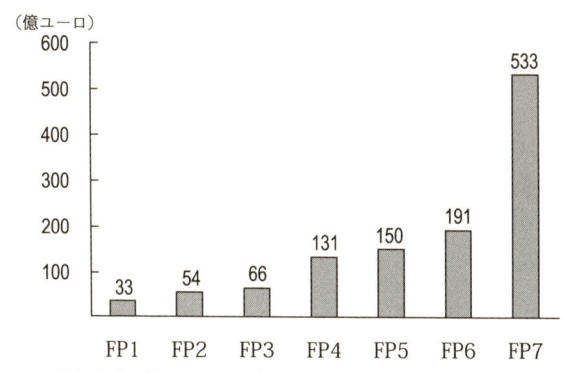

図1-3　Framework Programmeの予算推移

- FPは1984年から約5年で過去6回実施．FP7は2007年から7年間．
- 予算額は，FP7で驚異的な伸びに（年平均1.2兆円）．FP7予算規模はFP6の2.8倍．
- EU委全体の予算の約6.3%をしめる．EU委の最も大きな政策の1つ．
- 過去のFPへの批判から産業/市場よりに，技術の市場化を強く意識（ETP, JTIとの関連）

出所）　EU委発表資料をもとに作成．

円）超の規模になる．国際競争力や雇用の維持拡大を担う源泉としての FP に対して，欧州委員会の期待が急速に高まっていったのである．

　FP は試行錯誤の連続であった．その運営に関する考え方は毎回のように変わった．たとえば 1998 年にスタートした FP5 では User Friendly というキャッチフレーズを前面に出し，生活の質，親しみ易い情報社会の構築など，市民の目線に立って問題を解決する科学技術，というコンセプトであった．したがって多くの新規分野を FP5 へ取り込み，優先テーマを少なくしている．

　5 年後の 2002 年に始まる FP6 では，小粒のバラマキに陥った FP5 の反省を踏まえてテーマを集約化・重点化し，プロジェクトを大型化した．予算も FP5 から 27％も増やしている（FP5 は FP4 の 15％アップ）．また新たに欧州研究領域（ERA: European Research Area）という仕組みを作り，これを実現するための戦略としての戦略的研究アジェンダ（SRA: Strategic Research Agenda）という仕組みも新たに組み込んだ．これが 2007 年から始まる FP7 で，イノベーション組織をつなぐインタフェースの役割を担うことになる．

　2007 年から始まる FP7 では，運営に関する考え方がさらに大きく変わった．EU 諸国企業の国際競争力の強化に向けて，企業ニーズに応える仕組みへと舵を切ったのである．その背景には将来の EU のための基礎研究費を GDP の 3％にするというマクロ政策があった（2000 年のリスボン戦略，2005 年の新リスボン戦略）．日本と違って EU 地域では，研究開発投資に対する企業側の出資が少ない．3％を実現するためには企業の R＆D をもっと促進させなければならなかったのである[13]．

　1984 年の Framework Programme は，石油危機を起点とした長期不況からの脱皮だけでなく，日本など新興国の攻勢で崩壊寸前にある産業を再興する手段としての，遠大なるイノベーション政策であった．将来のヨーロッパのあるべき姿とその実現のための課題を想定し，これを課題解決に向けて加盟国が協力する基礎研究のプログラムだったのである．1984 年から営々と続けたこのイノベーション・システムがヨーロッパ経済を復活させ，企業の活力を復活させる大きな原動力になっていると多くのヨーロッパ人が認めたからこそ，毎年のように GDP の伸びを一桁以上も上回る資金が注ぎ込まれた．FP7 では 2020 年の時点のヨーロッパが持つべきビジョンを全ての起点とする Vision Driven 型のテーマ設定や資金投入が更に強化され，FP6 の 2.8 倍（年単位で 2 倍）もの巨額の資金が投入されている．

2 第7次 Framework Programme (FP7) の構造と特徴

2-1 FP7の構造

FP7の全体構造を図1-4に示す．FP7は欧州委員会の予算の6.3％を使う巨大なイノベーション政策である．従来まで研究開発の担当閣僚だけが出席したが，FP7では各国の経済担当閣僚も参加し，インプットとしての投資とアウトプットとしての経済効果を視野に入れて議論されるようになった．さらにFP7では，投資リスク分担の融資制度として，欧州投資銀行（EIB）による研究開発融資制度（「リスク分担融資便宜（Risk-Sharing Finance Facility: RSFF)」）も新たに設けられた．

大規模イノベーション創出の仕組み：FP7, ETP, JTIの関係

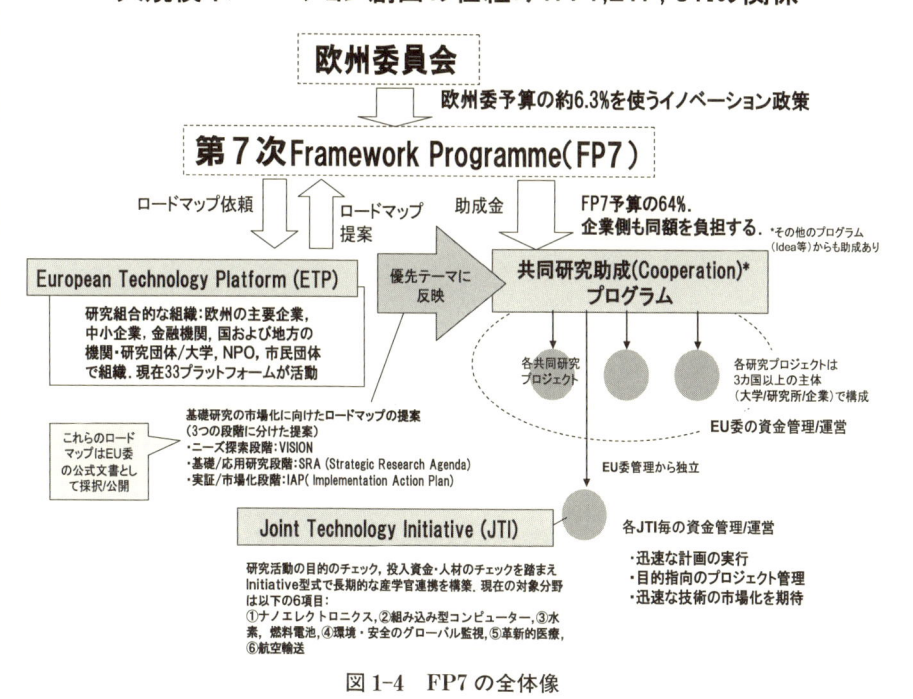

欧州委員会
↓ 欧州委予算の約6.3％を使うイノベーション政策

第7次 Framework Programme (FP7)

- ロードマップ依頼 / ロードマップ提案
- 助成金　FP7予算の64％．企業側も同額を負担する．*その他のプログラム（Idea等）からも助成あり

European Technology Platform (ETP)
研究組合的な組織：欧州の主要企業，中小企業，金融機関，国および地方の機関・研究団体/大学，NPO，市民団体で組織．現在33プラットフォームが活動

これらのロードマップはEU委の公式文書として採択/公開

基礎研究の市場化に向けたロードマップの提案（3つの段階に分けた提案）
・ニーズ探索段階：VISION
・基礎/応用研究段階：SRA (Strategic Research Agenda)
・実証/市場化段階：IAP (Implementation Action Plan)

優先テーマに反映 → **共同研究助成 (Cooperation) * プログラム**

各共同研究プロジェクト

各研究プロジェクトは3カ国以上の主体（大学/研究所/企業）で構成
EU委の資金管理/運営

EU委管理から独立

Joint Technology Initiative (JTI)
研究活動の目的のチェック，投入資金・人材のチェックを踏まえInitiative形式で長期的な産学官連携を構築．現在の対象分野は以下の6項目：
①ナノエレクトロニクス，②組み込み型コンピューター，③水素，燃料電池，④環境・安全のグローバル監視，⑤革新的医療，⑥航空輸送

各JTI毎の資金管理/運営
・迅速な計画の実行
・目的指向のプロジェクト管理
・迅速な技術の市場化を期待

図1-4　FP7の全体像

出所）筆者作成．

2-2　取り上げられるテクノロジ・プラットフォームとその特徴

　図1-4に示すETP（European technology platform: 欧州テクノロジ・プラットフォーム）は，中長期的な研究提言の機能を担いながら，産官学の研究開発を欧州委員会の主導で総動員する研究組合的な仕組みである．欧州委員会では従前にも，各国レベルを超えた技術開発が必要と考えられていた．たとえば水素・燃料電池の開発などは社会経済に大きな影響を及ぼすので欧州レベルで扱う問題であると認識されていた．しかし共通の研究計画を設置できるほど統合が進んでいなかった．このため，研究計画を作り，産学官の研究開発能力を総動員する体制としてETPが設置されたのである．そのアウトプットである提言自体をETP（あるいは単にTP）と呼ぶこともある．

　ETPは，2020年のEUのあるべき姿の実現に向けて，全体として取り組むべきテーマとそのロードマップを作成する．またETPは，2年ごとに欧州委員会としてのFP7へロードマップを報告する．ETPが提出する中長期の戦略的研究計画（Strategic Research Agenda: SRA）もこのロードマップを具体化する手段でなければならない．またETPは，欧州としての科学技術のSRAの決定と実施を，民間主導（民間の資金負担あり）の産官学総動員体制で推進するものであり，欧州型オープン・イノベーションの中核を成す政策と位置付けられる．

　実際のETPでは欧州の主要企業が中核メンバーになっているが，それ以外にも中小企業や金融機関，国および地方の研究機関や大学，そしていろいろなNPOや市民団体も参加することができる．この意味でオープンなコンソーシアムでもあり，産業界だけでなく欧州を支える多くの人々で技術ビジョンを共有できるようになっている．この仕組みこそがFP7の，トータル・イノベーション・システムを支える上で欠かせない資金提供，ビジネスマッチング，ネットワーク構築等多くの面で支えている．2009年10月時点では図1-5に示すように36のETPが活動しており，その数は現在も増加している．

　図1-4の個別プラットフォームを設置するにあたっての基本的な考え方は，第1に欧州全体に関わる主要な課題であること，第2に経済規模が大きく欧州全体に大きな付加価値をもたらす分野であること，第3に経済的・技術的・社会的であって環境に配慮した包括的な取り組みであること，第4に運営が完全オープンであること，そして第5に基礎研究から市場化に至るまでの下記の各ロードマップ作成が作成されることである．

```
Energy
    Photovoltaics, Wind Energy, Biofuels, Zero Emission Fossil Fuel Power Plants,
    Electricity Networks, Nuclear Technology, Renewable Heating & Cooling
ICT
    Smart System Integration, Nano-electronics, Embedded Computing Systems,
    Mobile and Wireless Communications, Networked Software and Services, Integral Satcom,
    Networked and Electronic Media
Life Sciences
    Food, Forest based sector, Farm Animal Breeding & Reproduction,
    Animal Health, Plants
Production and processes
    Advanced Engineering Materials and Technologies, Construction, Steel, Future Manufacturing
    Technologies, Future Textiles and Clothing,
    Sustainable Mineral Resources, Sustainable Chemistry, Water Supply & Sanitation
Transport
    Aeronautics, Rail, Road, Waterborne
Others/Cross Cutting
    Photonics, Robotics, Space, Industrial Safety, Nano-technologies for medical applications
```

図1-5 36のETP

出所) CORDIS, http://cordis.europa.eu/

1) Vision
2) Strategic Research Agenda (SRA)
3) Implementation Action Plan (IAP)

Visionとは,たとえば2020年の欧州のあるべき姿だけでなく,同時にVision実現のための課題を明確にし,課題を解決するために開発すべき技術的Visionが必要とされる.

Strategic Research Agenda (SRA) とは,Visionに対応した重点開発領域の決定および長期の技術目標や開発スケジュールなどを列記した一連のロードマップである.

Implementation Action Plan (IAP) とは,人的および財政的な資源を結集し,SRAを実行に移す行動計画である.特にここでは基礎研究の目標・成果が,実用化技術や商品,製造,サービスなどの経済的な価値へつなげる仕組み,即ち研究成果が市場価値創造・市場投入されるまでの道筋(たとえば実証実験や標準規格化のスケジュール)も同時に策定される.

これらの一連の活動が産業界の主導によって行われるのである.図1-4のETPはもともとFPのための組織ではなかったが,FP7になって結果的に重要な役割を担うようになった.EUはもとより各国や地域の政策決定もETP

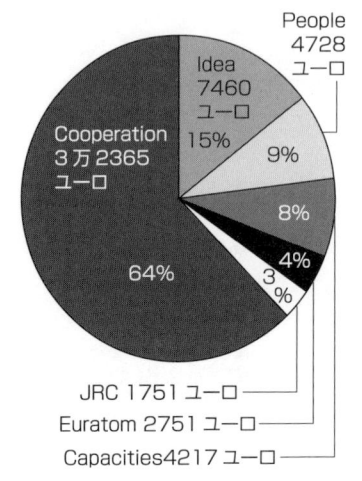

プログラム名	概　　要
Cooperation	優先分野別の共同研究開発プロジェクト助成
Idea	学術基礎研究プロジェクトを支援。FP7で新設
People	研究人材の育成強化
Capacity	研究開発の為のインフラ（設備・ネットワーク等）支援
JRC	欧州委直属の研究所（7つ）への助成

- FP7予算中で協力（cooperation）プロジェクトが最も大きい（ERA構想との関連）
- 2番目に学術基礎研究支援をするアイディア（idea）プロジェクトが大きい．FP7より新設．

Cooperation 3万2365ユーロ 64%
Idea 7460ユーロ 15%
People 4728ユーロ 9%
Capacities 4217ユーロ 8%
Euratom 2751ユーロ 4%
JRC 1751ユーロ 3%

図1-6　FP7の共同研究助成（Cooperation）プログラム
出所）　EU委発表資料をもとに作成．

による方向づけ（具体的にはSRA）を踏まえて行われるようになった．

各分野のSRAとして，各ETPが欧州委員会に提出したロードマップを欧州委員会は尊重し，SRAの指摘事項をFP7の各プロジェクトで優先的に扱う．FPには，さまざまなプログラムが存在し，その重要性に応じて予算配分が成されるが，図1-4の共同研究助成（Cooperation）プログラムへの配分が最も大きい．Cooperationは，図1-6に示すようにFP7が対象とする5つのプログラムの1つであり，予算規模全体の64％を誇る．Cooperationの実態は複数の産学共同研究開発プロジェクトへの助成である．さらに重要で大きなテーマに関しては，欧州委員会ではなく図1-4のJTIによって専門的・集中的に共同研究プロジェクトが管理運営される．

3　Joint Technology Initiativeの構造と役割

3-1　Joint Technology Initiativeの構造

FP7の重要な取り組みがJTI（Joint Technology Initiative）設置である．図1-4や第2章の2-2で説明したように，SRAの中には大規模な社会経済の変革を伴うものもある．そのようなテーマには，プロジェクトの進捗・予算を一元的に管理する為の仕組みがないと推進できない．これがJTIであり，EU条約

171条に基づく合同出資事業として位置づけられる．JTIは，欧州委員会，メンバー国，民間の資金を持ち寄って設置されるジョイント・アンダーテーキング（JU）と呼ばれる中間組織によって実行される．JUの設置には閣僚理事会における多数決による決議（resolution）が必要であり，決議のための原案提出権は欧州委員会にある．

JTIが設置された分野は特に重要であると認められており，特権的な運用が行われる．たとえば，欧州銀行（EIB）とFPの資金を基に作られた「リスク分担融資便宜（Risk-Sharing Finance Facility: RSFF）」は，JTIに対して無条件に適応される．RSFFでEUが持つ予算規模は100億ユーロ程度である．Framework Programmeで最大規模のCooperationプログラムが324億ユーロ（EU出資）であることを考えると，相当に大きな規模であることが分かる．RSFFはメンバー国政府との調整や交渉の必要がなく，欧州委員会だけで進めることができる措置である．

JTIは特に社会経済に対する影響力が大きいテーマに対してのみ設置される．現在でも約30のETPがSRAを提出しているが，それらの内JTIが設置されたのは6分野にとどまっている（図2-1～17）．JTIの主な役割は，ETPが採択したSRAをチェックし，そして投入資金や人的資源のチェックを踏まえながらInitiative形式で長期的な産学官連携を構築する点にある．

JTIに認定されたテーマは，欧州委員会ではなくJUが管理を行う．これにより，テーマ遂行の機動力・柔軟性が保たれるわけである．JTIの対象になるには，以下の要件が必要になる．

① SRA実施のために，産業界が資金的・人的な貢献を宣言していること
② SRAの実施期間が長くFP7計画の期間（7年）を超えたものであること
③ 対象とする技術分野の研究費用が大規模であり，リスクが高いこと

またJTIは，研究成果を商品化する上で障害になる事項の特定とその排除も役割のなかに含まれている．

3-2 JTIの示すロードマップ：産業エコシステム・標準化と規制・対象市場

JTIは，ETPから提出されたSRAに基づいてロードマップを実行する．このロードマップは，単なる技術ロードマップではない．SRAでは，技術成果そのものではなく，最終的に目指す社会経済システムが目標として提示される．たとえば，どういった企業群が新しい産業を形成するのか（産業エコシステ

ム），新しい社会経済システムの普及にはどのような標準規格が必要でどのような規制緩和（もしくは新しい規制）が必要か，さらにこの社会経済システムが影響を及ぼす地域（対象市場）はどういったところになるのか，などが明確に記述される．新しい社会経済システム実現のために，技術だけでなく法律・標準規格や産業連携のあり方が示されているのである．この点で我が国のイノベーション・システムと際立った違いを見せる．

たとえば，組込みシステム分野のJTIであるARTEMISでは，達成すべき目標として以下の項目がSRAに含まれ，全ての共同研究プロジェクトは，SRAに掲げた目標のいずれかにたずさわることになる．

〈ARTEMISのSRAに掲げた目標〉

- 標準化と規則（Standardization and Regulation）
  欧州内での標準化の推進．加えて国際標準化活動の場における欧州関係者の地位向上．
  特定の標準化イニチアティブについて，共通見解を策定する．
  1～3年以内に標準化の主題を特定する．
- 産学連携（Industry-Academia Collaboration）
  産業と学会が相互に生産的に関わり合うこと．領域を超えて協力する体制を推進する．
  教育訓練イニチアティブにも積極的にかかわる．
- 教育と訓練（Education and Training）
  コースを開発すること．
  カリキュラムの確立を支援し，欧州の著名な大学に講座を開設すること．
- 国際協力（International Cooperation）
  国際協力はWin-Winの関係を基本とする．
  既存の長所に基づいて，たとえばアジアの新しい市場を拓く．また，ARTEMIS標準を世界標準として強化する．

(ARTEMIS（2006）のpp. 28-31より抜粋引用)

これらの目標からわかるようにSRAは，単なる技術的成果を述べているのではない．SRAは新しい社会システム構築のためのロードマップとなっているのである．そして，SRAに書かれた大規模なイノベーションや社会的イノベーションを引き起こすための推進メカニズムとして，JTIが位置付けられて

いるのである.

いままで概観したように，FP7はETP，CooperationそしてJTIの3つに役割が分担された構造をとっており，それぞれが役割の範囲で徹底的に議論・協議すれば自動的に結果が出てくる構造となっている．このなかでも特にFP7から新しく設けられたJTIの役割が重要であり，ETP単独では不可能な具体化へのシナリオをJTIが欧州委員会に代わって作る．つまり，SRAがインタフェースとなって，ETPとJTIを結び付けているのである.

3-3 ERA構想：研究ネットワーク構築の仕組み

図1-4のFP7の仕組みのなかで我々が特に着目すべき点は，まず第1にEU 27カ国＋準加盟の3カ国が自発的に協業するための仕組みとなっていること，第2にEU以外の国々も喜んでFP7へ参加するような様々な仕組みが柔軟なインセンティブ制度として至る所に組込まれている点が挙げられる．この1つがEuropean Research Area（ERA）構想である．この狙いは，研究開発の欧州域内国境を無くし，欧州委員会がFP7で方向づけた研究活動を欧州全体で統合的に行う仕掛け作りである.

ERA構想では，指定条件さえ満たせば国際的な共同研究が優遇助成の対象となり，資金が助成される．たとえば条件を満たせば以下の様な各種インセンティブが用意されており，特に共同研究が最も優先される助成対象となる.

① 広範囲の研究機関が参加し易くするインセンティブ
　a．最低でも3カ国以上の共同研究へ助成（実績は5カ国以上）
　b．大学，研究機関，企業からなる産学官コンソーシアム型共同研究プロジェクトへの助成
　c．東ヨーロッパなど，発展途上国やBRICs関連の研究機関が加わる共同研究への助成
② 研究ネットワーク・人的ネットワークに対するインセンティブ
　a．EU域内の研究機関で行われる共同プロジェクトへの助成
　b．研究活動の支援，たとえばネットワーク構築費，人的交流の為の旅費，会議費等への助成
③ 企業に対するインセンティブ
　a．Framework Programmeで開発された技術や製品がBRICs諸国市場へ移転

b．ETP を介して欧州投資銀行（ETB）から融資のチャンス提供

①〜③は EU 加盟国内での共同研究を推進する．しかしそれ以上に重要なのは，ERA として非ヨーロッパ諸国，特に今後の巨大市場として期待される発展途上国の人材を FP へ積極的に参加させる仕組みとしてのインセンティブを設定していることである．この意味で ERA は，オープン・イノベーションを欧州域内からの地球全域へ広げることで途上国の成長を FP 7 の活性化へ引き込む役割さえ担う．表 1-1 に EU と科学技術協力協定を締結して FP 7 へ参加中の国を要約した．BRICs や Next Eleven から多くの国が参加していることが分かる．

図 1-7 に，ERA の仕組みを介して FP に参加する国のプロジェクト数をまとめた．ここから分かるように，EU はロシア，中国，インド，ブラジルなど BRICs の大国と多種多様なプロジェクトを走らせている．その背景にはこれ

国 名	署 名	発 効
アルゼンチン	1999年9月20日	2001年5月28日
オーストラリア	1998年7月8日	1999年12月9日
ブラジル	2004年1月19日	2007年8月7日
カナダ	1998年12月17日	1999年4月30日
中国	1998年12月22日	1999年4月30日
チリ	2002年9月23日	2007年1月10日
エジプト	2005年6月21日	
インド	2001年11月23日	2002年10月14日
韓国	2006年11月22日	2007年3月29日
メキシコ	2004年2月3日	2005年6月13日
モロッコ	2003年6月26日	2005年3月14日
ロシア	2000年11月16日	2001年5月10日
南アフリカ	1996年12月5日	1997年11月11日
チュニジア	2003年6月26日	2004年4月13日
ウクライナ	2002年7月4日	2003年2月11日
アメリカ	1997年12月5日	1998年10月14日
日本	2009年11月30日	承認待ち

表 1-1　EU と科学技術協定を有する国
出所）　NEDO パリ事務所の調査資料に加筆．

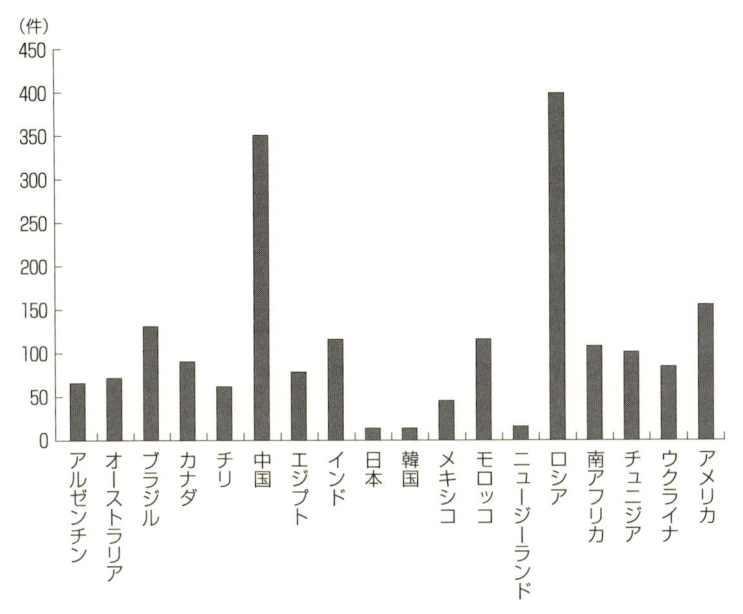

図 1-7　FP6 への第三国からの参加数

第3国の中ではロシア，中国の参加が多い（350件超）．アメリカでも150件参加．日本の22件は少ない．
出所）　NEDO パリ事務所の調査資料をもとに筆者作成．

らの国々であればFPへ参加するための費用を全てEUが賄うことが挙げられる．アメリカなどの先進国は費用を自己負担しなければならない．

　これまで，日本のイノベーション・プログラムは，欧州連合のオープン・イノベーションシステムとの協創・競争の体制ができていなかった．このような状況に置かれていたのは，主要国で日本だけである．EUと科学技術協定を締結していない間も共同プロジェクトを走らせていたが，多くは日本が圧倒的な技術力を誇る分野に限られており，全体から見れば例外的である．2006年までの実績では，ロシアと中国が参加するプロジェクトが350件，アメリカが150件，そして日本はわずか22件であった．2009年11月，日本はEUと科学技術協力協定を締結し，欧州委員会側の正式承認待ちなので，2014年から始まるFP8では，共同プロジェクトの数が大幅に増えることが期待される（2011年1月現在）．

　図1-8にEU域内の産学官が共同で応募する構図，およびEUと非EUが共

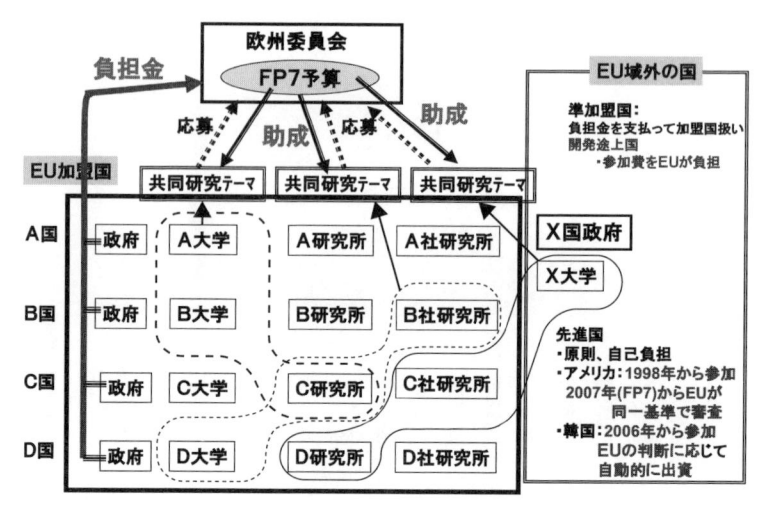

図 1-8　FP7 に見る産学官・共同研究の概要
出所）　NEDO パリ事務所の調査資料に加筆．

同で産学官連携を組みながらFPへ応募する構図を要約した．少なくても3カ国が共同で申請するのであれば，どんな枠組みでも自由に共同研究テーマを応募できる．特にBRICsの中国，ロシア，インドなどが参加すれば選考上，その申請は優先される．成果はEUの参加企業とBRICsとの人材ネットワークを介して世界中へ展開される．

　FP7のERA構想はETPが描く2020年のVisionをグローバルな巨大市場へ普及させるための強力なイノベーション政策になっているのである．

　欧州連合（EU）のイノベーション政策を図1-9に要約した．欧州統合前夜にあたる1980年代に数々の政策が打ち出されたが（図1-1，図1-2），なかでも大きな変化と捉えるべきなのは大企業育成政策（ナショナルチャンピオン政策）から，国境を超えた産学官連携としてのオープン・イノベーションへの転換であった．このような大規模予算のイノベーション政策を正当化しているのは，「経済成長」と「雇用創出」の2つのキーワードである．欧州が国際競争に勝ち抜き，現在の生活水準を維持するためには，この2つが必須の目標となる．このため総力体制とも言える産学官のオープンな共同研究の推進体制を構築しているのである．

第1章　欧州型オープン・イノベーションの構造と特徴　73

- 「経済成長」と「雇用創出」の目標の下でイノベーション政策に大規模に人・もの・金を投入．総力戦に
- 大規模なイノベーションを可能とする産官学の共同研究開発の総力体制
- 技術シーズと社会ニーズを幅広く集めるオープン・イノベーションの推進
  - 協力（cooperation）プロジェクトERA構想
  - 従来の産業区分を超えたクロスバウンダリーなマッチング
  - 産業側だけでなく，大学・研究所やNPO団体までいれた共同体制
- 大規模イノベーションを可能とする新しい仕組みの導入
  - ETPやJTI
  - 実現に向けたロードマップの策定．技術創出から市場展開まで
  - 市場展開には国際標準化を使う．欧州市場だけでなく新興国市場も取り込む
- 参加企業はイノベーションの成果の中に利益源泉を組込むというビジネスモデルを構築しようとしている
  - 競争領域と非競争領域の明確化
  - 新しいパートナー作り（新しいマッチング）

図1-9　欧州イノベーション政策の要約

4　欧州連合のイノベーション政策への評価

4-1　欧州の研究開発の効率性

　図1-10に2003年から2007年までの欧米亜の製造業について，投入した研究費に対して達成された営業利益のトレンドを示す．アジアは日本以外のアジ

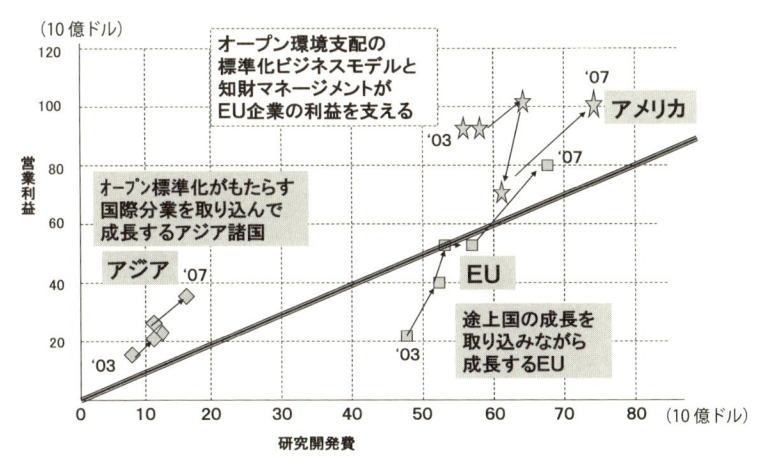

図1-10　EUの産学連携と欧州の復権

出所　日本機械輸出組合の調査データをもとに筆者作成．

ア諸国である．アメリカとEUを比較してみると，投資効率でEUは劣っていたものの，近年，急速に改善して2007年にアメリカへ追いついたことがわかる．また，同期間中，一貫して研究開発費を拡大していることも図から読み取れる．

一方，欧州連合の企業群とアジア諸国の企業群を比較すると，アジアは未だ研究開発投資の絶対的規模が小さいものの，非常に少ない投資で多額の利益を上げている．先進国から伝播するイノベーション投資の成果を要素技術や製品・生産技術として活用することで，言い換えればスピルオーバー効果の活用で，研究開発投資を低く抑えることができるからであると考えられる．その背後にアジア諸国が採る比較優位の制度設計があった（小川，2009 a，第2章）．アジア諸国は，研究開発段階ではなく，実ビジネスの段階（製造段階）で競争力を強化するための一連の産業政策を，1990年代に完成させている．

4-2　欧州型オープン・イノベーションの代表的成功モデル：GSM 携帯電話

欧州の代表的な成功モデルと言われるデジタル携帯電話のビジネス・システム構造を図 1-11 に示す（立本，2011 b）．欧州 GSM 方式の国際標準化では，携帯端末の内部構造と外部インタフェースがオープン標準化されているものの，基幹インフラ側のベース・ステーションは完全ブラックボックス化されている．したがってアジア諸国企業が市場参入できるのは携帯端末だけであり，アジア

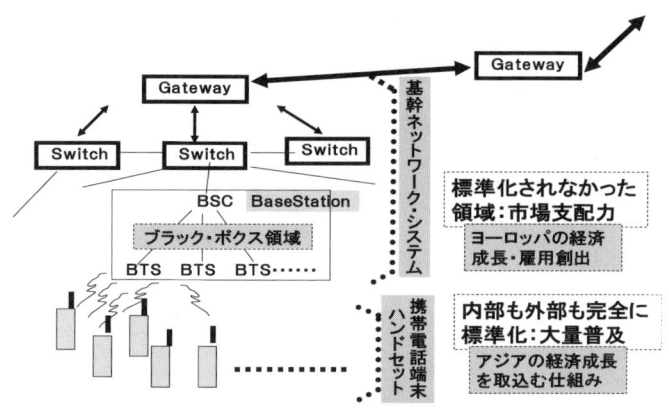

図 1-11　GSM デジタル携帯電話のビジネス・システム構造
出所）　小川（2009a）．

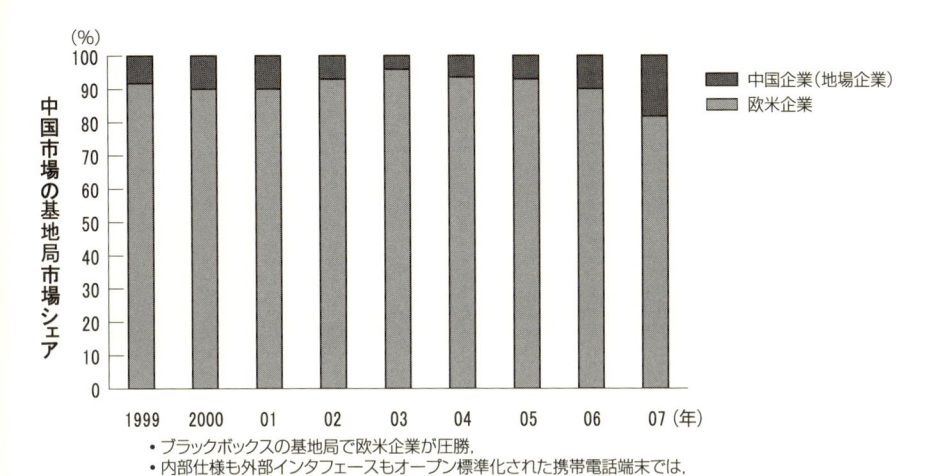

- ブラックボックスの基地局で欧米企業が圧勝．
- 内部仕様も外部インタフェースもオープン標準化された携帯電話端末では，中国企業が大躍進．
- 中国は世界最大の生産基地であり世界最大の市場．

図 1-12　中国における GSM 携帯電話の基地局市場シェア

出所）立本（2010），データ元：iSuppli．

諸国企業が競ってコストを下げれば市場が拡大する．しかしながら，携帯端末を繋いで電話システムとして機能させるための基幹インフラは，図 1-12 に示すように，たとえ中国市場であっても欧州企業だけが支配する構造になっている．

　中国企業はオープン標準化された携帯端末の市場でビジネスチャンスを摑み，経済成長と雇用に貢献する．一方，欧州企業は，中国企業が生み出す低コストの携帯端末が大量普及する市場を，ビジネスモデルや知財マネジメントおよび基幹インフラ側のブラックボックス型システムからコントロールする．中国の成長を欧州側の成長と雇用に結びつけるメカニズムが構築されている．

　国際標準化はグローバル市場に比較優位の国際分業を構築する役割を担うが（小川，2009 a，第 3 章），図 1-11，図 1-12 に示す事例と類似の構造が 2000 年以降から多くの産業領域で観察されるようになった．この意味で EU は，アウトプット政策として技術イノベーション成果を国際標準化し，開発途上国の成長を EU の成長や雇用に結び付けるという仕組み作りに成功した．これを実ビジネスの現場で担ったのが標準化ビジネスモデルと標準化知財マネジメントだったのである．

4-3 インプット政策とアウトプット政策

EUがFPを介してグローバル市場に対峙する構造を図1-13に要約した．BRICsやNext Eleven諸国の優れた研究者や研究成果をFPとリンクさせるためのERA構想をインプット政策と位置付け，そしてFPのイノベーション成果をグローバル市場へ展開する国際標準化をアウトプット政策の中核に据えている．

FPで生み出される技術イノベーションをハード・パワーと定義すれば，世界中の知恵をFPの技術イノベーションへ結集させるインプット政策，そしてその成果をグローバル市場へ展開させるアウトプット政策の方は，ソフト・パワーと定義できるであろう．FPという巨大なオープン・イノベーションの構造を創り上げたEUは，ハード・パワーとソフト・パワーが一体となったイノベーションを今後も推進する．その方向が2007年に開始されたFP7で明確に打ち出されたのである．

かつてヨーロッパは産業革命と植民地政策によってグローバル社会に覇権を確立した．21世紀のEUは，国を超えたオープン・イノベーションや国際標準化によってグローバル市場へ対峙しようとしている．

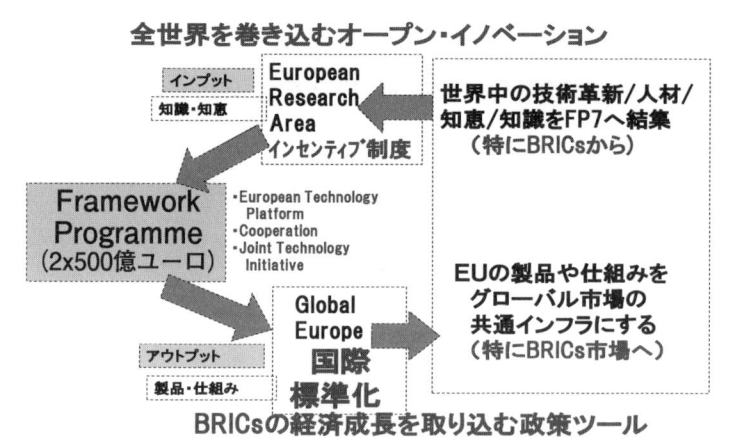

図1-13 欧州連合のグローバル産業政策におけるFramework Programmeの位置付け

出所）筆者作成．

5 組込みシステム ARTEMIS の JTI における位置付け

5-1 組込みシステムの JTI: ARTEMIS

21世紀の人工物設計に大きな影響を与え，もの造りシステムさえも根底から変える可能性を持つのが，組込みシステムである．自動車の電子化に焦点を当てた本書が取り上げる ARTIMIS は，組込み型システムを対象にしたテクノロジ・プラットフォームであり，欧州連合が大規模な社会経済の変革を伴う重要技術と認定して設定されている．これ以外にも，ナノテク（ENIAC），医療（IMI），航空輸送，水素・燃料電池，環境安全のグローバル監視など5つの分野の JTI になっている．6つのプラットフォームが JTI でそれぞれどのような関係になっているかを図1-14に要約した．

FP7の中の6つの JTI は，それぞれが互いに強くリンクした統合型の社会システム・イノベーションである．たとえばナノエレクトロニクス側で良い成果が出れば，それが直ちに組込み型システム側でも連動した技術イノベーションが起こり，また組込み型システムで画期的な技術イノベーションが生まれれば，直ちにこれがエネルギー再利用システムや医療・健康分野および安全・安

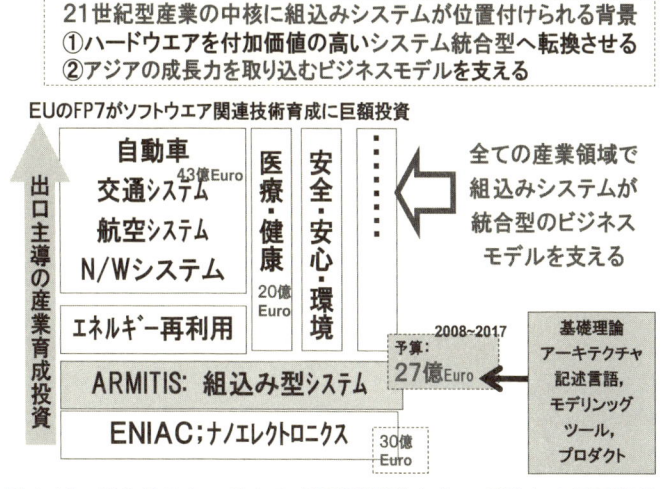

図1-14 組み込みシステムの ARTEMIS と他の JTI との相互関係
出所）筆者作成．

心・環境分野の社会イノベーションに結び付く構造になっている．

5-2 組込みシステムの重要性

EU のイノベーション・システムである FP の中の JTI が，組込みシステムを大規模な社会経済の変革を伴う重要技術と認定した背景には，21 世紀の産業を担う多くの製品システム設計に，組込み用のマイクロプロセッサとこれを動かす組み込みソフトが深く介在しはじめたためである（小川，2009a，第1章）．

その様子を図 1-15 に示す．ソフトウェアの爆発を伴う組込み型システムが，21 世紀のグローバル市場で多くの産業領域へ拡大しようとしており，また 2010 年の現在ですら製品設計の 60％以上がソフトウェアの設計工数で占められるようになった．自動車に関して言えば，図 1-16 に示すように，2007 年の時点で既に 1,000 万ステップを超える組込みソフトが必要となっている．将来環境規制が強化されることによってステップ数が急増すると予測されている．図 1-15 のトレンドで単純予測すれば，2020 年までに最悪 1 億ステップを超える可能性すら出てくる．1 億ステップとは 2,000 人のエンジニアが開発に 5 年も必要とし，誰もが全てを知ることが出来ないという設計環境である．このような人智を超える複雑な人工物設計が自動車だけでなく，他のあらゆる製品領域でも起きはじめた．

一方，組込み型システムの一翼を担うマイクロプロセッサ（MPU，MCU，

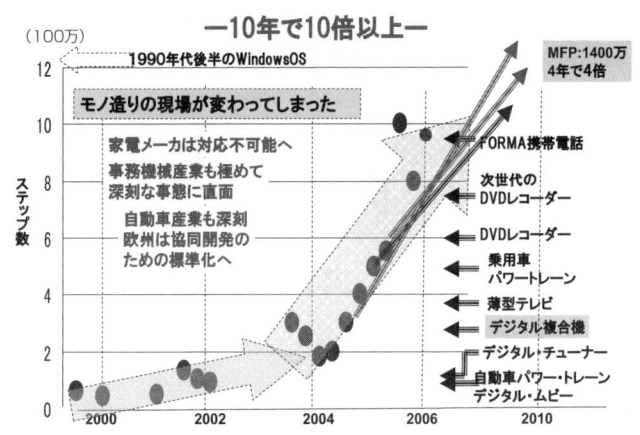

図 1-15　組込みソフトが多くの産業領域で爆発的に増大
出所）　小川（2009b）．

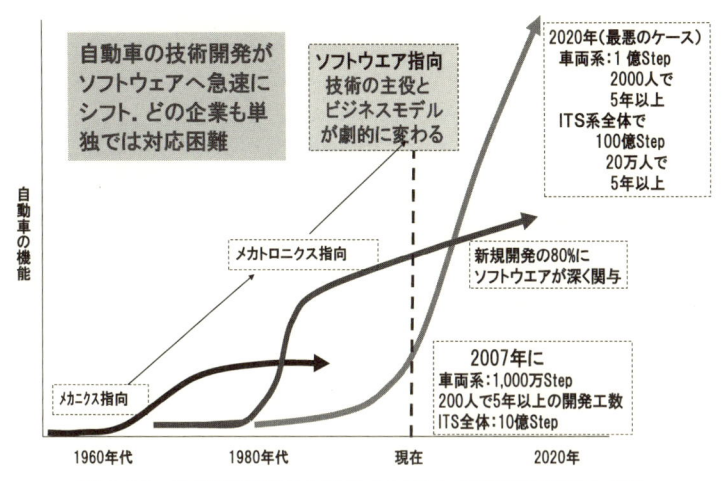

図 1-16 自動車産業でも組込みソフトが爆発的に増大する
出所）小川（2009b）.

DSP を含む）は，将来のパソコンとその関連部品に年間 30 億個が，また携帯電話でも年間 50 億個超が使用されると考えられている．ここに人類の 1 人 1 人が手にするモバイル機器やデジタル家電を加えれば，全産業領域のマイクロプロセッサの利用は，合計で将来は年間 150 億個を遙かに超えると予想される．この 1 つ 1 つで膨大な組込みソフトのモジュールが動くのである．

これらのマイクロプロセッサが互いにネットワークで繋がるようになったとき，グローバル市場の競争ルールが，一変する可能性がある．組込み型システムの拡大は，人智を超える存在になって競争ルールや産業構造・社会構造へ大きな影響を与える．欧州連合が ARTEMIS を 6 つの JTI の 1 つに選んだ背景がここから理解されるであろう．

6　日本のイノベーション・システムは欧州から何を学ぶか

6-1　欧州型オープン・イノベーション・システム

EU は 1980 年代からイノベーション・システムをオープン・イノベーション指向へ大転換させた．欧州にせよ，アメリカにせよ，共通しているのは，企業・大学や公的な研究所と政府が共同した産学官の新たな連携（オープン・コンソーシアム）が，「オープン・イノベーション」の基盤を体現していることで

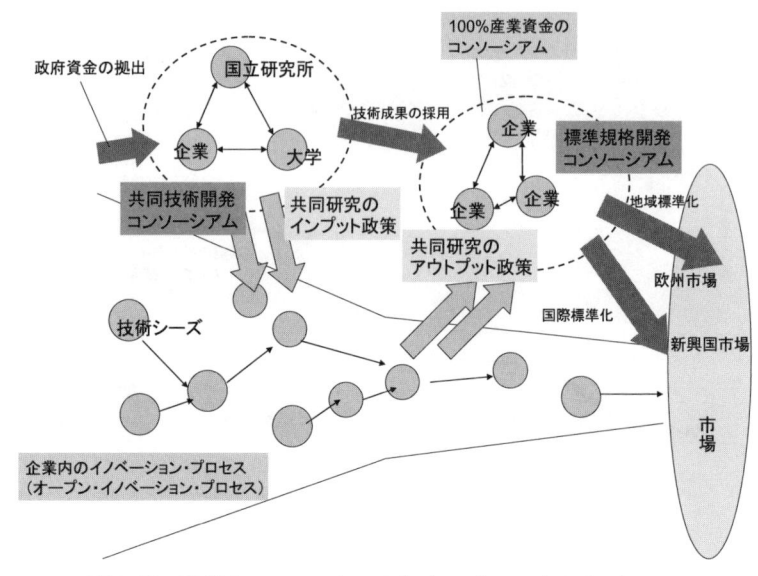

図 1-17　欧州のコンソーシアムとオープン・イノベーション
出所）筆者作成．

ある．

　欧州では FP の ERA 構想や ETP と JTI に例を見るように，①産官学の大規模連携（オープン・コンソーシアム）の促進などが大規模な社会的イノベーションを生む基盤となっており，②さらに共同研究の成果を欧州地域市場，ひいてはグローバル市場へと展開する道具として国際標準化を，欧州連合の基本政策の中へ上手に取り入れている．この全体図を図 1-17 に整理する．

　欧州のオープン・イノベーションのシステムは①②に対して積極的に助成金等で支援する点で，アメリカのオープン・イノベーションとは異なる．アメリカでも一時クリントン政権時に，オープン・コンソーシアムを政府資金で支援する政策がとられたが[14]，その後は政府資金支援を積極的に行っていない．この点では欧州のオープン・イノベーションのシステムは，アメリカのオープン・イノベーションとは異なる．

6-2　政府支援のデメリットとその克服

　政府資金をオープン・コンソーシアムに拠出することはメリットもあるがデ

メリットも多い．アメリカがコンソーシアムへの政府助成を積極的に行わないのも，過去の経験からデメリットが大きいと判断したからである．主なデメリットとして，①助成対象領域を決めるために，政府が産業の将来像を予測することは不可能である点，②企業競争による開発インセンティブを弱めてしまう点，③政府資金を注入することでコンソーシアムに海外企業が参加することを阻害してしまう点，の3点が挙げられる．欧州のイノベーション政策でも①～③の危険性は十分認識されており対策がとられている．

①への対策として2-1で説明したようにETPで産業からの意見集約を行っている．社会の総意としてどのような施策をするべきかを，産業や大学・さらには市民団体まで含めて合意形成をしている．将来の欧州連合のあるべき姿をオープンな議論を踏まえて定め，これを実現させるためにETPへ取り込むべき研究テーマの選定を，図1-4に示したように衆智を集めて議論しているのである．

②への対策として協業領域と競争領域を明確に峻別することによって，開発競争のモラルハザードを防いでいる．この峻別に使われるのが①で挙げたETPである．

日本の行政が主導する研究開発プロジェクト（国家プロジェクト）では，協業領域と競争領域が事前に峻別されていない[15]．したがって，国家プロジェクトが，自社事業と関係の薄い（事業部が本気で研究しない）技術開発か，あるいは単に自社のリスクヘッジとして位置付ける共同研究に利用される可能性が高く，必ずしも有効に機能しているとはいえない[16]．

最後に，欧州型オープン・イノベーション・システムで最も重要な点が，このようなコンソーシアム活動の成果が市場に対して出口戦略を持っているという点である．この点は③に大きく関係している．政府資金が投入された場合，そこに参加する企業はどうしても各国企業に限定されてしまう傾向がある．これが共同研究成果を国内に留めてしまい，グローバル市場に技術成果が普及しないことの一因となっている．欧州の場合，「共同技術開発コンソーシアム」と「標準規格開発コンソーシアム」が別々に設立されることによって，この弊害を防いでいるように見える．前者には公的資金の支援があるが，後者は産業資金のみで運営されていることが多い．この分別によって技術成果の市場化段階で，多くの参加者を巻き込んだ標準化活動が促進されている．さらに，このような産業資金のコンソーシアムがスクリーニングの機能を持っていることも

重要である．産業から見たときに「価値がない」と見なされた技術成果に対しては，そもそも標準化コンソーシアムが組織されないことすらある．産業資金のコンソーシアムは，広範囲に技術成果を広めるとともに，無駄な技術開発に対するフィルターの役割も持つ．

たとえばARTEMISは政府資金を投入している共同技術開発コンソーシアムであり，産業に要素技術（組込システム技術）を提供している．それに対してAUTOSARは100％産業資金のコンソーシアムであり，自動車電子システムの為の産業標準を開発している．AUTOSARはARTEMIS等の要素技術コンソーシアムから自動車産業に即した要素技術を選択して，産業標準を開発している（詳細は3，4章を参照）．ARTEMIS（共同開発コンソーシアム）の仕組みによってEUの助成をEU域内に留めて無防備なスピルオーバーを防ぎ，技術成果を標準化して産業側の競争力を強化・支援するようにAUTOSAR（標準規格コンソーシアム）が位置付けられている，と言い換えてもよい．

産業資金のみで運営されているコンソーシアムは，非常に柔軟な標準化プロセス（「縦横の調整」）を実現できる（3章を参照）．たとえばAUTOSARには，日本やアメリカの自動車企業が参加しており，現在では中国・インドの自動車企業も参加している．欧州主導の国際標準を確立するために理想的な組織となっている標準化を主導することが，欧州企業の競争戦略の重要な部分を占めている．

6-3　出口戦略の重要性

欧州のイノベーション・システムでは，「技術成果を使っていかにグローバル市場を拓くか」という出口戦略について，多くの取り組みがなされている．もっとも大きな出口戦略が国際標準化である．たとえばFP7では，幅広い技術シーズを世界中から取り込むためのERA構想が展開されており，欧州域内での複数分野にまたがる研究・企業・NPO団体の共同研究を加速すると共に，欧州域外の諸国（とりわけBRICs諸国）からの研究者を迎え入れることに成功している．このような研究ネットワークの拡大は，大規模イノベーションのシーズ収集とともに，その成果の出口として国際標準化を世界市場に普及させる際に役立っている．

欧州の国際競争力構築の青写真として2006年に発表された「Global Europe」では，国際標準化を欧州経済からグローバル経済への架け橋として推進

する方針がより明確に位置付けられている（COM, 2006）．

　一方，日本のイノベーション・システムには，国のレベルでも個別企業のレベルでも，協業と競争が峻別されていないので，世界の衆知を集めるインプット政策はもとより，技術イノベーションの成果をグローバルの競争力へ転化させるアウトプット政策をトータル・イノベーション・システムに組込むことができない．この意味で，これまでの日本のイノベーション・システムにはグローバルな視点が明示的に取り込まれていない．

　また日本のイノベーション・システムでは，技術イノベーションが起きさえすれば国の競争力や企業収益に直結する，という自由放任的・古典的な技術リニア・モデルが暗黙のうちに仮定されている．巨額投資の成果のスピルオーバーが自国の成長により有効に寄与させる仕組みとグローバルなオープン・イノベーションとを同時実現させるメカニズムが，構築されていない．オープンな国際分業が支配する産業領域で，日本がグローバル市場の勝ちパターンを構築できない理由の1つはここにあると思われる．

　技術イノベーションとしてのハード・パワーは世界トップ・クラスの成果を出してきたが，これを国や企業の競争力へ結び付ける仕組み作り，あるいは技術イノベーションの成果を統合して社会全体のイノベーションへ結び付ける仕掛け作りが，ソフト・パワーとして育成されていない．これが新成長戦略を推進するにあたって最大の課題となるであろう．

6-4　日本型オープン・イノベーション・システムの構築にむけて

　本章では Framework Programme を取りあげながら，1980年代から現在までの30年に及ぶ欧州型オープン・イノベーションの経緯を明らかにしてきた．従来の調査研究は欧州のイノベーション政策を各国単位で見ており，本章のように欧州委員会レベルで捉えたものは少なかった．加えて，このイノベーション・メカニズムを「オープン・イノベーション」の一種であるという見解を示す調査研究は皆無だった．現在でも欧州のイノベーション政策をクローズドなリニア・イノベーションであると考える研究者も多い．しかし，それは各国レベルのイノベーション政策に注目したものであり，欧州連合としての視点や，欧州連合とグローバル市場とを関連づける視点が欠けている．

　欧米諸国は1980年代に産業構造を強制的に転換させ，「オープン環境の協業的イノベーションと競争的イノベーションとを共存させる仕組み作り」を完成

させた.1980年代から数多くの失敗事例と成功事例を積み重ねながら,社会ノウハウとして蓄積させのである.そしてオープン・イノベーションやグローバル・スタンダードを世界市場に向けて発信してきた.[18] デジタル携帯電話がその代表的な成功事例である.車載用の組み込みソフト標準化とこれを支えるJTIのARTEMISもこの延長に位置づけられる.

一方,アジアの発展途上国は,欧米の産業構造転換に呼応させた補完型へと1990年代に自国の産業政策を転換させ,これが比較優位の国際分業・国際貿易を加速させて1990年代後半の経済を成長軌道に載せた.[19] 我々は,欧米が当たり前のように語るオープン・イノベーションシステムの歴史的な背景とその成果を冷静に分析し,途上国が完成させた比較優位の制度設計を冷静に受け入れ,[20] 我が国の得意技を最大限に生かす日本型オープン・イノベーションシステムの構築を真剣に考えるべきであると思われる.

注

1) 「産業政策」が具体的に何を指すのかについて,研究分野によって異なっている点に注意が必要である.独禁法に関する法学研究では,「市場競争を促進する競争政策」に対して「競争政策の外に置かれるものすべて」が産業政策である.産業組織論においては,「特定の産業に対するターゲティング政策」が産業政策として用いられることが多い.

   技術経営の研究では,「イノベーションを促進するための政策」を意図して産業政策が用いられており,この意味では競争政策も産業政策に含まれている.よって,産業政策の代わりにイノベーション政策と呼ぶこともある.本章では,技術経営の使用法に従った.

2) ルクセンブルグ宣言については渡辺・作道(1996)のp.19を参照.1984年12月に発表されたこの宣言は「EC規制」とも言われる(宮田,1997,第7章).

3) 1934年にアメリカへ渡ったシュンペータは,大規模企業がイノベーションの担い手であると主張しはじめた.この考え方は1910年ころのシュンペータがウィーンで主張していたイノベーション論と全く異なる.少なくとも1970年代の終わりころまで1940年代のシュンペータ的イノベーション論が欧米で支配的だった.我が国では1910年代のシュンペータと1940年代のシュンペータが区別されずに議論されることが多い.

4) 実際は日本の事例が過度に持ち上げられ,これをテコに独占禁止法の緩和や研究開発費への支援を訴える動きに使われたと言われる.ほとんどのターゲティング政策は失

敗に終わったとの調査もある（三輪，2002）．超LSI研究組合が成功だったか否かは「協業と競争」という視点から再評価が必要である．
5）土屋（1996），p.532, および宮田（2009），第14章.
6）研究開発段階に政府助成を集中させる現在の日本の産業政策と，実ビジネスの製造段階に集中させる韓国・台湾・中国とを対比させることによって，当時のヨーロッパの深刻さをもっと身近なものとして理解できるはずである．
7）平林（1993），p.10.
8）1970年代から1990年代初期のヨーロッパにおける共同研究政策については宮田（1997）の第7章を活用させて頂いた．
9）田中（1991）のpp.96-105, 及びOTA（1992）のpp.69-74.
10）例えばフランスのニースに設置されたETSIは，1980年代後半のデジタル携帯電話の欧州標準化に多大な貢献をし，欧州方式が世界市場を席巻する上で多大な貢献をした．
11）EU成立に至る経緯については渡辺・作道（1996）を参考にした．
12）EUREKA設立の背景とその後の経緯については宮田（1997）の第7章を参照．
13）GDPあたりの研究開発投資が最も多いのが日本であり長期に渡って3％以上を維持した．しかしながらその大部分は政府資金ではなく民間企業による支出だった．またGDPあたりの研究開発費が世界のトップであっても製造業のGDPは過去15年でマイナス成長であり，雇用も300万人減少した．
14）クリントン政権時には，半導体産業のSEMATECHを見本にしたオープン・コンソーシアムへの政府資金支援が試みられたが，結局，大規模にこの政策が適用されることはなかった．
15）2011年度から始まる第4期科学技術基本計画で，この考え方が取り込まれようとしている．
16）複数の研究で「コンソーシアムでの研究開発活動は，画期的な技術的成果に乏しく，競争力に貢献しない」と報告している（宮田，1997，pp.91-105；立本，2011a）．これは日米の事例で共通しているおり，重要な指摘である．画期的な技術開発は，多数企業が参加するコンソーシアムに向いておらず，むしろ少数企業で構成される戦略的ジョイントベンチャーで行われるべきである．コンソーシアムは汎用的技術の開発に向いている．

一方，コンソーシアムのスピルオーバー効果は大きく，標準化（industry-wide standards）を通じて，競争力に強く影響することが報告されている．とくに産業間コンソーシアムで，この効果が強くなる傾向があると報告されている．コンソーシアムは，2企業間では達成できないような，大規模な企業間関係の調整を行うことが可能である．政府支援の有無にかかわらず，コンソーシアムの活用は，戦略的に行われるようになってきており，「技術成果」と「標準化」の両面から検討することが必要

である. 詳細は立本（2011a）を参照.
17) Chesbrough, Vanhaverbeke and West（2006）は，欧州のイノベーション・システムをオープン・イノベーションの観点から分析した貴重な例外である. ただし同研究では，欧州のオープン・イノベーションを支えている制度的な考察は少ない.
18) たとえば小川（2009a）の第5章. 欧州発のデジタル携帯電話規格GSMの事例については立本（2008a，2008b，2008c）に詳細に記述されている.
19) たとえば小川（2010）の第5章.
20) たとえば立本（2009b）.

参考文献

ARTEMIS.（2006）*ARTEMIS STRATEGIC RESEARCH AGENDA（first edition）*, download from https://www.artemisia-association.org/sra

Chesbrough, Vanhaverbeke and West.（2006）*Open Innovation: Researching a New Paradigm,* Oxford University Press.

COM [Commission of the Europe an Communities DGExternal Trade]（2006）. *Global Europe Competing in the World－A Contribution to the EU's Growth and Jobs Strategy,* European Commission External Trade, http://trade.ec.europa.eu/doclib/docs/2006/october/tradoc_130376.pdf

OTA [U.S. Congress, Office of Technology Assessment].（1992）*Global Standards: Building Blocks for the Future,* TCT-512, Washington, DC: U.S. Government Printing Office.

小川紘一（2009a）『国際標準化と事業戦略——日本型イノベーションとしての標準化ビジネスモデル——』白桃書房.

小川紘一（2009b）「自動車の電子化とオープン標準化がもたらす競争ルールの変化」『自動車研究』第31巻第10号，2009年10月.

小川紘一（2010）「比較優位の国際分業と途上国の経済成長におよぼす国際標準化の役割」東京大学知的資産経営・総括寄付講座デスカッションペーパー, No.18, 2010年10月.

立本博文（2008a）「GSM携帯電話① 標準化プロセスと産業競争力——欧州はどのように通信産業の競争力を伸ばしたのか——」『東京大学ものづくり経営研究センターディスカッションペーパー』No.191.

立本博文（2008b）「GSM携帯電話② 特許問題——欧州はどのように通信産業の競争力を伸ばしたのか——」『東京大学ものづくり経営研究センターディスカッションペーパー』No.197.

立本博文（2009a）「GSM携帯電話③ アーキテクチャとプラットフォーム——欧州はど

のように通信産業の競争力を伸ばしたのか」『東京大学ものづくり経営研究センターディスカッションペーパー』No. 204.

立本博文（2009 b）「国家特殊的優位が国際競争力に与える影響——半導体産業における投資優遇税制の事例——」『国際ビジネス研究』第1巻第2号.

立本博文（2010）「コンセンサス標準化をつかった国際競争力の構築について」2010年度多国籍企業学会全国大会自由論題発表，2010年7月11日.

立本博文（2011 a）「競争戦略としてのコンセンサス標準化」『東京大学ものづくり経営研究センターディスカッションペーパー』No. 346.

立本博文（2011 b）「グローバルスタンダード，コンセンサス標準化と国際分業——中国のGSM携帯電話導入の事例——」『東京大学ものづくり経営研究センターディスカッションペーパー』.

田中俊郎（1991）『EC統合と日本——ポスト1992にむけて』日本貿易振興協会.

土屋大洋（1996）「セマテックの分析——米国における共同コンソーシアムの成立と評価——」法学政治学論究，第28号，pp. 525-558.

平林英勝（1993）『共同研究開発に関する独占禁止法ガイドライン』商事法務研究会.

宮田由紀夫（1997）『協同研究開発と産業政策』勁草書房.

宮田由紀夫（2009）「アメリカの産学官連携」『ビジネス・イノベーションシステム』土井教之編著，日本評論社，第7章.

三輪芳朗（2002）『産業政策論の誤解——高度成長の真実』東洋経済新報社.

渡辺尚・作道潤編（1996）『現代ヨーロッパ経営史』有斐閣.

第2章

超国家レベルのオープン・イノベーション
——組込みシステムの共同研究開発と標準化 ARTEMIS の事例分析——

徳田昭雄

　欧州技術プラットフォームは，欧州の産業の競争力強化を目指して EU レベルの政策立案者と産業界との協力関係の促進が期待されているオープン・イノベーションのプラットフォームである．欧州技術プラットフォームの1つ ARTEMIS は，「組込みシステムの開発環境と普及環境の整備」について産業横断的なオープン・イノベーションを促進する超国家レベルの仕組みである．本章では，ARTEMIS の活動に焦点をあて，欧州における超国家的なオープン・イノベーションのメカニズムを明らかにする．そして，標準化を伴う EU のオープン・イノベーション政策は欧州委員会にとって政治的合理性が高いがゆえに，その役割が高まるに従って，ますます強化されていくことを指摘する．

1 共同研究開発活動の揺籃としての欧州技術プラットフォーム

　前章で考察してきたように，欧州では長らくフレームワーク・プログラム（Framework Programme：以下 FP）とユーレカ（EUREKA）イニシアティブの2つの主要なプログラムが，国際的な共同研究開発の仕組みとして機能してきた．そして，2000年のリスボン戦略や複数国参加コンソーシアム型共同研究開発を推進する欧州研究エリア構想を受けて，欧州委員会によって新たに提案されたオープン・イノベーションの仕組みが欧州技術プラットフォーム（European Technology Platform: 以下 ETP）である．

　ETP 設置の背景には，産業界の研究開発投資が日米に比して思うように伸びてこない状況の改善や，目的基礎研究と応用研究の連携による欧州発技術イノベーションの確実な実用化，そして技術イノベーションの収益化をはかる手段としての標準の擁立があげられる．

　ETP は，産業界主導により特定技術分野の関係者（研究機関，大学，金融機関，消費者団体，規制団体，NGO，各国政府，地方自治体）を束ねたディスカッション・

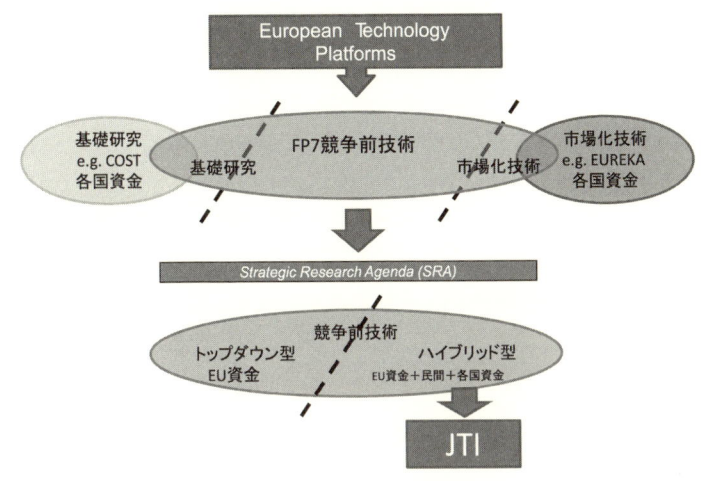

図 2-1 欧州の共同研究開発プログラムと ETP の関係

出所）報告者作成．

ネットワークとして組織されている．ETP は，EU として取り組むべきテーマとそのロードマップの作成を担う．ETP が作成したロードマップに基づいて作成されるのが当該分野のビジョンと戦略的研究アジェンダ（strategic research agenda）である．そして，そのアジェンダ実行主体が「共同技術イニシアティブ（joint technology initiative：以下 JTI）」である（図 2-1）．

新たな仕組みを具体化するために，欧州委員会は 2005 年の新リスボン戦略とともに「ETP と共同技術イニシアティブに関するレポート」を発表した（European Commission, 2005）．そこでは，FP 7（2007 年開始）から導入された JTI が，従来にはなかった特徴をもつオープン・イノベーションの要として位置づけられている（IDEA Consult, 2006）．

新たな仕組みの特徴をひと言で表すならば，それは「ハイブリッド型の共同研究開発形態」ということになる．すなわち一方において ETP と JTI は，これまで上手く連携が図られてこなかった研究開発活動の川上から川下までを，欧州委員会の主導のもとで一貫して見通すことが可能な枠組みとして構築されている．他方においてロードマップの立案主体（ETP）と実行主体（JTI）は，産業界が中心のディスカッション・ネットワークになっている．

たとえば意思決定プロセスについては，産業界主体の ETP においてボトムアップ的に策定されたロードマップ，ビジョン及び戦略的研究アジェンダが，

欧州委員会の主導するFPのセレクション・プロセスに織り込まれる。そして、欧州委員会にて承認されたイニシアティブが実行主体であるJTIの活動に反映される。イニシアティブ承認の意思決定主体は欧州委員会である。しかし、その判断材料の全てはETPの提示するロードマップに依存し、ロードマップの実施はJTIに委ねられている。

ファイナンス面についても、ハイブリッド型の思想は一貫している。共同研究開発資金は欧州委員会のみならず、産業界とEU各国政府が拠出する。これはFP6までには見られなかったマッチングファンド方式である。マッチングファンド方式にすることによって、EU、各国政府、産業界が三身一体となって目的基礎研究と応用研究の連携を図り、競争前段階にある技術の実用化を促進している。

2　ETPのJTIとしてのARTEMIS

欧州の成長と競争力強化の鍵となる34のETPが欧州委員会に戦略的研究アジェンダ（SRA）を提出している（European Commission, 2009）。34のプラットフォームには、EUに倣って米国オバマ政権が「グリーンニューディール」政策の一環に掲げた「スマートグリッド」技術も含まれている。34のプラットフォームでは、共通のビジョンに基づき戦略的研究アジェンダが策定されている（表2-1）。

2011年現在、34あるプラットフォームのうち5つの分野が共同技術イニシアティブ（JTI）に選定されている（図2-2）[1]。すなわち、産業横断的イニシアティブに位置づけられている組込みコンピュータ分野のARTEMIS（Advanced Research & Technology for EMbedded Intelligence and Systems）、ナノエレクトロニクス分野のENIAC（European Nano-electronics Initiative Advisory Council）、燃料電池・水素分野のFCH（Hydrogen and Fuel Cells Initiative）と、産業分野ごとに分かれた2つのイニシアティブである革新的医薬IMI（Innovative Medicines Initiative）、航空学と航空輸送Clean Skyの5つの分野である。JTIでは、2008年から2017年の10年間で総額100億ユーロを超える規模の研究開発投資が見込まれている。

以上、ETPの活動との関わりで、ARTEMISの位置付けを確認してきた。欧州委員会が共同研究開発体制の枠組みと資金の一部を提供し、その枠組みと

表 2-1 ETP の分野

革新的医療	建設技術
医療ナノ技術	次世代製造技術
生活のための食物	ロボティクス
森林関連技術	環境対応化学
世界的動物の健康	太陽電池
次世代植物	無公害化石燃料発電所
給水・公衆衛生技術	バイオ燃料技術
移動・ワイヤレス通信	スマートグリッド技術
ネットワーク化ソフトウェア・サービス	風力発電技術
メディアのネットワーク化・電子化	水素・燃料電池
組込みインテリジェントシステム	鉄道研究諮問委員会
統合スマートシステム技術	自動車交通研究諮問委員会
フォトニクス21	航空工学研究
ナノエレクトロニクス	水上輸送技術
次世代繊維・衣料品技術	産業の安全技術
金属技術	宇宙技術
先端エンジニアリング材料・技術	統合衛星通信

出所) http://cordis.europa.eu/technology-platforms/individual_en.html.

資金を使って産業界が具体的なロードマップを立案し，自らも投資主体となってリスクをとりながらロードマップを実行するという関係が，ETP 下におけるEU の新しいオープン・イノベーションのあり方である．次節以降では，組込みシステム分野のイニシアティブ ARTEMIS に焦点を当て，より詳細に EU における超国家的オープン・イノベーションのあり様を考察していく．

3　ARTEMIS の概要

3-1　ARTEMIS 設立の経緯

　欧州は現在，航空，自動車，消費者及び通信市場における組込みシステムにおいて，世界をリードする立場にある．しかし，グローバル競争や断片的に行われている研究活動，十分な投資の欠如により，競争優位が脅かされつつある．ARTEMIS 設立の背景には，電気機器やソフトウェアの進化に伴い，製品や

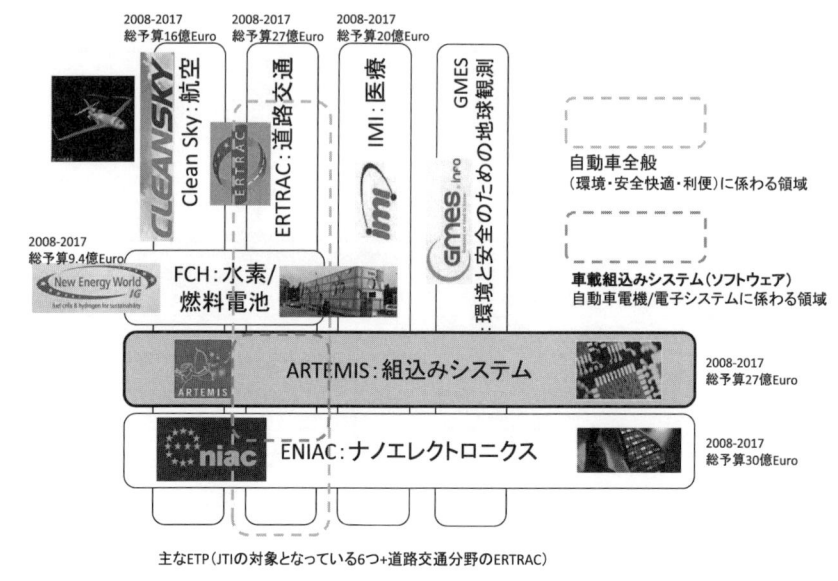

図 2-2　5つの JTI

出所）（財）日本自動車研究所（2010）．

　インフラへの組込みシステムの応用が急速に進みつつある上，組込みソフトウェアによる最終製品への付加価値も，そのコストと同様に大きくなってきている．また，ハードウェアの技術能力は急速に進歩しており，設計者の生産性の向上を大きく上回っている．ARTEMIS は，この「生産性ギャップ」の克服を目標としているのである（European Comission, 2007）．

　ARTEMIS では ETP の運営規則に基づき，ハイレベル・グループ（High-Level Group）において，今後 10 年以上にわたる長期的なビジョンの共有化が図られる．次いで，重点開発領域の決定と長期の技術目標や開発スケジュールを織り込んだ SRA（Strategic Research Agenda）が SRA ワーキング・グループによって練られる．ワーキング・グループでは，具体的な技術テーマ間の優先度順位分析（Priority Analysis）が行われ，エクスパート・グループ（Expert Group）[2]によってより詳細な技術ロードマップが提示される（研究課題の設定と優先順位がつけられるプロセスについては，Appendix 2 参照）．ここでは，タイムスパンの違いに応じて，5 年または 10 年計画の MASP（Multi-Annual Strategic Plan），2 年計画の研究課題（Research Agenda），1 年ごとの研究計画である AWP

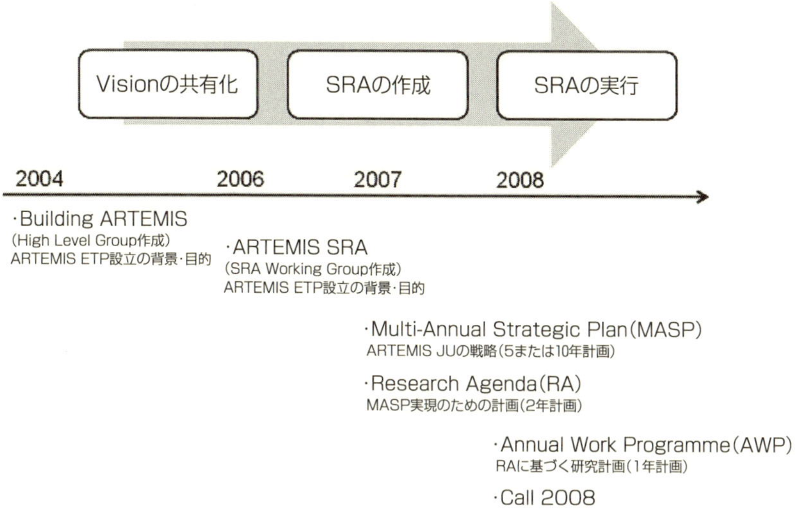

第2章　超国家レベルのオープン・イノベーション　93

```
        Visionの共有化      SRAの作成       SRAの実行
    2004         2006         2007         2008
    ・Building ARTEMIS
    (High Level Group作成)
    ARTEMIS ETP設立の背景・目的
                  ・ARTEMIS SRA
                  (SRA Working Group作成)
                  ARTEMIS ETP設立の背景・目的
                            ・Multi-Annual Strategic Plan(MASP)
                            ARTEMIS JUの戦略(5または10年計画)
                            ・Research Agenda(RA)
                            MASP実現のための計画(2年計画)
                                      ・Annual Work Programme(AWP)
                                      RAに基づく研究計画(1年計画)
                                      ・Call 2008
```

図2-3　ビジョンの共有からプロジェクトの実施
出所)　(財)日本自動車研究所(2010).

(Annual Work Programme) が示される．たとえば，2008年に公表されたMASPの草案では，組込みシステム設計にかかるコストと期間を2014年までに2005年に比べ50％削減すること，設計変更後の認証の再取得にかかる時間を50％短縮すること，標準化により異なる産業分野間で同じシステムの使用を促進する，などの中・長期的目標が掲げられた．最後に，具体的な研究プロジェクトの公募（Call）へと進み，IAP（Implementation Action Plan）にもとづいてSRAが実行に移される（図2-3参照）．

3-2　ARTEMISのプロジェクト・デザイン

ARTEMISを推進するビジョンは，「全てのシステム・機器・物体がデジタル化され，つながり，そして自主的に管理された（self-managed）リソースとなって，我々の社会を大きく進化させる」ことである．そのためには，少なくとも米国やアジアに匹敵するだけの投資を行う必要性があること，そして2016年までに世界の組込みシステムの50％以上がARTEMISの成果によるものにする等の目標が立てられている（ARTEMIS SRA WG, 2006）．

ARTEMISは，標準化を使って組込みシステムが適用される応用分野間の

障壁を無くし，多領域で再利用できる成果を生み出すための制度設計がなされている．組込みシステムは汎用システムとは異なり，対象となる製品やそれを利用する顧客のニーズに適応することによって付加価値を創出することが可能である．しかし，個々の製品ごとにカスタマイズ設計を行うと，システム全体の複雑性が高まり，必然的に市場が分断化され（fragmented），開発効率が低下してしまう．この複雑性や分断化の克服と付加価値の創出の相反する2つの目標を同時に追求するために，ARTEMIS では研究プロジェクトのテーマを決定する際，縦横2つの串によってプロジェクトの構造化を図っている．すなわち，対象アプリケーション領域を示すアプリケーション・コンテクスト（縦軸）と研究領域をあらわす研究ドメイン（横軸）である（図2-4）．

縦串にあたるアプリケーション・コンテクストは，組込みシステムが適用される産業部門が4つのコンテクストにまとめられ，それぞれのコンテクストは，更に2つのサブ・プログラムに分けられている．

① 産業システム：大規模かつ複雑で，安全性が決定的に重要なシステム．
自動車，航空宇宙，製造，および特異的な成長領域，たとえば生物医学を含む．

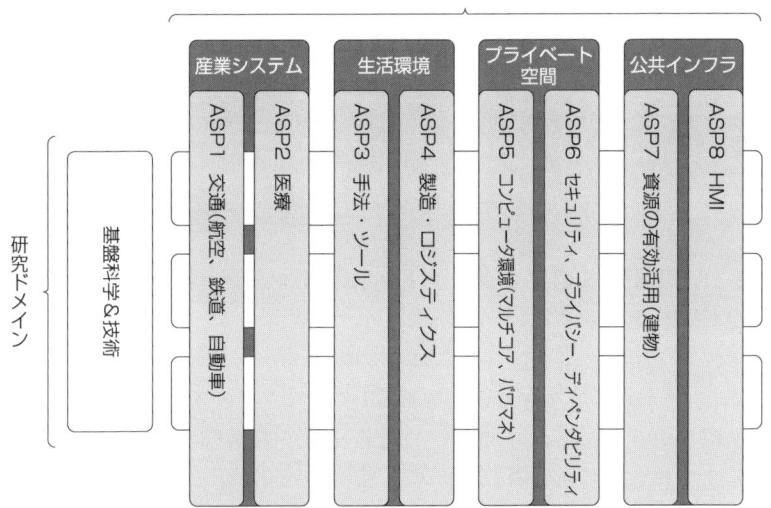

図 2-4　ARTEMIS のアプリケーション・コンテクスト

出所）　ARTEMIS SRA WG（2006）をもとに作成．

② ノマディック（生活）環境：変動し，移動する環境の中でコミュニケーションが得られる装置で，移動中の情報とサービスへのアクセスをユーザーに提供する．たとえば，PDAや携帯システム．
③ プライベート・スペース（私的空間）：楽しみ，快適さ，福利，安全性を増すためのシステムや，解決策を提供するスペース．家庭，自動車，オフィス等．
④ 公共インフラストラクチャ：空港，都市，幹線道路等の大規模インフラストラクチャ．大部分の市民に恩恵のあるシステムとサービスの大規模な配備を含む（通信ネットワーク，移動性の向上，エネルギー分配，インテリジェントビル等）．

ARTEMISは，複雑性の低減に向けて，コンテクスト全般にわたり最大限の共通性を求める．しかし，コンテクストが異なれば技術に対する要求も異なるものと認識されている．したがってコンポーネントの選択とコンフィギュレーションは，特定のコンテクストのニーズに合わせることになる．ただし，図2-4の縦軸にみられるように，必要とされる技術特性に応じてコンテクストに大きな括りをもたせている．このことによって，個別企業レベルや産業レベルで分断されてしまうニーズを集約し，潜在的な規模と範囲の経済性を高めていくことが期待できる．

ただし，大きな括りをもたせるとはいえ，コンテクスト間には依然として障壁は残ったままである．この障壁を出来る限りなくしていくためのもう1つの仕組みが，基盤科学・技術に根差した研究ドメイン（横串）の設定である．研究ドメインとは，アプリケーション・コンテクスト全般にわたって適用される横断型基幹科学技術領域のことにほかならない．欧州委員会では[3]，既存の産業および学術ネットワークの構造を抜本的に変革しない限り複雑性や分断化の問題は解決しないとの認識に立ち，アプリケーション領域全般にわたる共通技術の確立を狙いとしている．そこでARTEMISは，以下の3つの研究ドメインを設定した．

① リファレンス設計とアーキテクチャ（Reference designs and architectures）：一定の応用範囲で複雑な課題に取り組み，市場部門間に協働関係を築き上げる標準的な構造的アプローチを示すリファレンス設計．
② シームレス接続性とミドルウェア（Seamless connectivity and middleware）：シームレス接続と広範囲にわたる共同利用性によって新しい機能性と新し

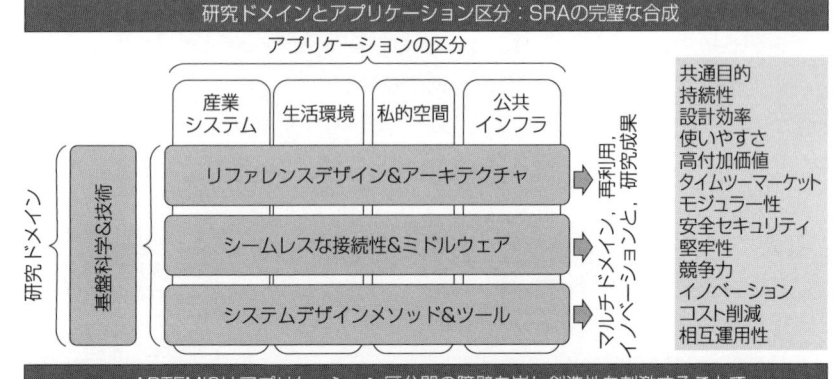

図2-5 ARTEMISのアプリケーション・コンテクストと研究ドメイン
出所) ARTEMIS (2006).

いサービスをサポートし，周囲にインテリジェント環境を築くことができるようにするミドルウェア．

③ システム設計メソッドとツール（Design methods and tools）：設計開発を促進するためのシステム設計メソッドと関連ツールは，基盤科学から導き出される，実効性のある一般技術．

これら3つのドメインが4つのアプリケーション・コンテクストに横串を刺している格好である（図2-5）．

研究ドメインの設置によって，コンテクスト固有の技術開発項目と，コンテクストを越えて標準化すべき技術開発項目とを区別することができる．また，研究ドメインはコンテクスト間の障壁の解決に向けて，異なる業界の技術者が共同で研究開発に取り組む意義を明示することができる．そして一旦，横断型基幹科学技術のうちコンテクストを越えて標準化し得る技術開発項目が定まれば，それらを技術プラットフォーム（非競争領域）として，参加企業はそのプラットフォームの特定コンテクスト（競争領域）での差別化競争に焦点を当てることができる．プラットフォームの汎用性が高まれば，それがインターフェイス標準となって参加企業にとってシステム拡張性の魅力も高まっていく．拡張性の高いプラットフォームには益々多くのアプリケーションが接続され，プラットフォームの外部性も益々効いてくる．ひいては，当該技術プラットフォー

ムを使った市場の拡大スピードも高まる好循環が生まれてくる．横串の効果は，とりわけスマートグリッドの例からも容易に予測できるように，コンプレックス製品システム（Complex Product System: CoPS）としての特定コンテクストにて利用されている組込みシステムが，他のコンテクスト領域とのネットワーク化を余儀なくされるときに発揮されることになるであろう．

4 ARTEMISの組織と研究プロジェクト

4-1 ARTEMISの組織と研究開発資金の流れ

つづいて，ARTEMISの組織構造と活動資金の流れを見ておく．ARTEMISには，2009年から2017年までの9年間に総額25.6億ユーロが投資される．拠出者別の内訳は，産業界が55％，各国政府が29％，欧州委員会が16％である．

2008年に研究開発費の分配を実施する法的組織（EU Treaty Article 171による一種の中間法人）として，ARTEMIS JU（ARTEMIS Joint Undertaking）が設立された．図2-6にあるように，ARTEMIS JUは，産業界サイドのARETMIS-IA（ARTEMIS Industry Association：産業界と大学・研究機関のフォーラ

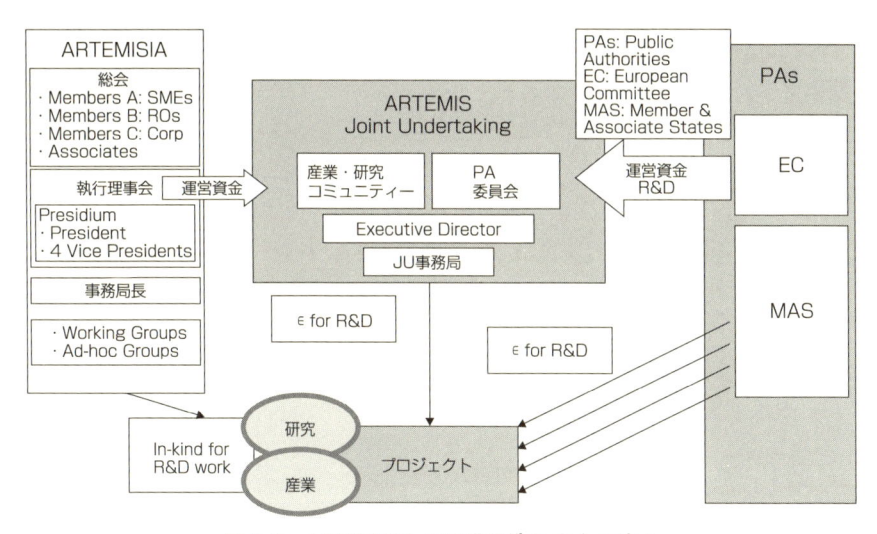

図2-6　ARTEMISの組織構造と資金の流れ

出所）ARTEMISIA（2008a, b, c）をもとに作成．

ム)と,官界サイドのPAs(欧州委員会とEU加盟国メンバーからなるPublic Authorities)の間の調整機能を担っている.JTIを実践するJU傘下のプロジェクトは,ARTEMISIAに参画する企業や大学・研究機関による出資と,欧州委員会からJUを通して拠出されたEUの助成金に加えて,各国からの助成金によってその共同研究開発資金がファンディングされている.こうして,JUを通して研究開発に対する産業界の投資とEU及び各国政府の公的な助成金が結び付けられるようにオープン・イノベーションが設計されている.

産業界サイドのARETMISIAは,EU主要各国の代表的な企業であるダイムラー(Daimler),ノキア(Nokia),フィリップス(Philips),STマイクロエレクトロニクス(ST Microelectronics),ターレス(Thales)によって2007年に設立された.ARTEMISIAはARTEMIS JUの設立メンバーであり,産業界と大学・研究機関の協働を主導することによって,共通のビジョンと組込みシステムの目標を設定するためのフォーラム機能を提供する.ARTEMISIAの成果はARTEMISのSRAに反映され,SRAはJTIの公募内容の基礎条件になる.ARTEMISIAの執行理事会は,JUの産業・研究コミッティーの許容の範囲でプロジェクトをJUのPA委員会に提案する.SRAの一部はFPの公募内容にもなり,地域,国家,国家間の研究開発計画とのインテグレーションの高まりが期待できる.

ARTEMISIAには3つのメンバー区分がある[4].2011年時点で,200以上の関係者が参加している.そのほか,12の団体がアソシエイトメンバーとしてARTEMISIAに登録されている[5].ARTEMISIAはJUへ運営資金を拠出し,JUの産業・研究コミッティー(Industry & Research Committee)を構成している.

ARTEMISIAにはWGが設置されている.Spring Event 2010で報告された各WGの活動内容は以下の通りである.活動項目を一瞥しただけでも,欧州委員会による助成プロジェクトとの連携を強く意識していることが窺える.

① SRA WG
  ・SRA 2010の策定
  ・SRAのスキーム(FP 7, ARTEMIS JU, EUREKA, National)の検討
  ・ARCADIAプロジェクトで,ERAとの整合
② SME Involvement WG
  ・ARTEMIS, ARTEMISIAへのSMEの参加促進
  ・Eurostars, CORNET, EraSME,またCoIE WGとの連携

③ Center of Innovation Excellence & Ecosystems WG
- ラベリングクライテリア，ストラクチャなどについて検討

④ 標準化 WG
- 標準化の進捗
- EC 助成の ProSE（Promotion of Embedded Systems）との連携

⑤ 教育・訓練 WG
- オーケストラフェスタの実施
- 欧州委員会助成の COSINE 2 と連携

⑥ Success Criteria & Metrics WG
- 経済的／社会的効果，市場における成功の観点から評価方法を検討中
- 2011 年 3 月までに運営委員会に報告（欧州委員会も 2010 年に評価予定）

⑦ プロセス＆ツール WG
- コンテクスト共通のプロセス，ツールを検討

4-2　ARTEMIS の研究プロジェクト

（1）Call 2008

　ARTEMIS JU による最初の公募 Call 2008 の結果，2009 年から 12 の研究プロジェクトが開始された．そのうち CESAR（Cost-efficient methods and processes for safty relevant embedded systems）を取り上げて詳細を見てみると，CESAR は自動車や航空宇宙，医療など大規模かつ複雑で安全性が極めて重要なアプリケーションを対象にしている．CESAR の目的はハードリアルタイムシステム向けのメタモデル，手法，ツールを開発し，開発工数を 30～40％低減させることにある．総予算は，2009 年から 3 年間で 5850 万ユーロ．

図 2-7　CESAR プロジェクトの構成
出所）http://www.artemisia-association.org/cesar.

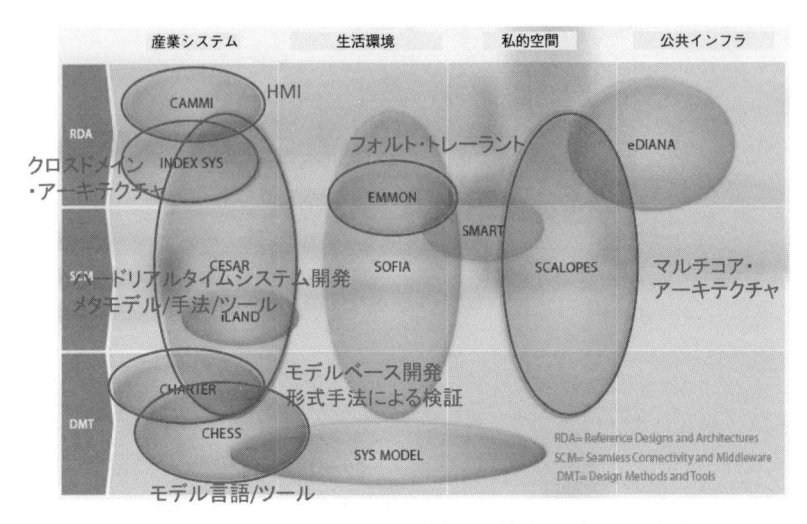

図 2-8　Call 2008 における自動車に関連するプロジェクト
出所）（財）日本自動車研究所（2010）.

CESAR には，自動車，航空，鉄道などの企業や研究機関，大学から成る 58 のパートナーが参画，コンテクスト横断的な 4 つのサブプロジェクトが設置されている（図 2-7）.

既述のとおり，ARTEMIS の SRA では，アプリケーション・コンテクストと ARTEMS のサブ・プログラムによって対象アプリケーションが定義される．ここで採択されたプロジェクトと自動車の関連を見てみると，アプリケーション対象領域が異なるところにも自動車に関連性のあるプロジェクトが配置されていることがうかがえる（図 2-8：太線参照）．将来的にクロス・インダストリアルなソリューションが必要になってきた場合，共同研究開発の成果が産業全体の中でどのようにマッピングされるかを予め把握しておくことは，有益である．それは，産業（場）のみならず世代（時）を越えて，共同研究開発によって蓄積されてきた技術の連関（cf. 互換性，相互運用性）を明示的に意識することができる．あるいは，重複投資の回避可能な技術マップを提供することができる．

（2）Call 2009

Call 2009 では，65 の提案の中から 13 のプロジェクトが採択され，2010 年 1 月から順次開始されている（表 2-2 参照）．

表2-2 ARTEMIS JU Call 2009 で採択された13プロジェクト

名　称	期間／予算	概　要
ACROSS	Start: 1 April, 2010 Total cost: 16.1 M€ Duration: 3 Years	FP7 の GENESYS の成果をもとに組込み用マルチコア SoC（MPSoC）のクロスドメインアーキテクチャの開発，FPGA に実装する．
ASAM	Start: 1 April, 2010 Total cost: 5.83 M€ Duration: 3 Years	ヘテロジニアスでマルチプロセッサの組込みシステム・アーキテクチャの自動合成とアプリケーション割付のプロセスを統一するためのメソドロジやツールチェーンを開発．
POLLUX	Start: 1 March, 2010 Total cost: 33.3 M€ Duration: 3 Years	次世代 EV のための分散型リアルタイム組込みシステムの開発．
R3-COP	Start: 1 March, 2010 Total cost: 18.3 M€ Duration: 3 Years	安全でロバストな自動装置のための，マルチコアアーキテクチャや，センサフュージョンなどロバストな周辺環境認識装置を採用したフォルトトレラントで高性能なプラットフォームを開発．
SIMPLE	Start: 1 Sept., 2010 Total cost: 7.43 M€ Duration: 3 Years	センサや RFID 網の自動構成のためのミドルウェアプラットフォームの開発．
p.S.H.I.E.L.D.	Start: 1 March, 2010 Total cost: 5.4 M€ Duration: 1 Year	組込みシステムのセキュリティやプライバシー，信頼性に関するビルトイン機能の先導プロジェクト．
iFEST	Start: 1 April, 2010 Total cost: 15.8 M€ Duration: 3 Years	複雑な産業用組込みシステムの開発ツールチェーンの構築，メンテのための統合フレームワークを規定，開発．
SMECY	Start: 1 February, 2010 Total cost: 20.5 M€ Duration: 3 Years	メニー（100s）コアアーキテクチャの適用のためのプログラミング技術の開発．
SMARCOS	Start: 1 January, 2010 Total cost: 13.5 M€ Duration: 3 Years	組込みシステムの相互接続と相互運用に向けていくつかのパイロットシステムやプロトタイプを開発．2012年ロンドンオリンピックでもトライアル．
CHIRON	Start: 1 March, 2010 Total cost: 18.1 M€ Duration: 3 Years	ヘルスケア関連．
eSONIA	Start: 1 January, 2010 Total cost: 12.1 M€ Duration: 3 Years	メンテナンス（監視，診断）関係．
ME3GAS	Start: 1 April, 2010 Total cost: 15.7 M€ Duration: 1 Year	省エネ，CO_2 削減に資するスマートなガス計量器の開発．

出所）　ARTEMISIA and ARTEMIS-JU (2010).

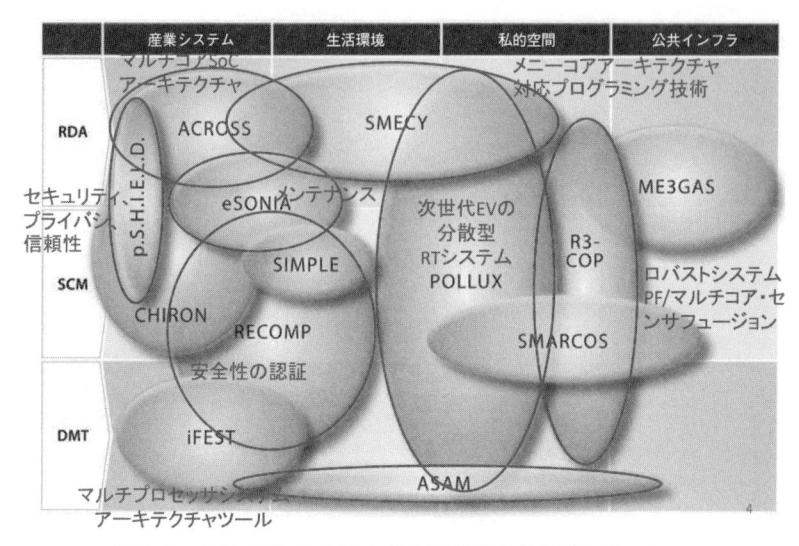

図 2-9 Call 2009 における自動車に関連するプロジェクト
出所) (財) 日本自動車研究所 ITS 研究部 (2010).

　自動車に関わるのは，高信頼，高性能なマルチコア／マルチプロセッサに対応したアーキテクチャやツールの開発プロジェクト ACROSS や ASAM，自動車の本格的な電動化を睨んだ分散型のシステム開発プロジェクト POLLUX，自動運転に必要なロバストなシステムの ECU やセンサ／センサフュージョン技術を開発するプロジェクト R 3-COP である（図 2-9）．このほか，セキュリティやプライバシー，メンテナンスなど，日本の研究開発プロジェクトではともすれば実装上の問題として除外されがちな周辺的な課題も，独立したプロジェクトとして採択されている点が注目される．これは，SRA の検討過程において組込みシステムに関わる技術課題が網羅的・体系的に評価・選定されているからにほかならない（日本自動車研究所，2010）．

5　ARTEMIS と産業クラスター間の連携

　最後に，ARTEMIS の実行組織の1つとして形成された，EU 域内の産業クラスター間の連携 EICOSE（European Institute for COmplex and Safety critical embedded Systems Engineering）について記しておく．

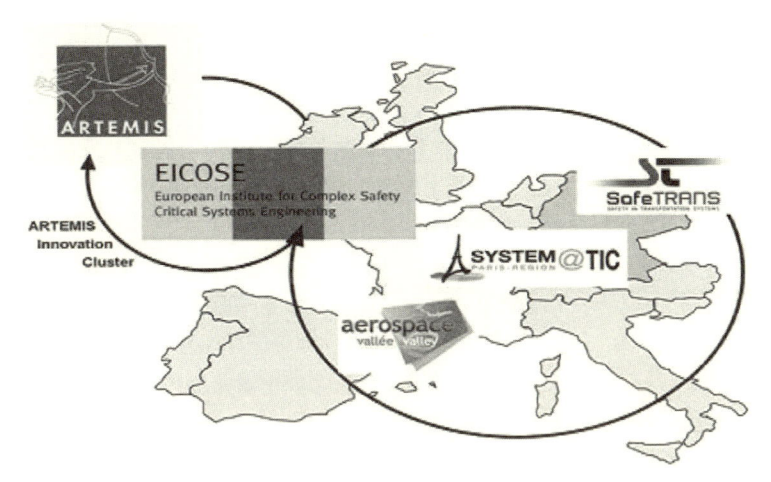

図 2-10　ARTEMIS と地域産業クラスターのオープン・イノベーション
出所）http://www.eicose.eu/

　EICOSE は，安全でセキュア，高信頼かつロバストな組込みシステムを実現するための技術を開発し，ツールなどのソフトウェア技術を自動車と鉄道，航空機産業に共通して利用可能にするために，革新的エコシステムを創り上げることを目的とした超国家・地域的なイノベーション・クラスターである．EICOSE の実態は，ARTEMIS の産業アプリケーション内サブ・プログラム「輸送（ASP 1）」と，地域次元としての「3 つの地域産業クラスター——フランスの航空産業クラスター Aerospace Valley，自動車産業クラスター System@tic Paris-Region，ドイツの自動車産業クラスター SafeTRANS——」を重ね合わせたオープン・イノベーションの枠組みである（図 2-10）．

　EICOSE の技術ロードマップは，独仏それぞれの組込みシステムに関わるナショナル・プロジェクト及びユーレカ・イニシアティブ（i.e. ITEA 2）とも連動している．すなわち，組込みシステムの研究開発において，地域レベルのクラスターを介して，EU レベル及び国家レベルの活動が結び付けられているのである．それぞれ異なるレベルのリソースやアクティビティが分断されないように，むしろそれらを綜合して欧州発の組込みシステムの国際競争力を高めるようなベクトルをもつよう，オープン・イノベーションの考え方が意識的にデザインされているということができる．

6　EUのオープン・イノベーション政策とARTEMIS

　本章では，ARTEMISを素材にして欧州における超国家レベルのオープン・イノベーションのメカニズムを考察してきた．そのメカニズムとは，表面的には欧州委員会が共同研究開発体制の枠組みと資金の一部を提供し，その枠組みと資金を使って産業界が具体的なロードマップを立案，自らも投資主体となってリスクをとりながらロードマップを実行する関係として描くことができる．しかし，メカニズムの内面には，複雑性や分断化の問題を克服すべく，様々な局面における壁を越えた連携——国家の壁を越えたEU各国関係機関の連携，研究開発ステージの壁を超えた目的基礎研究と応用研究の連携，相互接続性と横断的基幹技術の標準化による産業間の連携，共同技術イニシアティブの設置による産官学の壁を越えた連携，イノベーション・クラスターの創出による地域クラスター間の連携——が意識的にデザインされていた．

　ARTEMISのように，産業界のコミットメントを得ながら策定・実施されるロードマップは，単なる技術ロードマップではない．それは，EUが目指す社会システムの実現に必要な欧州各国に散在するリソースを組織化するための指針であり，技術ロードマップを超えた「イノベーション・ロードマップ」とでも言って然るべきものである．もちろん，産業界のコミットメントを高めるといっても，最終市場で競合する各国の企業の能力を糾合するのは容易ではない．だからこそ，欧州委員会にとっては競争前段階にある技術の共同研究開発こそが，産業界のコミットメントを得るための数少ない手段のひとつとなる．

　ただし，共同研究開発による技術的成果が標準化と結びついてくると，共同研究開発のアグレッシブな性格があらわになり，産業界のコミットメントを得やすくなる．すなわち標準化と，国や企業の国際競争力や，それを確立するためのガバナンスとの関連性を明らかにしてきた近年の研究成果（cf. 坂村，2005；鈴木，2006；Drezner, 2007；遠藤，2008；小川，2009）が示しているように，超国家機関にしろ，国家にしろ，企業にしろ，自らが有利になると想定する"土俵"を確保するために，標準形成過程において諸アクターはしのぎを削っている．ARTEMISについて言えば，一方ではEU域外に対して当該標準を拡張してグローバル・スタンダードにすることによって，技術成果の収益化を最大限に図ろうとするインセンティブがEU産業界に働く．他方では，EU域内に

対して当該標準を"外敵"から市場を守る参入障壁として利用するインセンティブがEU産業界に働く．

このように欧州標準をグローバル・スタンダードにすることは，欧州産業にとって国際競争力構築の絶好の"土台"になる．ゆえに，超国家機関の戦略立案主体としての欧州委員会は，FPのような競争前段階にある技術の共同研究開発において，標準化を意識したオープン・イノベーション政策を打ち出すことに，高い政治的合理性を見いだすのである．EUにおける欧州委員会の役割が高まるに従い，この傾向は一層強くなるであろう．また，標準化をともなうEUのオープン・イノベーション政策は，ますます新重商主義的・競争的通商政策の色彩が濃いものになっていくであろう．それは，日本の高度経済成長を支え，今日ではなかなか上手く機能しなくなってしまった日本の産業政策とは一線を画するものである．

注

1) 図には交通分野のETPであるERTRACと，欧州宇宙機関ESAからの予算獲得となった環境安全のためのグローバル監視：GMESを入れた．
2) ARTEMISには，3つの研究ドメイン毎にエクスパート・グループを設置している．RDA (Reference Desighns and Archtectures) グループのチェアマンはウィーン工科大学のH. コペッツ教授〈詳細は徳田 (2009 d)〉，SCM (Seamless Connectivity & Middleware) はCEAのJ-L. Dormoy, DMT (Desighn Methods and Tools) のCo-Chairは，SMEからEsterelのE. BantegnieとIMECのJ. Vouncx.
3) 横断型基幹科学技術とは，純粋工学に対応する研究領域のことであり，制御工学，システム工学，信号処理論など，応用工学のほとんどすべての分野で必要とされている学問領域である（木村，2009）．
4) Chamber A：中小規模の企業 (62社)，Chamber B：大学・研究機関（ミュンヘン工科大，ベルリン工科大，ブラウンシュバイク工科大学，CEA, INRIA, IMECなど102機関），Chamber C：大規模企業 (38社)．（ ）内の数字は2011年2月現在．
5) Aerospace Valley（仏），Akhela（伊），ALMACG（仏），BTC Embedded Systems AG（独），Confederation of Danish Industries（デンマーク），DSP Valley（ベルギー），Electronics Knowledge Transfer Network（英），Hungarian Association of IT Companies (IVSZ)（ハンガリー），Minalogic（仏），NICTA（豪），SafeTRANS e.V.（独），System@tic（仏）．

参考文献

ARTEMIS SRA WG. (2006) *ARTEMIS Strategic Research Agenda*, ARTEMIS.
ARTEMISIA and ARTEMIS-JU. (2010) *ARTEMIS Magazine,* March 2010, No. 6.
ARTEMISIA. (2008 a) "ARTEMIS: A step further For European R & D Initiatives," *ARTEMIS Magazine,* March 2008, No. 3, ARTEMISIA Office.
ARTEMISIA. (2008 b) "How to submit an ARTEMIS proposal," presentation material at Information day, Brussels, 21st May 2008. ARTEMISIA Office.
ARTEMISIA. (2008 c) "Building ATREMIS, ARTEMISIA and ARTEMIS-JU," presentation material presented by Dr. Jan Lohstroh, June 30, 2008. ARTEMISIA Office.
ARTEMISIA. (2006) *Artemisia Supplementary Agreement,* execution copy, November 3, 2006. ARTEMISIA Office.
Drezner, D. W. (2007) *All Politics Is Global: Explaining International Regulatory Regimes,* Princeton University Press.
European Commission. (2005) "Report on European Technology Platforms and Joint Technology Initiatives: Fostering Public-Private R&D Partnerships to Boost Europe's Industrial competitiveness," *Commission Staff Working Document,* SEC.
European Commission. (2007) *Third Status Report on European Technology Platform ―At the Launch of FP7,* March 2007, European Communities.
European Commission. (2009) *Forth Status Report on European Technology Platforms ―Harvesting the Potential,* August 2009, European Communities.
IDEA Consult. (2008) *Evaluation of the European Technology Platforms (ETPs): Request for Services in the context of the DG BUDG Framework Service Contracts on Evaluation and Evaluation-related Services,* Ref. nr.: BUDG 06/PO/01/Lot 3, IDEA Consult.
Sztipanovits, J., Stankovic, J. A., Corman, D. E., ed. (2009) "Industry-Academy Collaboration in Cyber Physical Systems [CPS] Research," V. 1: Aug 31, 2009, *White Paper.*
遠藤乾(2008)『グローバル・ガバナンスの最前線:現在と過去のあいだ』東信堂.
小川紘一(2009)『国際標準化と事業戦略:日本型イノベーションとしての標準化ビジネスモデル』白桃書房.
木村英紀(2009)『ものつくり敗戦:「匠の呪縛」が日本を衰退させる』日経プレミアムシリーズ.
坂村健(2005)『グローバルスタンダードと国家戦略』NTT出版.
鈴木一人(2006)「『規制帝国』としてのEU:ポスト国民帝国時代の帝国」山下範久編

『帝国論』講談社.
（財）日本自動車研究所（2010）『自動車電子システムの海外調査報告書』日本自動車研究所.
（財）日本自動車研究所 ITS 研究部（2010）「欧州の電子化の状況について：平成 21 年度 ITS の規格化事業（第 2 フェーズ）自動車電子システムの海外動向調査 成果概要」平成 21 年度事業報告会 報告資料.

第 3 章

バリュー・ネットワーク・レベルのオープン・イノベーション
――コンセンサス標準の確立過程におけるコンソーシアム間の調整――

徳田昭雄・立本博文

　本章の目的は，欧州における組込みシステムの開発と標準化に向けた，バリュー・ネットワーク・レベルのオープン・イノベーションの実態把握である．考察の対象は車載分野の組込みシステムである．中核的コンソーシアムであるAUTOSARを考察の中心に据え，コンセンサス標準の策定に向けたコンソーシアム間の協業関係を概観する．そのうえで，バリュー・ネットワークを形成する関連コンソーシアムがどのような標準化活動を行っているのかを説明する．最後に，バリュー・ネットワーク・レベルのオープン・イノベーションが産業の国際競争力にあたえる影響を考察する．

1　組込みシステムの標準化に向けたコンソーシアム間の協業関係

1-1　産業コンソーシアム間の連関とコンセンサス標準

　欧州型オープン・イノベーションでは，オープン・コンソーシアムが基本となりながら，EUレベル，国家レベル，産業レベルなど重層的なイノベーション・プログラムが実施されている．各活動は，予め協調するように予定されて設立されているわけではなかった．しかし，各コンソーシアム活動は，他のイノベーション・プログラムや標準化活動の成果を利用したり，共同したりして，重層的かつ縦横に多角的に連携している．今日では，EUレベルと産業レベルのコンソーシアム活動は連携を強めており，今後この動きは強固なものとなると思われる．たとえば，1章と2章で取り上げた超国家レベルのオープン・イノベーションの仕組みであるARTEMISでは，戦略的研究課題の「標準化と規制」の項目で，欧州での標準化活動を支援することを明らかにしている．これらの標準化活動には，当然，産業レベルの標準化活動支援も含まれている．一方，産業レベルの標準化活動であるAUTOSARは，他の様々なコンソーシアムの成果や国レベルのイノベーション・プロジェクトの成果を積極的に採用

しながら標準化活動を行っている.

 欧州発のAUTOSARは,自動車メーカ,システムサプライヤ（電装部品メーカ）,半導体メーカ,ソフトウェアハウス,ツールベンダ等,100社以上の企業や研究機関によって構成されている世界規模の産業コンソーシアムである.AUTOSARは"標準で協調し,実装で競争する（Cooperate on Standards, Compete on Implementations）"をモットーに据え,2003年からオープンな標準ソフトウェア・アーキテクチャ,車載ドメインにおける組込みシステムの"Open Industry Standard"擁立に取り組んできた（Fürst et al., 2009；徳田編,2008）.

 車載組込みシステムの"Open Industry Standard"擁立に関与する企業は,コンソーシアムを構成するAUTOSARメンバーに限られない.AUTOSARの背後には,様々な産業コンソーシアムや標準化機関が存在する.そして,コンソーシアム間の成果が相互に連動しながら,ひとつのバリュー・ネットワークが形成されている.その構図は図3-1に示すように,要素技術の開発を担う各々のコンソーシアム間において「縦の調整」と「横の調整」が行われているものとして描写することができる.ここでいう「縦の調整」は,車載組込みソフトウェアの開発・標準化にあたって必要な,異なるタスク（レイヤ）間の調整をあらわしている.他方の「横の調整」は,同一タスク（レイヤ）内の異な

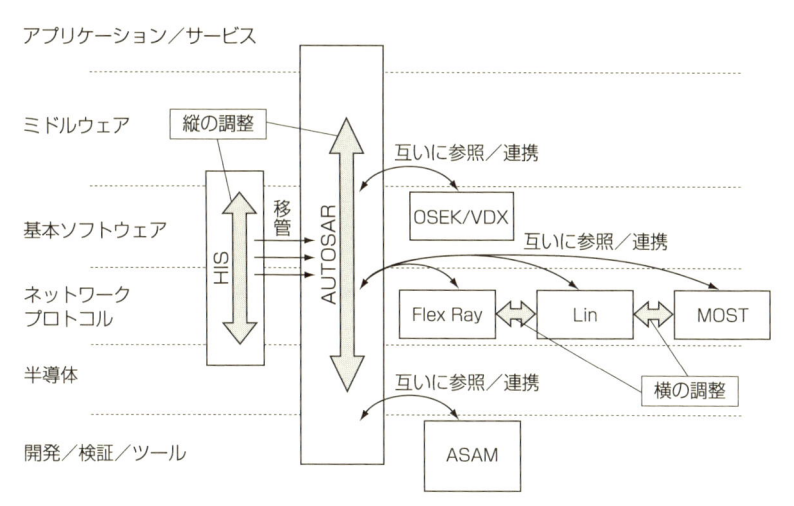

図3-1 組込みソフトウェアの開発・標準化をめぐるコンソーシアム間の調整
出所）立本（2010）.

るサービス間の調整をあらわしている．そして AUTOSAR は，バリュー・ネットワークの開発と標準化に向けて，最も包括的なプラットフォームを提供するコンソーシアムである．

　一連のコンソーシアム活動をマクロ的に見れば，要素技術開発と，その普及のための標準化がセットになって同一の技術ロードマップ上で構想されており，ここにコンソーシアム間の柔軟な連携が行われているように見える．あらかじめ計画されていたものでないにもかかわらず，最終的に巨大な協調が達成されている．この背景には，各コンソーシアムがどのような活動を行っているかが他のプログラムから見えやすく，自然と協調活動が行い易いことがあげられる．この結果，自律的な協調プロセスを経て標準化が行われる傾向が強くなっている．この標準化プロセスをコンセンサス標準化プロセスと呼び，従来的なデファクト標準化プロセスとは区別して考えなくてはならない（立本・高梨, 2010）．

　従来，我々が想定してきた標準化のプロセスは，市場競争を通じて産業標準が確定するデファクト標準化プロセスである．デファクト標準化プロセスでは，まずシステムがモジュールに分解され，もっとも市場で普及したモジュールが使用しているインターフェイスが産業標準となった．ところが，コンセンサス標準化プロセスでは，①市場競争前にコンソーシアム等（すなわち非市場）で標準化が成される点，②インターフェイスを設定する領域を任意に決められる点で，デファクト標準化プロセスと異なっている（図3-2）．

　②の点は，従来議論されてきたデジュリ標準とも異なる特徴である．コンセ

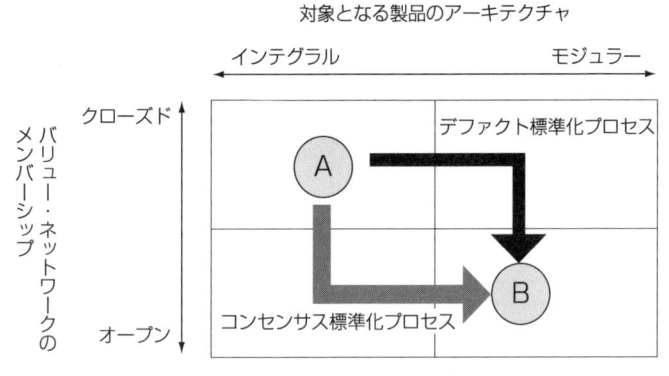

図3-2　コンセンサス標準化プロセス

出所）立本（2010）．

ンサス標準は，標準策定を合議で行うという点でデジュリ標準的な要素も併せ持っているが，「任意の領域」に「自由な参加メンバー」で標準規格を設置できることが全く異なっている．この柔軟性のため，コンソーシアム標準では，フォーラムやコンソーシアム間の連携が迅速に行われる．デジュリ標準では公的な国際標準化機関のみが標準化を行う場であったが，コンセンサス標準では自由・柔軟にコンソーシアムを設置したり，標準化機関の中にワーキング・グループを設置したりすることができ，先述のように縦と横の調整によって大規模な複雑性に対処できるのである．

　コンソーシアムを扱った既存研究では，バリュー・ネットワークの構築に向けた企業レベルの協調関係（コンソーシアムそれ自体）を分析するものが多い．これらの研究は，コンソーシアム間の「標準の獲得に向けた競争関係（standards war）」のみを重視していた（Nohria and Garcia-Pont, 1992; Gomes-Casseres, 1996）．しかし，コンソーシアム間の「競争」だけに注目して，「協調」をなおざりにすることはコンセンサス標準化のダイナミズムを正確に捉えきれない危険性がある．コンセンサス標準化ではコンソーシアム間が「協調」することによって，巨大な複雑性に対処している．本章では，この点を重視し，バリュー・ネットワーク構築に向けた"constellation（企業群）"内部にふみこみ，コンソーシアム間の協調関係を分析対象とする．

　それでは，AUTOSARを考察の中心に据え，コンセンサス標準の策定に向けたコンソーシアム間の協業関係を概観していくことにしよう．

1-2　AUTOSARとコンソーシアムの協調関係

　図3-3は，図3-1をAUTOSARを中心に眺めたものである．ここでは，標準化に向けたAUTOSARの主要なタスク（アーキテクチャ／BSW，通信，フォーマット，安全要件）を中心にして，AUTOSARの各タスクが，他のコンソーシアムとの調整の上に成立しているものとして描かれている．以下では，それぞれのタスクごとに，コンソーシアム間の調整の中身を詳細に見ていく．

(1) アーキテクチャ／BSW

　図の左上は，AUTOSARのアーキテクチャの基本概念やBSW（Basic Software）の各種モジュールがOSEK/VDXとの横の調整を経て成立していることを表している．AUTOSARではOSEK/VDXにおいて策定されたリアルタイムOS，通信仕様，ネットワーク管理仕様の成果が部分的に引き継がれてい

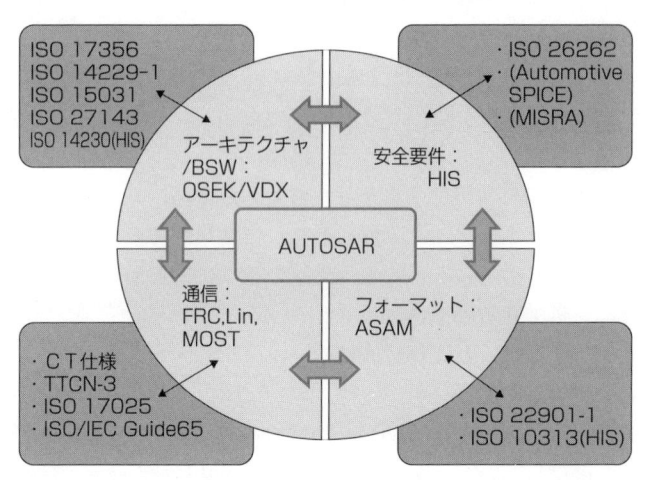

図 3-3　コンソーシアム間の連携／デジュール標準との対応関係
出所）徳田（2010）．

ることから，両コンソーシアム間の連携は世代間の互換性確保を目指した調整プロセスと捉えることができる．

　デジュール標準との対応関係をみると，たとえばAUTOSARが参照するOSEK/VDXの仕様はISO 17356に認定されている．また診断についてAUTOSARは，ISOのダイアグ標準に準拠している．ISO 14229-1はHIS（Hersteller Initiative Software）で策定されたISO 14230（KWP 2000）を置き換えて，自動車業界の標準規格になりつつある．一方，ISO 15031はCARB（California Air Resource Board：カリフォルニア大気資源保護局）のOBD（On-board diagnostics）法規参照規格である．

　ISO 27145（WWH-OBD: World Wide Harmonized OBD）がISO 14229-1の完全なサブセットとして開発されるために，AUTOSARの調整範囲はデジュール標準を目指す様々な通信プロトコルとの縦の調整にも広がっていくことになる．すなわちAUTOSAR，WWH-OBD GTR（Global Technical Regulation：統一技術基準）の要件に合致させるために，ISO 14229-1のほか，関連するプロトコル規格との調整も必要になっている．ISO 27145は重量車のWWH-OBDにおけるGST（Generic Scan Tool：汎用外部診断機）との通信規格として開発が行われている．PAS（Public Available Specification）では，第一段階としてCANを利用した仕様を構築した．次の段階として，他の仕様を追加して標準化が図られ

ていくことになる（屋敷, 2008, 2009）.

（2）通信プロトコル

　AUTOSAR の通信プロトコルの標準化にかかわるタスクは，FlexRay コンソーシアムや LIN，MOST といった通信プロトコルの標準化を専門とするコンソーシアムとの横の調整によって成立している（図3-3の左下）．たとえば2012年，AUTOSAR リリース5.0に向けた活動の中で，AUTOSAR は新たに MOST と連携しながら，リリース4.0の通信メカニズム拡張に向けた横の調整を図っている．同じく，リリース4.0開発プロセスにおいて AUTOSAR は，FlexRay コンソーシアムと横の調整を図りながら，ノードのウェイクアップや起動，停止に関する機能，診断やエラーハンドリングの機能を強化してきた．現在，それら機能は AUTOSAR の BSW のサービス層に配置されている．

　次に AUTOSAR のコンフォーマンス・テスト仕様とデジュール標準との関係を見ておこう．コンフォーマンス・テストとは標準仕様を満しているかの認証試験のことである．コンフォーマンス・テスト仕様は，AUTOSAR 仕様に対する準拠確認やサプライヤに対する関連証明書類の発行のためにテストを行うエージェントが利用する規格である（詳細は第7章4節を参照のこと）．この仕様を満たすことによって AUTOSAR の商標が付与され，商標が付与された製品は，ソフトウェアの相互接続性・再利用性・移動性・スケーラビリティを担保し得るものとして市場で流通していくことになる．AUTOSAR で策定されているコンフォーマンス・テスト仕様が TTCN-3 において部分的に明示されているように，AUTOSAR 単独でコンフォーマンス・テスト仕様の標準化が進められているわけではない．それは，TTCN-3，ISO 17025[3]，ISO/IEC ガイド65といった欧州で使いこなされてきた標準を参照し，それらとの整合を図りながら推進されている．欧州の AUTOSAR が参照する規格も，欧州の従来からある標準規格を色濃く反映した標準ということである．

　ちなみに，TTCN（Testing and Test Control Notation）のテストおよびテスト制御記法は，通信プロトコルのテストだけでなく，他のソフトウェアのテストにも使われている．TTCN は，欧州電気通信標準化機構（ETSI）や国際電気通信連合（ITU）で通信プロトコルのテストに広く使われている．ETSI では，ISDN, DECT, GSM, EDGE, 第3世代携帯電話，DSRC といった標準の適合試験のテストケースが TTCN で書かれている．最近では，Bluetooth や IP

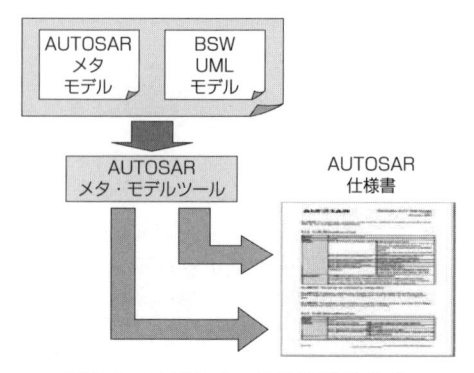

図 3-4　モデルベースの仕様の生成
出所）　Kinkelin（2008b）より筆者作成．

といった他のプロトコル標準のテストにも利用されている．

（3）フォーマット

　通信フォーマットの標準化は，AUTOSARと後述するASAM（association for standardization of automation and measuring systems）との横の調整によって進められてきた．横の調整を通じて，ASAMのFIBEX標準とAUTOSARシステムテンプレートとの間の互換が実現されている（右下）．双方のメタモデルは標準化され，FIBEXツールが記述するトポロジー，ネットワーク，そして通信は，容易にAUTOSARのメソドロジとツールに統合可能になっている（図3-4）．ダイアグフォーマットの標準については，ASAMから提案されたODX MCD-2 D（商品名ODX）が2008年にISO 22901-1としてデジュール標準化されている．

（4）安全要件

　安全要件については，たとえばソフトウェア開発プロセスについてサプライヤの能力や成熟度を判定するアセスメント標準の確立・普及にあたるHISの成果がAUTOSARにインプットされている．もともとHISは，システムサプライヤを介さずに，自動車メーカ主導して直接半導体メーカやソフトウェア・ベンダと縦の調整を図ってBSWの標準を策定する狙いを持って設立された．この意味では，システムサプライヤとも協働するAUTOSARとは一線を画する組織ともいえる．しかし，HISで策定された仕様の実装という観点から，システムサプライヤのリソースが必須なことから，両コンソーシアムのタスクは相補的な関係である．現にHISでは，自らのタスクを「中間的な

(intermediate) ソリューションを策定しAUTSOARへ橋渡しするもの」と位置づけている (HIS, 2009). HISとの横の調整を経て策定された安全要件は,機能安全にかかわるデジュール標準ISO 26262へのインプットとなっていく.

1-3　コンソーシアム間の協調関係

　AUTSOARに焦点を当てて, 様々なコンソーシアムによる横の調整やデジュール標準との関係を概観してきたが, これらコンソーシアムはAUTOSARとの横の調整を図るに止まらない. 図3-1や図3-3の太矢印が示すように, 車載組込みシステムの標準化に向けて, それぞれのコンソーシアム間でも同様に, 様々な調整が図られている. たとえばFlexRayコンソーシアムやLIN, MOSTは, それぞれ通信フォーマットの標準化にあたってASAMと連携している. あるいは, ASAMはテスト自動化ツールをHIL (Hardware-in-the-Loop) システムに接続するためのインターフェイスの標準化活動でHISと協調している[4]. OSEKにおける通信仕様 (OSEK-COM) やネットワーク管理仕様 (OSEK-NM) の標準化には通信関連のコンソーシアムとの連携は不可欠であるし, HISのソフトウェアの構造はOSEK仕様 (OS, COM, NM) を踏襲したものになっている.

　そのほか, これら欧州発祥のコンソーシアムは, 欧州の枠組みを越えて日本のコンソーシアムとも連携している. その一例として, JasParとAUTOSAR, FlexRayコンソーシアムの関係を表したものが図3-5である. ここでは, AUTOSARやFlexRayコンソーシアムが車載組込みシステムの各種仕様を策定する一方, JasParがこれら仕様を検証しながら「実際に使える」システムを仕上げて貢献していく関係が描かれている[5]. AUTOSARとJasParの関係は対立ではなく, むしろ協調であり補完的な関係である. AUTOSARやFlexRayコンソーシアムでは仕様書の作成が主要な目的となっているのに対して, JasParでは紙ベースででき上がった仕様書を実際に実験して具体的なパラメータ設定などを行い, 補足すべき点を提案していくという関係である. たとえばFlexRay仕様には数多くのパラメータがあるが, それらのデフォルト値を決めるなど, 実際に使う場合に必要な要件を実験し決定するのがJasParの役割である. 言い換えるならば, AUTOSARやFlexRayコンソーシアムが仕様知財 (Specification IP：技術の機能面の詳細を記述した占有情報) の策定を重視し, JasParが実装知財 (Implementation IP：技術を実際の製品に

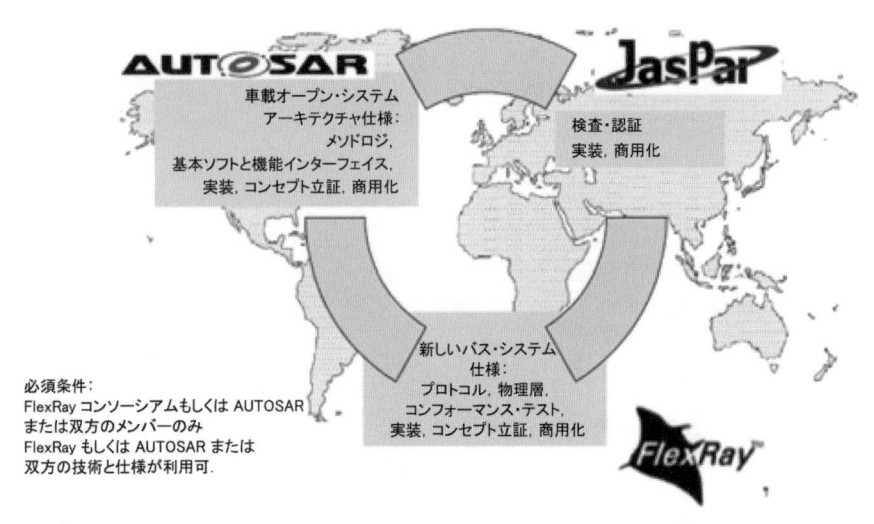

図3-5 JasPar—AUTOSAR—FlexRay コンソーシアム協調枠組み

出所) Automotive Technology Days 2005 Autumn 資料をもとに筆者作成.

適用するために必要な占有情報)の策定を重視しているといえる[6]（Tokuda, 2008）.

次節以降では，AUTOSARと横の調整を進めながら車載組込みシステムのバリューネットワークの構築を図っているそれぞれのコンソーシアムの標準化活動を考察していくことにする.

2 アーキテクチャの標準化：OSEK/VDX の活動

2-1 OSEK/VDX の概要

OSEK コンソーシアムは，ダイムラー，BMW，オペル，VW，ボッシュ，シーメンス，そしてカールスルーエ大学 IIIT（産業情報技術研究所）の6企業1大学によって1993年に設立された．1994年にフランスの自動車メーカのPSAとルノーによる共同プロジェクト VDX（Vehicle Distributed eXecutive）がOSEKと協調路線をとることになり，OSEK/VDX となった（John, 1998）. OSEK/VDX は，車載ソフトウェアの開発・管理に莫大な費用がかかるようになったこと，異なるインターフェイスや車載 LAN プロトコルによってECU（electronic control unit：電子制御ユニット）関連の間の互換性が確保されていないことなどの課題解決を図るべく，アプリケーションの移植と再利用を支援する

ために設立された.

　OSEK/VDXの管理・運営体制は，運営委員会，技術委員会，ワーキング・グループ（WG）によって構成されている．実際の仕様策定は各WGが担当し，WGのリーダーの割り当ては運営委員会が決定している．2011年時点で，運営委員会はオペル，BMW，ダイムラー，GIE. RE. PSA，ルノー，ボッシュ，シーメンス，VW，カールスルーエ大学IIITによって構成されている．技術委員会には60以上の企業が参加している．

　OSEK/VDXが策定している車載ソフトウェアの仕様は，次の3つの部分からなる．すなわち，リアルタイムOS（OSEK-OS），ECU内／ECU間の通信（OSEK-COM），ネットワーク・マネジメント（OSEK-NM）である（図3-6）．

　OSEK-OSでは，マルチタスクやリアルタイム動作（自動車用に特化），複数のコンフォーマンス・クラス（BCC 1, BCC 2, ECC 1, ECC 2），2つのタスクモデル（基本／拡張タスク），3つのスケジューリング機能を規定している．OSEK-COMでは，ネットワークを介したECU間の通信や複数のコンフォーマンス・クラス（CCC 0, CCC 1, CCC 2, CCC 3）の準備，通信インターフェイスの標準化，3種類の転送方式（直接／周期／混合送信），デッドラインモニタ，通知機能（Taskへのメッセージ送受信通知）を規定している．OSEK-NMでは，ネットワークに接続された各ECU動作状態のモニタリング，ノード動作状態モニタ，動作確認，バス・スリープモードへの移行形式が規定されている．

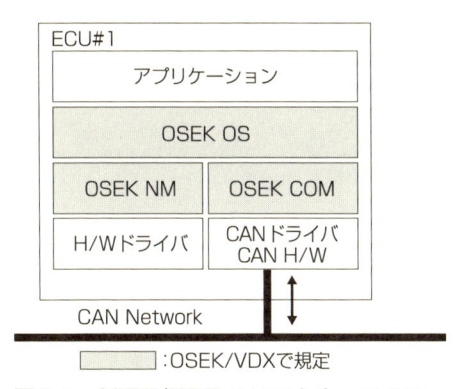

図3-6　OSEK/VDXのソフトウェアのアーキテクチャ

出所）徳田編（2008）.

2-2 OSEK/VDX の標準化活動と産官学連携

前節で触れたように，OSEK/VDX で策定された仕様は ISO 17356 として車載機器制御用 OS の国際標準の認定を受けている．また，OSEK/VDX の商標使用ならびにライセンスのためにはシーメンスと契約を結ぶ必要があるほか，OS の認証（OSEK-OS と OSEK-COM）は MB-tech（Mercedes-Benz Technology）が有償で行っている．

欧州レベルのオープン・イノベーションとの関わりでいえば，OSEK/VDX は MODISTARC（Methods and tools for the validation of OSEK/VDX based distributed architectures）プロジェクト（1997-1999年）と協働しながら，OSEK/VDX 仕様のコンフォーマンス・テスト仕様の標準化も進められた．MODISTARC プロジェクトは，FP（フレームワーク・プログラム）に引き継がれることになった情報通信分野の共同研究開発プログラム ESPRIT（European Strategic Programme for Research in Information Technology）の一環として EU の管轄のもと運営されていたプロジェクト（No. 25332）である．

7章4節にて詳しく解説されているように，認証には大きく，開発者自らが行う自主認証と第三者にテストを委託する第三者認証がある．OSEK/VDX では，後者の第三者認証用にコンフォーマンス・テスト仕様が定められている．第三者機関による認証システムは，日本の自動車産業のような縦の調整を継続的に図ることのできる強固な系列関係のない欧州において，自動車メーカがユニットを調達する際の品質を担保する仕組みとして整備されてきた（徳田，2008）．今日，OSEK/VDX で規定された第三者認証は，ISO/IEC ガイド 25 としてデジュール標準化されている．さらに，ISO/IEC 17025 として第三者認証試験所認定制度を規定する枠組みが作られている．第三者認証機関におけるコンフォーマンス・テストの仕様書は，OS については Forschungszentrum Informatik Karlsruhe（FZI）が，通信およびネットワーク管理については Thomson-CSF Detexis がそれぞれ発行している．

以上のように，一方では実装に近い部分で OSEK/VDX のコンソーシアムにおける開発およびデファクト標準化活動が推進されつつ，他方でシステムの安全性・信頼性を担保すべくコンフォーマンス・テスト仕様のデジュール標準設定を目指す EU のオープン・イノベーションの仕組みが活用されている．そして，双方の活動のバランスを図る役割を担っていたのが，カールスルーエ大学 IIIT である（図3-7参照）．IIIT は，以下のような立場を明確にして，違う

第3章　バリュー・ネットワーク・レベルのオープン・イノベーション　119

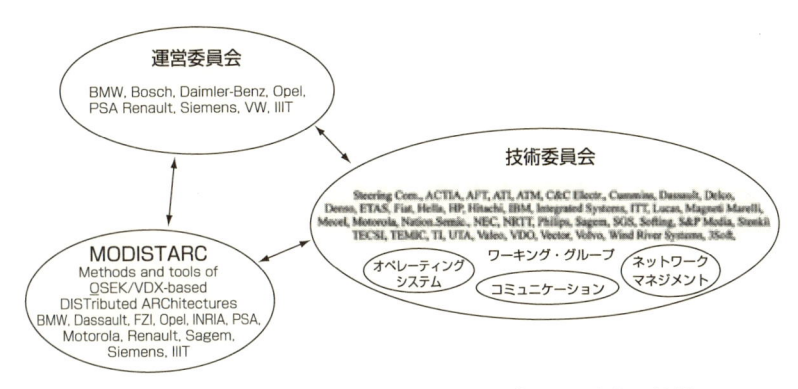

```
┌─────────────────────────┐
│      運営委員会          │
│  BMW, Bosch, Daimler-Benz,│
│  Opel, PSA Renault,      │
│  Siemens, VW, IIIT       │
└─────────────────────────┘
        ↕                    ┌──────────────────────────────┐
                             │         技術委員会            │
                             │ Steering Com., ACTIA, AFT,   │
                             │ ATI, ATM, C&C Electr.,       │
┌─────────────────────────┐  │ Cummins, Dassault, Delco,    │
│      MODISTARC           │  │ Denso, ETAS, Fiat, Hella, HP,│
│ Methods and tools of     │  │ Hitachi, IBM, Integrated     │
│ OSEK/VDX-based           │  │ Systems, ITT, Lucas, Magneti │
│ DISTributed ARChitectures│  │ Marelli, Mecel, Motorola,    │
│ BMW, Dassault, FZI, Opel,│  │ Nation.Semic., NEC, NRTT,    │
│ INRIA, PSA, Motorola,    │  │ Philips, Sagem, SGS, Softing,│
│ Renault, Sagem, Siemens, │  │ S&P Media, Steukä, TECSI,    │
│ IIIT                     │  │ TEMIC, TI, UTA, Valeo, VDO,  │
└─────────────────────────┘  │ Vector, Volvo, Wind River    │
                             │ Systems, 3Soft.              │
                             │  ┌─────┐ ┌─────┐ ┌─────┐    │
                             │  │オペレ│ │ワーキ│ │ネット│    │
                             │  │ーティ│ │ング・│ │ワーク│    │
                             │  │ング  │ │グルー│ │マネジ│    │
                             │  │システ│ │プ    │ │メント│    │
                             │  │ム    │ │コミュ│ │      │    │
                             │  │      │ │ニケー│ │      │    │
                             │  │      │ │ション│ │      │    │
                             │  └─────┘ └─────┘ └─────┘    │
                             └──────────────────────────────┘
```

図3-7　OSEK/VDX と MODISTARC プロジェクトの協働

出所）徳田（2010b）．

レベルにある双方のオープン・イノベーションの仕組みの調整にあたっていた．
- すべての WG のアクティブ・メンバーであること
- WG 間のインターフェイスであること
- プロジェクトに対する疑義に回答すること
- OSEK／VDX の代表であること
- プロジェクトにおいて中立的立場であること

　IIIT を結節点として，デジュール標準を目指す EU の助成プロジェクトと，デファクト標準を目指す産業界のコンソーシアムの活動がリンクしている．その結節点にあるカールスルーエ大学 IIIT が，同じコインの「表面と裏面」の貼り付け役になっているわけである．なお，MODISTARC プロジェクトに参画している企業 10 社すべてが OSEK/VDX にも参画していた．コインの両面の顔ぶれが似通っているのであれば，カールスルーエ大学による調整コストがそれほど高くなかったことは想像に難くない．

3　ネットワークの標準化：FlexRay コンソーシアムの活動

3-1　FlexRay コンソーシアムの概要

　CAN に続くプロトコルとして，FlexRay が注目を集めている．FlexRay は通信速度が最大 10 Mbps（CAN の 10 倍）なので，どの ECU がいつ送信を実行するか厳密なスケジュール設定が可能である．また，通信経路を 2 重化でき

るので信頼性も高い．このことは，高信頼性が要求される X-by-Wire[7]アプリケーションにも対応できることを意味する．

そもそも FlexRay は，BMW 独自のプロトコル仕様 byteflight をベースとして開発がはじまったものである．1998 年から BMW とダイムラー・クライスラーが次世代車載通信プロトコルの新規格を検討し始め，2000 年にプロトコルの共通要求仕様書（非公開）が作成された（Tokuda, 2008）．FlexRay コンソーシアム自体の設立は，2000 年である．その目的は，車載通信プロトコルの共同開発と，そのシステムの普及によるデファクト標準の獲得であった．BMW，ダイムラー・クライスラー，モートローラの半導体部門（2004 年 7 月以降，フリースケールとして独立），フィリップス（現 NXP）の 4 社がコア・パートナーとなって発足した．2000 年に CAN や TTCAN のノウハウを持っているボッシュ，2001 年に GM がコア・パートナーに加わった．2003 年には，CAN に代わる別規格のプロトコルとして TTP/C（Time Triggered Protocol/C-class）の導入を推進していた VW も FlexRay コンソーシアムのコア・パートナーに加わったことで，欧米の足並みが揃うことになった．日本企業では，2002 年から 2003 年にかけてトヨタ，日産，ホンダ，デンソーがプレミアム・アソシエイツ・メンバーとして FlexRay コンソーシアムに加入した（Murray, 2004）．

FlexRay コンソーシアムの組織構造は，理事会，運営委員会，ワーキング・グループ（WG），アドミニストレータ，スポークスマンで構成されている．実質的に FlexRay に関わる仕様の開発を担っていたのが WG である．FlexRay コンソーシアムの WG は，8 つの WG（仕様要求 WG，プロトコル WG，物理層 WG，テスト WG，物理層テスト WG，セーフティ WG，プロトコル適合テスト WG，物理層適合テスト WG）が，3 つのレイヤに分かれて構成されている（図 3-8）．最も概念的な要求仕様を定義するのがファースト・レイヤの要求仕様（requirement）WG である．セカンド・レイヤの WG（プロトコル WG，物理層 WG）は，この要求仕様に従って仕様の開発を行う．具体的にプロトコル WG と物理層 WG では，プロトコル・コントローラ，バス・ドライバー，バス・ガーディアンの相互接続・相互動作を保証する活動を行っていた．サード・レイヤの各 WG では，仕様の安全性を担保するシステムの構築に向けて，開発プロセスの必要要件およびエンジニアリング・プロセス必要要件の検証や相互接続性の妥当性検証，適合テストの作成が行われる．そして，それら WG の成果が仕様のバージョンアップに向けたインプットとして，ファースト・レイヤ，セカ

第3章 バリュー・ネットワーク・レベルのオープン・イノベーション 121

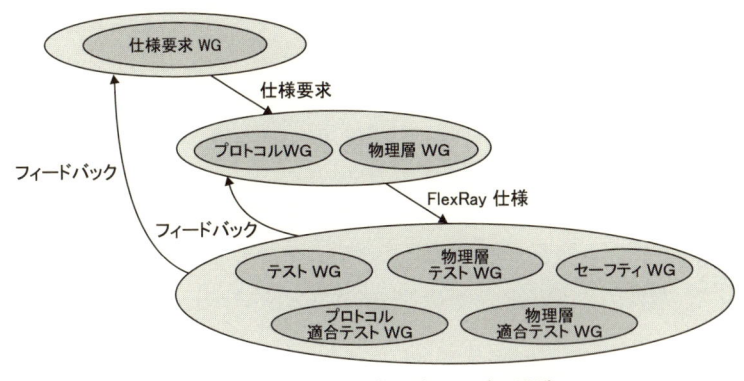

図3-8 ワーキング・グループの構造
出所) http://www.FlexRay.com/about.php?menuID=72 をもとに筆者作成.

ンド・レイヤの活動へのフィード・バックされる仕組みになっている．このようなプロセスを通じて更新を重ねていったFlexRayは2009年にバージョン3.0を公開し，10年にわたるコンソーシアム活動の幕が下ろされた．今後，コンソーシアムの成果はデジュール標準機関に引き継がれることになっている．

3-2 FlexRayコンソーシアムの標準化活動

FlexRayコンソーシアムの戦略上の課題は，X-by-Wireの実現に向けた新しいプロトコルの開発のみならず，FlexRayの普及とデファクト標準の獲得にもあった．そこでFlexRayコンソーシアムは，CANの採用においても重要となったSAE (Society of Automotive Engineers) にFlexRayを提案する活動を行う一方，FlexRayの認知度を高めるために国際ワークショップをドイツ，米国，日本で開催してきた．先述の通り，日本ではFlexRayコンソーシアムと協調関係にあるJasParが次世代車載通信プロトコルとしてFlexRayの採用を検討，開発を進めてきた[8]．

FlexRayコンソーシアムの標準化活動は，競合するコンソーシアムへの対応にも向けられた．特に，FlexRayと激しい標準化競争を展開していたTTP/Cの対策が重要な課題であった．TTP/Cは，ウィーン工科大学RTSG (Real Time System Group) が中心となって開発と標準化が進められたプロトコルである．TTP/Cは，MARSプロジェクトを皮切りにEUのBRITE-EuRam研究プロジェクトやオーストリア政府のFIT-ITプロジェクトの基金

化など，EUや国家レベルのオープン・イノベーションの仕組みに支えられてきた（徳田, 2009）．TTP/Cの標準化は，アウディ，プジョー，ルノー，VW，ハネウェル，デルファイなどが参加して2001年に設立されたコンソーシアムTTA-Group（元はTTAフォーラム）が推進してきた．しかし，2003年にTTP/Cの推進者であったVWがFlexRayコンソーシアムに取り込まれ，2004年にはルノーとプジョーが相次いでFlexRayに加入することになった．競合するTTP/C陣営の自動車メーカをFlexRayコンソーシアムに引き込むかたちで，最終的にFlexRayが次世代車載LANプロトコルのデファクト標準を握った．

システムサプライヤ（Tier 1サプライヤ）にとって，新プロトコル対応の部品開発を行うことは投資負担が大きく，双方のコンソーシアムを両天秤にかけながら標準化の行く末を占うような状況は望ましくない．一方，価格競争の厳しい状況にある自動車メーカにとっても，プロトコル技術は他社との差別化要因になりにくく，標準化することによって，部品やツールを安価でタイムリーに調達できることが望ましい．システムサプライやにとっても，自動車メーカにとっても，統一された標準が望ましいのであり，どの標準に統一するかだけが問題だったのである．FlexRayコンソーシアムが主要な複数の自動車メーカをコンソーシアムに引き込むことに成功したこと，そしてFlexRayを次世代プロトコルとして使用するように自動車メーカに働き掛けながら，半導体メーカやツールベンダ，ソフトウェアハウスなど，組込みシステムのうち通信タスクについてのバリューネットワークを構成する補完業者の参入を促したことが，FlexRayのデファクト標準の獲得につながった．特に，プレ・コンペティション期における標準化競争では，最終ユーザー（自動車メーカ）を多数コンソーシアムに引き込んだうえで，当該技術がデファクト標準となるという補完業者の期待を形成することが重要であったと思われる．

なおTTP/Cは，ウィーン工科大学RTSGのコペッツ教授がEUやオーストリア政府から長年に亘る研究助成を受けてきた成果のひとつである．1998年にコペッツ教授は同プロトコル技術を商用化するためにTTTech社を設立し，その後TTP陣営とFlexRayコンソーシアムに枝分かれした．しかし，2005年にTTTechの子会社TTAutomotiveがFlexRayコンソーシアムに加盟することによって自動車ではFlexRayがデファクト標準になった（図3-9）．標準化を巡って激しい競争を演じてきた双方のコンソーシアムであるが，その

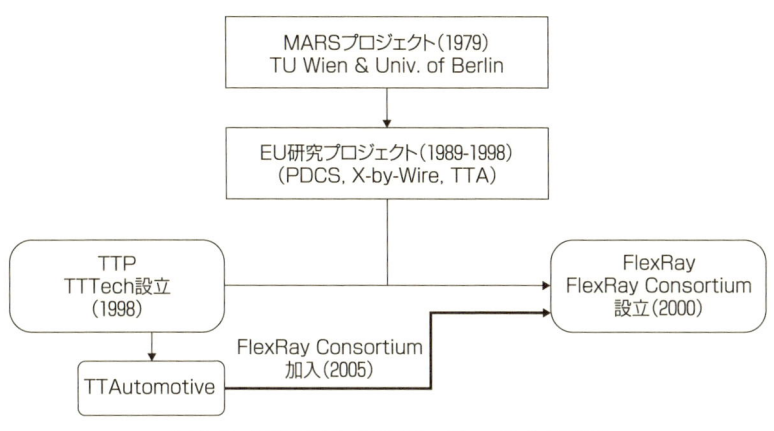

図3-9　TTP/C および FlexRay の成立過程

出所）徳田（2009）．

技術的な源流は，EU レベルのオープン・イノベーションの成果の産業化につとめたウィーン工科大学 RTSG に遡ることができる．

4　フォーマットの標準化：ASAM の活動

4-1　ASAM の概要

本節では，車載組込みシステムの開発環境の標準化に関わって ASAM の活動を概観する．ASAM の前身は，1991年にドイツ自動車メーカ及びボッシュ，ルノーが主導して設立した WG SAMS（Work Group for Standardization of Automation and Measuring Systems）である．WG SAMS は，1996年から1999年までは EU のオープン・イノベーションの仕組み FP4 を活用して，ソフトウェア開発ツールをはじめとする開発支援環境の研究開発を推進してきた．WG SAMS を引き継ぎ1998年に発足した ASAM は，いわゆる MCD と称される自動車の計測（Measurement），適合（Calibration），診断（Diagnosis）を主たる活動ドメインとして，シームレスなデータ交換を実現するためにデータ・フォーマットの標準化やツール内の API（Application programming interface）の標準化，ソフトウェア・コンポーネントやハードウエア・コンポーネント間の互換性確保を目的としている．

ASAM 設立当初のメンバー数は33社であったが，2011年には，主要な自

動車メーカ（Approved user, アウディ, BMW, ダイムラー, GM, MAN Nutzfahrzeuge, ポルシェ, ルノー, SAIC, VW），Tier 17 社（AFT Atlas Fahrzeugtechnik, AVL List, Continental Automotive, デルファイ, Drecp Daniel Technologies, FEV Motorentechnik, ボッシュ），部品サプライヤやツールベンダ 70 社，大学や研究所 9 機関（アリストテレス大学，ケルン応用科学大学，FTZ 技術研究所，FZI 情報技術研究センター，ドレスデン工科大学 IAD，カッセル大学，シュトゥットガルト大学 FKFS，オルレアン大学，FH ブラウンシュウェイグ大学）にまで拡大している．参加メンバーの多くがドイツの自動車関連企業であり，大学等研究機関が多数参画しているのが特徴的である．ASAM には日系サプライヤも複数参加しているが，日系自動車メーカは 2010 年加盟のホンダ技術研究所 1 社である．組込みシステムとしての自動車に着目した場合，ソフトウェアとハードウェアのインテグリティの質の確認・担保が重要であり，その活動に関わるどの部分を自動車メーカが担い，どの活動をシステム・サプライヤに任せるのかは，日本の自動車メーカのサプライヤ管理政策にとって重要な課題である．

　データ交換インターフェイスの標準化と開発プロセスで使われるソフトウェア・コンポーネントやハードウェア・コンポーネント間の相互接続性の確保は，シームレスな開発プロセスの構築に不可欠である．ツールベンダは，これらのインターフェイス仕様をさまざまなツールに組込んでシームレスな自社ツールチェーン構築を目指すことになるし，逆にツールのユーザは標準化されたインターフェイスを利用して，複数のツールベンダから自社にとって最も使い勝手の良いツールを選択的に利用する道を拓くことになる．ASAM の公開資料を精査すると，たとえば ASAM AE（Automotive Electronics）カテゴリーの標準の策定にあたっては，Tier 1 サプライヤのボッシュ，コンチネンタル，ツールベンダのベクター，dSPACE，ETAS の活動が目立っていることがわかる（ASAM, 2009）．

4-2　ASAM の標準化の対象

　現在，ASAM には表 3-1 に示した 5 つの標準化の対象領域が存在する．ASAM では，ASAM 仕様準拠製品の適合性を測定するテスト手法やツールを準備しており，適合テストをクリアした製品を認証している．

　ASAM のよく知られた標準には，ECU の内部データを適合（Calibration）のために読み書きするためのプロトコル XCP（eXtended Calibration Protocol），

表3-1 ASAMの5つの標準化領域

ASAM ACI (Automatic Calibration Interface)	ECUなどの電子制御システムにとって最適なタスクを実行する自動化構成要素と最適化構成要素のインターフェイス定義.
ASAM AE (Automotive Electronics)	車載電子機器の開発工程・テスト工程のインターフェイス定義およびデータの構造定義.
ASAM CEA (Components for Evaluation and Analysis)	特定アプリケーション作成に必要な測定データ評価・モジュラー方式の分析ツールのインターフェイス定義・必須基本機能定義.
ASAM GDI (Generic Device Interface)	測定機器やインテリジェントサブシステムのプラグ＆プレイ実現に必要なインターフェイス定義.
ASAM ODS (Open Data Service)	ストレージ，データ翻訳，データ交換も必要なインターフェイス定義.

出所）ASAM HP. 〈http://www.asam.net〉.

FlexRayのデータ記述時に準拠することになるFIBEX（Field Bus Exchange Format），そしてダイアグツールのためにECUが出力するデータの意味などを記述するXML交換フォーマットODX（ISO 22901-1）がある．そのほか，ECUのパラメータや計測のディスクリプション・フォーマットのASAP 2（適合データの標準名称）はデファクト標準になっている．ASAP 2は，ダイアグツールのような修理工場で使用するものから，エンジンベンチ，シャーシダイナモ，排ガス計測装置といった必須の計測機にまで搭載されており，自動車出荷後のECUサービス・メンテナンスの標準を独占している状態である．

6章で詳述されるように，自動車の開発にはソフトウェアの開発を支援するためにツール化とその標準化が不可欠である．ゆえに，それらツールを連携させるツール・チェーンや，チェーンの隙間を埋めるインターフェイスの標準化に向けたバリュー・ネットワーク・レベルでの協調関係の構築が必須になっているのである．

5 安全要件の標準化：HISの活動

5-1 HISの概要

HISは，ドイツの自動車メーカ5社（アウディ，BMW，ポルシェ，ダイムラー・クライスラー［現 ダイムラー］，VW）によって2001年に設立された利益集団

(interest group) である．HIS は AUTOSAR と横の調整を図りながら，組込みシステムのバリューネットワーク構築に向けて協業関係にある[9]．しかし，先述の通り HIS には AUTOSAR とは違ってシステム・サプライヤ（Tier 1 サプライヤ）が入っていない．その背景には，自動車メーカ自らソフトウェアハウスやツールベンダとともに SW プラットフォームの開発を目指していたことからも分かるように，サプライヤによる組込みシステム技術のブラックボックス化に対する危惧があったことは想像に難くない．

さて，HIS の当初の目的は，車載ソフトウェアの設計や品質保証の手法の標準化と，その手法の活用にあった．標準化の領域は次の5つの分野である．
① 標準ソフトウェア・モジュール
② ソフトウェア・テスト
③ ECU のフラッシュ・プログラミング[10]
④ プロセス・アセスメント
⑤ シミュレーションとツール

図 3-10 は HIS のソフトウェアのアーキテクチャを示している．OSEK 仕様（OS, COM, NM）を踏襲しているが，新たな部分が追加されている．CAN 通信に求められる機能の場合，HIS では数種類のソフトウェア・モジュール

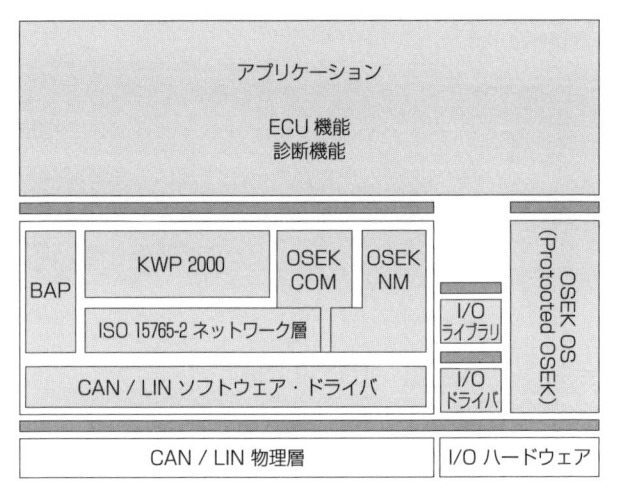

図 3-10　HIS のソフトウェア・アーキテクチャ
出所）HIS (2004).

に分類される[11]．そのうち，HISの基本的な追加仕様は以下の3つである．
① 車両の故障診断用としてECUの診断情報を扱うKWP 2000仕様
② メータ情報関連のBAP（Bedien-und Anzeigeprotokoll）仕様
③ ハードウェアに依存するI/O関連部分をHAL（Hardware Adaptation Layer）としてライブラリ化し，ハードウェアの設計の違いを吸収する仕様

HISは，OSEK仕様にこれらの3つの仕様を新たに追加し，それぞれのインターフェイスを標準化した．これにより，アプリケーション・ソフトウェアの自由度を高いものにしてきた．しかし，HISにECUサプライヤが参加していないことから，仕様の策定と実装という点で標準化活動に限界があった．このことが，システムサプライヤも含めた協業の場としてのAUTOSAR設立の背景の1つになっている．

5-2 開発プロセスの標準化

今日のHISの活動は，車載ソフトウェアのコンポーネント化やインターフェイスの標準化にとどまらない．Automotive SIG（Special Interest Group）の策定したAutomotive SPICE[12]の業界への導入を推進するなど，他のコンソーシアムや団体と横の調整を図りながら開発プロセスの標準化に注力している．たとえば，HISは上流工程に連動したグローバルな電子商取引の基盤構築に向けて，RIF（Requirements Interchange Format）の標準化を視野に入れて活動している．RIFの採用により，開発仕様書，設計書，評価結果など，開発の上流工程から下流工程までのドキュメントのトレーサビリティ向上が期待できる．また，自動車メーカ，サプライヤの要件交換を電子化することでV字開発工程全体の資源再利用を促進する狙いがある（鈴村・香月，2009）．

RIFに関連する標準化活動として，STEP/ISO 10313（電子商取引に関するデータ標準化），AP 233（STEPの中でSE要件管理分野を標準化）の2つの取り組みがある．このうち，STEP（STandard for the Exchange of Product model data）は，ライフサイクルを通して必要となる製品の全データを交換・共有することを目的とした標準仕様である．自動車産業をはじめ，電気電子，プラント，建築，造船等の産業ごとに国際標準規格（ISO 10303）の策定に向けた活動が行われている．これらの産業では，製品製造プロセスにおいて扱う情報量が増加してオブジェクト指向技術の必要性が増大している．そのため，今後もSTEPの必要性は大きくなってゆくものと考えられる．

そのほかHISではシミュレーションおよびツールに関するWG（以下S&T WG）を設け，標準の策定を行っている．このS&T WGでは，自動車メーカやサプライヤが利用しているツールの比較を行い，開発工程の各工程で利用しているさまざまなツールの要求事項やインターフェイスを明確にしている．具体的には，要求管理，モデリング，テスト，変更管理やコンフィグレーション管理のために利用している開発ツールの一般要求事項と特殊要求事項の定義，これら開発ツールのユーザビリティに関する定義，自動車メーカとサプライヤの間で行われる要件管理に必要となるオープン交換フォーマット，ツール間のインターフェイスの明確化，ツール評価のための共通見解や要求事項の定義である．その他，要求事項に関してツールベンダが直面する課題とツール・インターフェイスに関してサプライヤが直面する課題の共有が図られている．

5-3 Automotive SPICEとの関係

Automotive SPICEは，SPICEのサブ規格としてThe SPICE User Group (TSUG) とThe Procurement Forum (TPF)[13]の協業のもと，HISが2005年に推奨ガイドを策定した．規格の発行主体は，アウディ，BMW，ダイムラー，ポルシェ，VWのHISメンバーにフィアット，ジャガー，フォード，ボルボなどを加えた自動車メーカと，TSUG，TPFによって構成された業界団体Automotive SIGである．Automotive SPICEは，上位のISO 12207（プロセス参照モデル），ISO 15504（アセスメント・モデル）を参照しつつ，自動車産業の固有プラクティスを具体化している．

Automotive SPICEが必要になった背景は，欧米自動車メーカが車種の多様化に伴うリソース不足に対してシステムサプライヤやエンジニアリング企業への外注比率を高めた結果，調達した部品の品質保証が難しくなったことがあげられる．そこで，ソフトウェアの部品化とその流通の推進にあたって客観的な品質のアセスメントが不可欠になったわけである（安田，2008）．

アセスメントにあたっては，ISO 9001やISO/TC 16949[14]などと異なりAutomotive SPICE専用の第三者機関が存在し認定を行うわけではない．アセスメントを行う主体は自動車メーカ，もしくは自動車メーカに委託された代理の認定アセッサーである．ここで，iNTACS (International Assesor Certification Scheme) のガイドラインや教育プログラムに従ってAutomotive SPICEのアセッサーを認定する機関がフランクフルトに拠点を置くドイツ自動車工業会

（VDA）の品質管理部門（QMC）である（intac. info. 2008）．VDA は，自動車機能安全分野の国際標準である ISO 26262 と Automotive SPICE の双方に深く関与しており，将来的には双方の統合アセスメントの道が VDA によって拓かれることになる．

HIS は機能安全については VDA AK 16 と，プロセス・アセスメント（Automotive SPICE）については VDA AK 13 と横の調整を図りながら足並みを揃えている（intac. info, 2009）．以上のようなバリューネットワークを構成する諸団体との協調の構図から，AUTOSAR の第三期において進められる機能安全の標準化に向けた活動は，HIS と VDA，A-SIG の協調関係を含めた，より包括的な枠組みの中で把握しておく必要があることがわかる（図 3-11）．

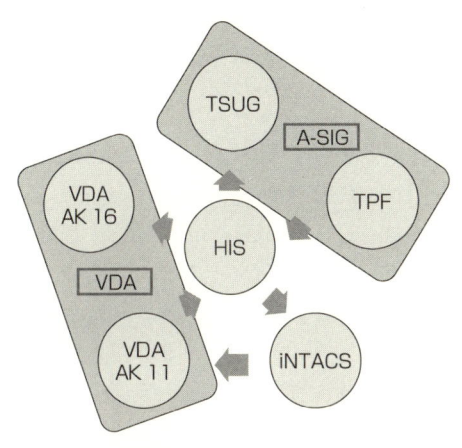

図 3-11 安全要件規格の策定に関わる組織間関係
出所）徳田（2010a）．

5-4 MISRA との関係

最後に，機能安全規格とかかわって HIS と MISRA（Motor Industry Software Reliability Association）の関係に触れておく．MISRA は，1990 年に英国を拠点として自動車業界が中心になって設立された．メンバーは，ベントレー（Bentley），フォード，ジャガー，ランド・ローバー，サプライヤの AB Automotive Electronics, TRW, ビステオン（Visteon）．コンサルティング企業の Lotus, MIRA, Ricardo とリーズ大学である．

MISRA は，ソフトウェアの信頼性を高めるためのガイドライン策定を行う団体である．もともとは英国の MIRA でスタートしたプロジェクトであり，その起源は英国政府の SafeIT プログラムに遡る．当時，策定プロセスにあった機能安全規格 IEC 61508 から多くの原則を盛り込みつつ，自動車分野に特化したガイドラインを策定してきた．MISRA は，主にソフトウェアのプログラミング言語である C 言語によるコーディングのガイドラインを取り決め，車

載アプリケーションと他の産業向けのアプリケーションとの違いを定義している[16].

MISRAでは，C言語規格上の危険性を回避しソフトウェアのバグを減らすために，C言語プログラミングの品質向上ガイドラインとして,「MISRA-G: Development Guidelines for Vehicle Based Software（1994年11月発行）」，「MISRA-C: Guidelines for the Use of the C Language in Vehicle Based Software（1998年4月発行）」を発行してきた．最新のガイドライン MISRA-C (Ver 2.0) には，C言語規格上，危険な部分の禁止，プログラマーが間違えやすい部分は使用しないなど，改造やメンテナンス性のよいコードの記述が定められている．HISでは，MISRA の MISRA 2004 "Guidelines for the Use of the C Language in Critical Systems" から，適用可能な全ての仕様を用いて MISAR C ガイドライン v 2.0 を発行している．

6 国際競争力向上に向けたオープン・イノベーションと標準化の役割

欧州におけるバリュー・ネットワーク・レベルのオープン・イノベーションの実態の把握を目的として，車載組込みソフトウェアの標準化を推進する AUTOSAR と，その背後にある産業コンソーシアム／業界団体との協業関係を考察してきた．AUTOSAR の背後には，コンプレックス製品システム (CoPS) としての車載組込みソフトウェアのバリュー・ネットワーク構築に向けて，様々なコンソーシアムや標準化機関が協調関係にあった．AUTOSAR は，それら諸団体と企業間ネットワークよりも一段大きなレベルで縦・横の調整を図りながら相互に成果を集約して，車載組込みシステムの研究開発と標準化を進めていた．そしてコンソーシアムで策定された標準は，往々にして ISO 等の標準化機関においてデジュール標準に認定されている．AUTOSAR を中心としたバリュー・ネットワーク・レベルの縦と横の調整は，異なるタスクと様々なサービスを提供する企業が，標準化されたインターフェイスに媒介されて自律的イノベーションを実現するための制度設計プロセスと捉えることができる．

最後に，バリュー・ネットワーク・レベルのオープン・イノベーションと，そこで策定された標準が産業の国際競争力にあたえる影響を考察する．自動車電子システムの複雑化に伴い，統一的な互換標準（すなわちグローバル標準）が必

要だと，ほとんどの自動車産業の関係者は考えている．現在進行している問題は，「グローバル・スタンダードを作るか作らないか」ではなく，「どの規格をグローバル・スタンダードにするのか」ということである．この標準化に，コンセンサス標準化が大きな影響を与えている．

コンセンサス標準化プロセスは，産業が主体となって行う標準化であり，産業の国際競争力に直接影響する．各企業は標準化を戦略的に用いてビジネスモデルを構築する．欧州型オープン・イノベーション・システムでは，コンセンサス標準化を前提としながら，国際競争力を意識した出口戦略が特徴となっている．オープン・イノベーションを前提としたビジネスモデルやイノベーション政策を考慮するうえで，とくに国際競争力の視点から標準化の役割を今一度認識する必要がある．標準化と経済成長の関係を示したものが図3-12である．

車載組込みシステムのようなコンプレックス製品システム（CoPS）の大規模かつ複雑なイノベーションでは，複雑性を軽減するために標準化を行う．この

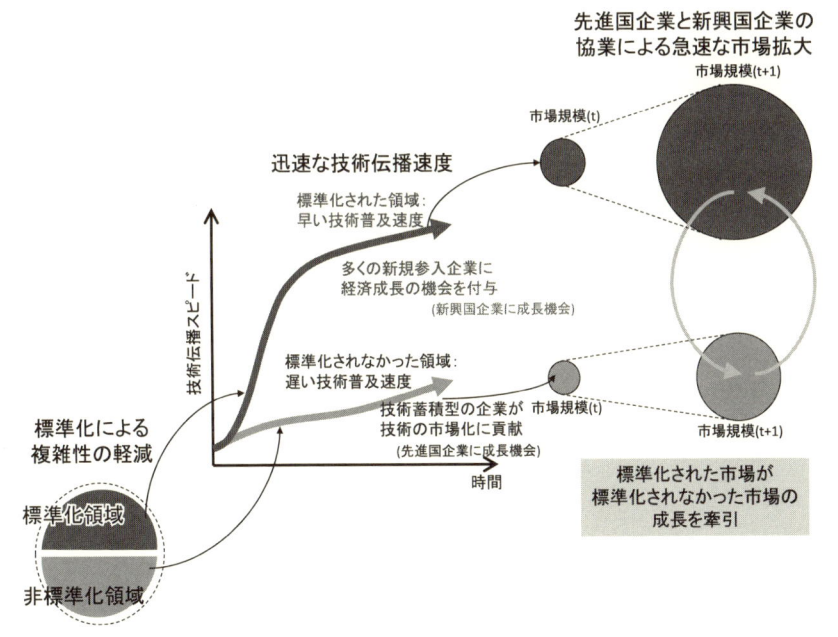

図3-12 国際標準化と技術伝播，先進国と新興国企業の協業による市場拡大メカニズム

出所）立本・小川・新宅（2010）．

際，対象となるシステムは，標準化領域（オープン領域や競争前領域とも呼ばれる）と非標準化領域（クローズド領域や競争領域とも呼ばれる）とに分かれる．標準化された領域の技術は，非常に早い速度で伝播する傾向がある．これは標準化することによって，暗黙知（tacit knowledge）やノウハウといった技術伝播しづらい知識が，形式知（explicit knowledge）になることによって起こる現象である．技術蓄積の少ない企業や産業の暗黙のコンテクストに不慣れな企業にとって，標準化のタイミングは新規参入のタイミングとなる．ここだけを見れば，既存企業が標準化をするインセンティブは少ない．したがって，伝統的な日本の垂直統合型企業や系列ネットワークは，標準化を前向きに捕らえることができていない．

しかし，標準化には① 標準化した領域の市場が拡大するという機能と，② ①に牽引されて標準化しなかった領域の市場も同時に拡大する，という2つの市場拡大の効果がある．②の効果は，伝統的な企業であっても標準化活動によってビジネスチャンスを得られる可能性があることを示している．

現在成長著しい新興国の企業は技術蓄積が小さく，標準化を事業機会ととらえて参入する新規参入企業が多い．これらの企業は，オーバーヘッドコストが小さく，柔軟な経営やすばやい投資が特徴である．先進国産業は標準化によって，これらの新規参入企業の成長，ひいては新興国の経済成長に貢献することができる．一方，標準化されなかった領域は，依然として暗黙知や技術ノウハウが重要な領域であり，伝統的な企業に優位な市場創造が期待できる．それゆえ，たとえ伝統的な先進国企業であっても，標準化によって新興国経済成長を取り込みながら持続的な成長を遂げるビジネスモデルを構築することができ，オープン・イノベーションを利用して新しい成長機会を享受することができる（立本・高梨, 2010）．

欧州は，このオープン・イノベーションのメカニズムにのっとったイノベーション政策，ビジネスモデルをすでに構築し始めている．そして，新興国市場を含むグローバル市場への影響が顕在化し始めている．国際標準化は，先進国市場と新興国市場の架け橋となっており，経済成長に貢献する社会装置であると同時に，国際競争力に影響する産業環境となっている．

車載組込みシステムのバリュー・ネットワーク構築に向けたコンソーシアム間の調整や，調整にともなうインターフェイス標準の策定は，オープン・イノベーションの波となって自動車産業に打ち寄せている．この波は，1つ1つは

小さいかもしれないが，多種多様で自律的なタスクやサービスが標準によって連結され，1つの大きなバリュー・ネットワークを構築した時に，大きな波として自動車産業に押し寄せることになる．もしも日本の自動車産業やイノベーション政策がこの波に的確に対処できなければ，日本のエレクトロニクス産業が経験したように，長期にわたって国際競争力を失う可能性がある．逆に，もし，この波にうまく乗ることが出来れば，新興国の経済成長に貢献しながら，持続的な成長の機会を得ることができるだろう．

注

1) ISO 14229-1: Unified Diagnostic Services, ISO 15031-x: OBD 関連．
2) 2006年 PAS として発行．
3) ISO 17025 とは試験所が試験を行う際に，一般的な能力があることを証明するための規格．ISO 17025 を取得している試験所が行った分析・試験はその品質が第三者機関によって保証されている．ISO 9001 との相違は，ISO 9001 規格では事業所における品質システムが要求され，試験結果の品質を要求するものではない．ISO 17025 では，分析・試験結果の品質を要求するものとなっている（日本規格協会, 2003）．第三者認証の枠組みは，軍の調達試験の種類や量が膨大になりすぎたため，1947年に豪軍がこれをアウトソースするために民間認証機関 NATA（National Association of Testing Authorities）を発足させてことが始まり．ここで整備された手法が ISO/IEC ガイド 25 として規格化され，ISO/IEC 17025 制度のもとになった（中西, 2006）．
4) ASAM HIL API の標準化における共同開発（ASAM, 2009）．
5) 日本企業でも AUTOSAR や FlexRay コンソーシアムのメンバーは多数存在しているが，一部主要欧米企業がインナー・サークルを形成している状況や地理的なハンディによって，日本企業はなかなか思うようにコンソーシアム活動に関与することができない．したがって，それら不利な状況を克服する1つの方策として設立されたのが JasPar といってよいだろう．
6) FlexRay コンソーシアムでは，電気的物理層（Electrical Physical Layer）仕様について，その使い方に関わる仕様は電気的物理層アプリケーション・ノートという形で別立てしている．
7) X-by-Wire とは，機械駆動システムや油圧駆動システムで制御するのではなく，ワイヤによって電子的に制御することであり，具体的には Brake-by-Wire, Steer-by-Wire, Suspension-by-wire などがある．たとえばパワー・ステアリングシステムであれば，Steer-by-wire 化することで，ステアリング・コラムやオイル・ポンプ，油

圧ホースなどの制御ユニット部品がワイヤに変わることを意味する.
8) FlexRayに関して，FlexRayコンソーシアムやAUTOSARでは，10 Mbit/sのフルスペックでFlexRayを標準化しようとしているのに対し，2.5 Mbit/sおよび5 Mbit/sの低速版を別に用意したのがJasParである．10 Mbit/sの通信帯域を必要とするアプリケーションを載せる自動車は一部の高級車に限定されるであろうが，2.5 Mbit/sや5 Mbit/sなら中級クラス以下の幅広いニーズに対応できるというのがJasParの意図である．また，10 Mbit/sは配線自由度が低くネットワーク全体を見直す必要があり，コストが割高になる.
9) AUTOSAR設立当初のHISはAUTOSARの具体的な活動方針を事前に策定するインナー・サークル的な利益集団の側面を持っていたと思われる．HISとAUTOSARは，その後，協業関係を築いていった.
10) フラッシュ・メモリに書き込むプログラム.
11) CANソフトウェア・ドライバ，BAP，ISO 15765-2ネットワーク層，KWP 2000, I/O, OSEK-COM, OSEK-NM, OSEK-OS.
12) Automotive SPICEは，ISO/IECTR 15504を自動車用にカスタマイズした車載ソフトウェア開発のプロセス標準である．欧州の自動車メーカが，発注先のサプライヤに対するアセスメントやプロセス改善を要求する際のガイドラインとして利用している.
13) TSUGは，ISO/IEC JTC 1/SC 7/WG 10のリエゾンとして2003年に設立されたSPICEの普及を推進する非営利団体である．現在，車載用のほか医療業界用のSPICEの普及・推進も担っている．TPFはICT製品やサービスの調達に関わる問題について検討するフォーラムである.
14) 自動車産業に属する製造業における品質マネジメントシステムの国際標準.
15) MISRAは策定されたガイドラインを販売するものの，ガイドラインに準拠しているかの認定活動やそのためのスキーム作成を行わない非営利組織である.
16) C言語規格は，プログラミング上いくつかの危険性（たとえば，記述の自由度と複雑度に関するリスク〔タイプミスでもエラーにならない〕や，プログラマーの言語理解に関するリスク〔規格詳細を知らなくてもプログラムが組める〕）を内包しており，それらが原因でソフトウェアの不具合がたびたび発生していた．ECUソフトウェアの不具合は，少なからずC言語の規約解釈のあいまいさに原因がある.

参考文献

ASAM. (2009) *Solution guide 2009: Directory of ASAM members and ASAM related products,* Association for standardization of automation and measuring systems.
AUTOSAR. (2004) "AUTOSAR—An Industry-Wide Initiative to Manage the Complexity of Emerging Automotive E/E-Architectures?," 2004.

AUTOSAR. (2005) "VDI Conference 'Electronic Systems for Vehicles'," 24 October, 2005.
AUTOSAR. (2006) "AUTOSAR—Current results and Preparation for exploitation," 3 May 2006.
AUTOSAR. (2006) "AUTOSAR—Enabling Technology for Advanced Automotive Electronics," October, 2006.
Barrho, J., Adam, M. (2005) *Lehrbeispiel zur Signalverarbeitung in der Messtechnik*, Instituet fuer Industrielle Informationstechnik.
Fürst, S. et al. (2009) "AUTOSAR—A Worldwide Standard is on the Road," AUTOSAR, http://www.autosar.org
Gomes-Casseres, B. (1996) *The Alliance Revolution: The New Shape of Business Rivalry*, Cambridge, MA: Harvard University Press.
HIS. (2004) "HIS_Praesentation 2004_05," HIS.
HIS. (2006) "Hersteller Initiative Software-Working Group Assessment," 19 July, 2006.
HIS. (2009) "Herstellerinitiative Software: OEM Initiative," Press release (http://portal.automotive-his.de).
intac. info (2008) "intacs Newsletter—August 2008 Edition," intac. info.
intac. info (2009) "intacs Newsletter—October 2009 Edition," intac. info.
John, D. (1998) OSEK/VDX history and structure, *OSEK/VDX Open Systems in Automotive Networks, IEEE Seminar*, 13 Nov 1998.
Kinkelin, G. (2008 a) "AUTOSAR Top Level Project View," 1 st AUTOSAR Open Conference & 8 th AUTOSAR Premium Member Conference, October 23, Detroit, 2008.
Kinkelin, G. (2008 b) "AUTOSAR on the Road," CTEA, http://www.autosar.org.
Murray, C. J. (2004) "Four Asian automaker join FlexRay Consortium," *Electronic Engineering Times*, March 1, 2004.
Nohria, N., Garcia-Pont, C. (1992) "Global Strategic Linkages and Industry Structure," *Strategic Management Journal* (summer), Vol. 12, No. 1, pp. 105-124.
Senft, C. (1988) "A Computer-Aided Design Environment for Distributed Realtime Systems," IEEE CompEuro 88, *System Design: Concepts, Methods and Tools*, pp. 288-297.
Tokuda, A. (2008) "Coopetition of the Standard Setting Consortia in Automotive High-Speed Safety Bus System," ATZautotechnology (ed.), *FISITA World Automotive Congress 2008: Congress Proceedings—Electronics—*, pp. 207-218.

鈴村延保・香月伸一（2009）「車載組み込み技術開発の欧州全体俯瞰と動向」『IPS J SIG EMB』Information Processing Society of Japan第14回研究発表会, EMB-14, No. 9, pp. 1-12.

立本博文（2010）「大規模イノベーションとコンセンサス標準：自動車電子システムの標準化の事例」*MMRC Discussion Paper*, No. 306, 東京大学ものづくり経営研究センター.

立本博文・小川紘一・新宅純二郎（2010）「オープン・イノベーションとプラットフォームビジネス」『研究技術計画』Vol. 25, No. 1, pp. 78-91.

立本博文・高梨千賀子（2010）「標準規格をめぐる競争戦略：コンセンサス標準の確立と利益獲得を目指して」『日本経営システム学会誌』Vol. 26, No. 2, pp. 1-7.

徳田昭雄編著（2008）『自動車のエレクトロニクス化と標準化』晃洋書房.

徳田昭雄（2009）「車載エレクトロニクス分野における欧州の産学連携拠点：ウィーン工科大学　リアルタイムシステムグループ」『立命館経営学』48-4, pp. 305-316.

徳田昭雄（2010 a）「AUTOSARを取り巻くコンソーシアム間の協業関係」『社会システム研究』No. 21, pp. 163-184.

徳田昭雄（2010 b）「車載エレクトロニクス分野における欧州の産学連携拠点：カールスルーエ大学産業情報技術研究所」『立命館ビジネスジャーナル』第4号, pp. 59-70.

中西康之（2006）「車載LANにおけるコンフォーマンス・テストの意義」『Design Wave Magazine』July, pp. 75-77.

屋敷哲也（2009）「国際標準化会議出席報告書：2009年5月14日」（社）自動車技術会, http://tech.jsae.or.jp/

屋敷哲也（2008）「国際標準化会議出席報告書：2008年4月21日」（社）自動車技術会, http://tech.jsae.or.jp/

安田賢憲（2008）「車載ソフトウェアの開発プロセスの標準化動向：欧州OEMが導入を進めるAutomotive SPICEを中心に」『アジア経営研究』アジア経営学会, 第14号, pp. 97-109.

（財）日本自動車研究所（2010）『自動車電子システムの海外調査報告書』日本自動車研究所.

第4章

企業間ネットワークレベルのオープン・イノベーション
――標準化フェーズから市場化フェーズに向かうAUTOSAR――

徳田昭雄

　本章では，企業間ネットワークレベルのオープン・イノベーションのケースとして，産業コンソーシアムAUTOSAR（AUTomotive Open System ARchitecture）を取り上げ，欧州における車載組込みソフトウェアの標準化活動を把握する．本章の前半では，AUTOSARの"標準で協調する"側面に着目して，AUTOSARの技術コンセプトとソフトウェア・アーキテクチャに関連づけながら標準化の目的やその実行組織となるコンソーシアムについて説明する．次いで，AUTOSARにおいて策定されたリリース1.0からリリース4.0に至る仕様の内容を確認しながら，設立来およそ10年間のコンソーシアム活動の足跡をたどる．後半では，AUTOSARの"実装で競争する"側面に着目して，市場化の段階に入ったAUTOSAR仕様の各社製品ロールアウトの状況に触れておく．以上を踏まえたうえで，最後に車載組込みソフトウェアの標準化による経済的メリットとAUTOSAR仕様が自動車産業に与える影響を考察する．

1　AUTOSARの目的と組織構造

1-1　技術コンセプトとソフトウェア・アーキテクチャ

　AUTOSARは"標準で協調し，実装で競争する"（Cooperate on Standards, Compete on Implementations）をモットーに据え，2003年からオープンな標準ソフトウェア・アーキテクチャ（車載ドメインにおけるE/Eシステムの"真の標準：THE Standard for E/E system in the automotive domain"）の開発とその普及に取り組んできた．2010年には，AUTOSARフェーズIIの活動成果であるリリース4.0がAUTOSARメンバーに公開された．また，AUTOSARのコア・パートナーによってAUTOSARフェーズIII（2010～2012年）に関する新規契約の締結が完了し，AUTOSAR仕様の保守・管理，仕様の成熟化の促進，新規ハードウェア・メカニズムのサポート，既存AUTOSARシステムのさらなる強化

が推進されている.

　AUTOSARの目的は，複数の自動車メーカとサプライヤが協調して車載ソフトウェア・アーキテクチャのオープンな産業標準（open industry standard）を作り出すことである（Heinecke et al., 2006; Fürst et al., 2009）．AUTOSARの標準化の対象には，ソフトウェア・アーキテクチャのほかソフトウェア・コンポーネント間のインターフェイス（AUTOSARではアプリケーション・インターフェイスという）記述を含む（Heinecke et al., 2006）．

　AUTOSARでは，ソフトウェア・コンポーネントの全てが新規に考案されているわけではない．そこでは，可能な限り使いこなされた既存のコンポーネント資産が利用されつつ，新しいコンセプトや機能が追加されている（Heinecke. et al, 2006; Helmut. et al, 2006）[1]．図4-1にあるように，AUTOSAR仕様はメモリサービス，モード管理など既存のコンポーネント（下部）と，VFB（Virtual Function Bus：仮想機能バス），入力テンプレート，RTE（Run Time Environment）など新たに導入されたコンセプト（上部）によって構成されている．たとえば，AUTOSARのキー・テクノロジとして新しく追加されたVFBによって，AUTOSARの技術コンセプトであるソフトウェア・アーキテクチャの階層化が実現されている[2]．VFBは，アプリケーション層を下位レイヤ（インフラストラクチャ）から分離する役割を果たす．そして，AUTOSARのアプ

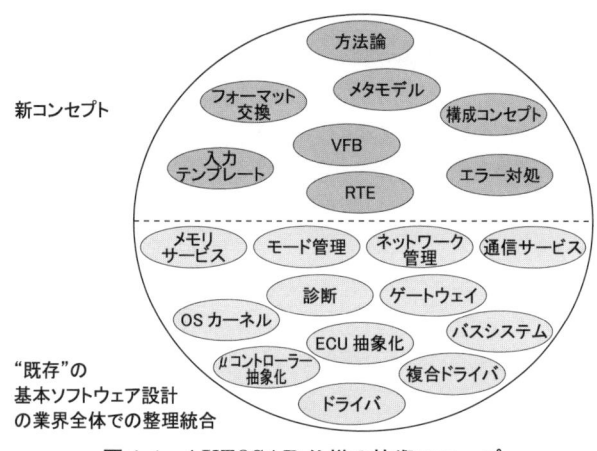

図4-1　AUTOSAR仕様の技術スコープ

出所）AUTOSAR（2006b）.

リケーション・コンポーネントに対して，標準化された通信メカニズムとサービスを提供する．VFB がインターフェイス標準として機能することによって，ハードウェアに依存しないアプリケーションの開発と利用が可能になり，複雑な製品システムがすっきり分割されることになる．

　VFB は，複数のコンピューターに分散されたソフトウェア間でデータをやり取りする CORBA 仕様と類似性が高いといわれている．このコンセプトを AUTOSAR へ導入した仕掛け人が，元ボッシュ副社長のダイス（Dr. Siegfried Dais）博士と BMW のフリッシュコーン（Hans-Georg Frischkorn）である．VFB は AUTOSAR が発足する以前に，AUTOSAR の前身 OSAR（Open Software Architecture）の中で既に確立・導入が固まっていた．（徳田，2010）[3]．以下では，VFB の機能に関わって，AUTOSAR のソフトウェア・アーキテクチャの構造を確認しておこう（図4-2）．

　AUTOSAR のアーキテクチャは，ハードウェア（マイクロコントローラ）と，ソフトウェア部分が明確に分離されている．そして，ソフトウェアが基本ソフトウェア（BSW），ランタイム環境（RTE），アプリケーション・ソフトウェアに分けられ，さらに BSW は階層化（マイクロコントローラ抽象化層，ECU 抽象化層，サービス層）され，それぞれのインターフェイスが定義されている．

　ソフトウェアの最下層に位置するマイクロコントローラ抽象化層からみていくと，この層はマイクロコントローラ・ドライバ，メモリ・ドライバ，通信ド

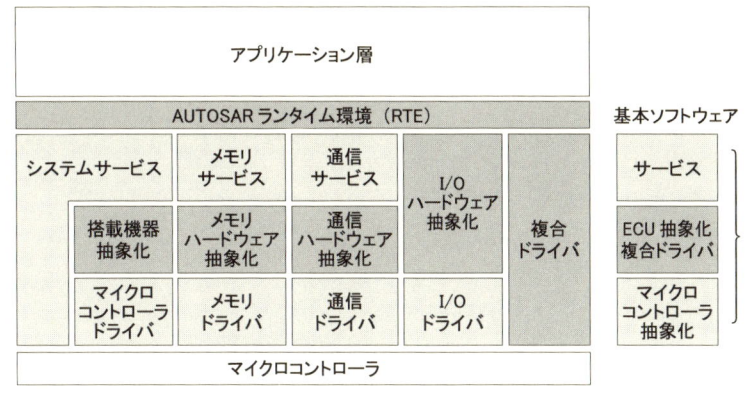

図4-2　AUTOSAR のソフトウェア・アーキテクチャ

出所）　AUTOSAR（2006b）．

ライバおよびI/Oドライバによって構成されている．ハードウェアに依存するこの階層によって，マイクロコントローラのすべての機能と周辺機器が抽象化され，上位の階層はマイクロコントローラから独立する．マイクロコントローラ抽象化層の上に位置するECU抽象化層は，ハードウェアには依存していないが，ECUには依存する階層である．ECU抽象化層の目的は，ECUのすべてのコンポーネントを抽象化することである．ECU抽象化層の上に位置するのが，サービス層である．この階層はシステムサービス，メモリサービス，通信サービスからなり，大部分がハードウェアから独立している．これら3つの階層からなるBSWの上に位置するのがRTEである．RTEは，BSWからアプリケーション層を抽象化し，その間のデータおよび情報通信を処理する．RTEの上に位置するのが，アプリケーション層である．RTEによってアプリケーション層がハードウェアに依存することはない．このように，AUTOSARでは，インターフェイス標準として抽象化層を設けることによって複雑に相互依存する組込みソフトウェアを出来る限り構造化していく取組みが進められている．

最後に，階層化されないがBSWを構成する複合ドライバは，ハードウェアに依存して，特別なタイミング制約を受けるセンサとアクチュエータを制御する．そして，これらコンポーネントをマイクロコントローラへ直接つなげる役割を果たす．標準化を避けたい競争領域に位置付けられる様々なノウハウが，この複合ドライバに組込まれることになる．

1-2 AUTOSARのパートナーシップと組織構造
(1) AUTOSARのパートナーシップ

2002年にダイムラー・クライスラー，ボッシュ，コンチネンタルの3社がAUTOSARの立ち上げ方針を示した．その後，BMW, VW, シーメンスVDOが順次参加を表明，翌年2003年にバーデン・バーデンで開催されたVDA（ドイツ自動車工業会）の会議にて正式にコンソーシアムが発足した．以降，2004年にはフォード，PSA（プジョー・シトロエン），トヨタが加入し，2010年のAUTOSARフェーズⅢ開始時点で欧州，米国，アジアから自動車メーカ，ECUサプライヤ，半導体メーカ，ツールベンダ，ソフトウェアハウス等合わせて約100社以上（大学等研究機関含む）が参画している（図4-3）．ここでは，AUTOSARのパートナーシップの特徴を把握しておこう．[4]

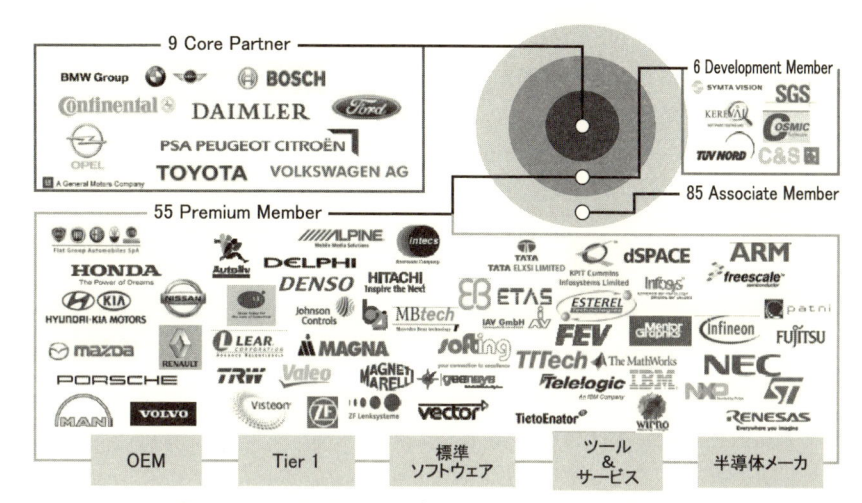

図4-3 AUTOSARのパートナーシップと主要企業

出所) Furst (2008).

　まずはパートナーシップの種別について，AUTOSARのパートナーシップは，会費制のコア・パートナー，プレミアム・メンバー，アソシエイツ・メンバーと，会費を必要としないディベロップメント・メンバー，アテンディ（attendee）に分けられている．2010年フェーズⅢ時点におけるメンバー121社の内訳は，コア・パートナー9社，プレミアム・メンバー39社，アソシエイト・メンバー57社，ディベロップメント・メンバー11社，アテンディ5社である．日本企業もコア・パートナーのトヨタをはじめ，30社以上が参画している（Bunzel, 2010）．

　AUTOSARは，それぞれのパートナーシップのステータスに応じた協定を結んでいる．それぞれの協定には，AUTOSARのWGの参加条件，権利・義務関係，知的所有権の取り扱い，WGにおける活動情報へのアクセス・タイミングなどが規定されている．

　プロジェクトを運営し，組織および管理に対し責任を持ち統制をとるのがコア・パートナーである．コア・パートナーは，AUTOSARの戦略策定を行う理事会や，メンバー承認・広報活動および契約上の管理を取り仕切る運営委員会において議席並びに投票権を有する．また，コンソーシアムの運営・管理，仕様策定のための技術的貢献，外部向けの情報開示（プレスリリース，webリリー

ス)を担っている."AUTSOARの顔"のスポークスパーソンもコア・パートナーの中から選出される[6]. コア・パートナーのAUTOSARに対する貢献量は,凡そ本務の片手間で済ませることができるものではない.たとえばコア・パートナーであるボッシュは,AUTOSARフェーズⅡ(2007～2009年)に専任として13名の人的リソースをAUTOSARの活動に割き,コンチネンタルは10名をAUTOSAR専属にしていた[7].

プレミアム・メンバーは,WGへの参加権利,WGのリーダー(主査)になれる権利,策定中の仕様の関連情報にアクセスする権利を有する.他方,義務としては年会費17,500ユーロの支払いや[8],「人的要件」として専任者を2名つけることが要求される. AUTOSARは様々なWP (working package)によって構成されており,プレミアム・メンバーには少なくとも専任者2名が異なるWPに参画することが求められている.その他,プレミアム・メンバーは「物的要件」として,自動車メーカに対する部品の提供の経験の有無,技術保有する技術やノウハウ,あるいはIP技術などをどの程度持ち出すことができるか等が点数化され,AUTOSARへの貢献度が総合的に判定されるようになっている.最終的に,コア・パートナーに対するプレゼンテーションがあり,その結果によってプレミアム・メンバーとしてのAUTOSARへの参画の是非が決まってくる (Tokuda, 2007)[9].

ディベロップメント・メンバーには,AUTOSARの技術を車載アプリケーション向けに無償で利用する権利が認められている.また,策定中の仕様関連情報へのアクセス権,WPで協働する権利,無償で他のAUTOSARメンバーの仕様関連知財へアクセスできる権利を有する.これらの権利を有するがゆえに,具体的な貢献としてWPGにおける具体的な開発活動を担うスタッフの派遣が求められる.

会員数でみるとマジョリティになるアソシエイト・メンバーには,進捗中の仕様関連情報へのアクセス権がない.しかし,仕様の最終ドキュメントにアクセスする権利と策定された仕様を利用する権利は与えられている.最後に,アテンディは進捗中の情報や仕様にアクセスできる権利やWPで協働する権利を有する.しかし,パートナーシップに関わる投票権はない.

(2) AUTOSARの組織構造と運営

次にAUTOSARの組織構造と運営の変遷を概観しておく.AUTOSARは,理事会(年2回開催),運営委員会(月1回開催),プロジェクト・リーダー・チー

ム，WP，アドミニストレーション，スポークスパーソンで構成される[10]．仕様策定に向けた AUTOSAR の具体的な活動は，プロジェクトごとに設けられた WP が担っている．WP の下には更に専門的なサブ WP 作られている（図4-4）．

AUTOSAR フェーズ I（2004～2006年）では，標準化の対象領域として，アーキテクチャ，メソドロジ，テンプレートに重点が置かれ，それを実行するための WP が 7 つ設けられた[11]．フェーズ I の活動では，主に BSW を構成する各種コンポーネントの仕様作成を担う WP 4 の活動に関して一定の成果が出たとの評価が多く聞かれた．その一方で，現状とのコンパティビリティを考慮したものから新しい機能の追加に至るまで，パートナー各社での機能の絞り込みに向けた調整が必ずしも上手くいかなかった．そのため，使用するにはオーバヘッドが大きく機能が包括的なソフトウェアになったという評価もあった．また，BSW の上位層の標準化に関しては，フェーズ I では標準化の対象についての考え方に各社間で開きがあることが起因して，WP 10.X から具体的な成果物は出てこなかった（徳田編，2008）．

フェーズ II（2007～2009年）の前半では，フェーズ I の成果の活用とメンテナンス，および仕様の更なる開発，そしてコンフォーマンステスト仕様の定義に焦点が当てられた．並行して，WP の統合や追加がなされるなど組織構造も様変わりした（図4-5）．フェーズ II の各 WP の役割は，WP 1 がソフトウェア・アーキテクチャとメソドロジ＆コンフィギュレーション，機能安全に関わる仕様策定，WP 2 が BSW の補正やコンフォーマンステスト仕様の策定，WP 3 が検証・妥当性検査仕様の策定，WP 5 がリリース（2.X バージョン）のメンテナンス，WP 10 がアプリケーション・インターフェイスの仕様策定であった（フェーズ I の WP 10.5 と 10.6 は統合）．

フェーズ II 後半では，それぞれの WP にサブ WP が追加された[12]．また，それまで穴が開いていた WP 4 が再び設置された．WP 4 は，AUTOSAR 仕様の市場化に対応するために設置された WP である（図4-6）．

こうして各 WP で検討された AUTOSAR 仕様は，システム情報を 3 つのフォーマット（ソフトウェア・コンポーネント，システム制約，ECU リソース）で記述され，設計から実装までのプロセスが実行されていった（図4-7）．

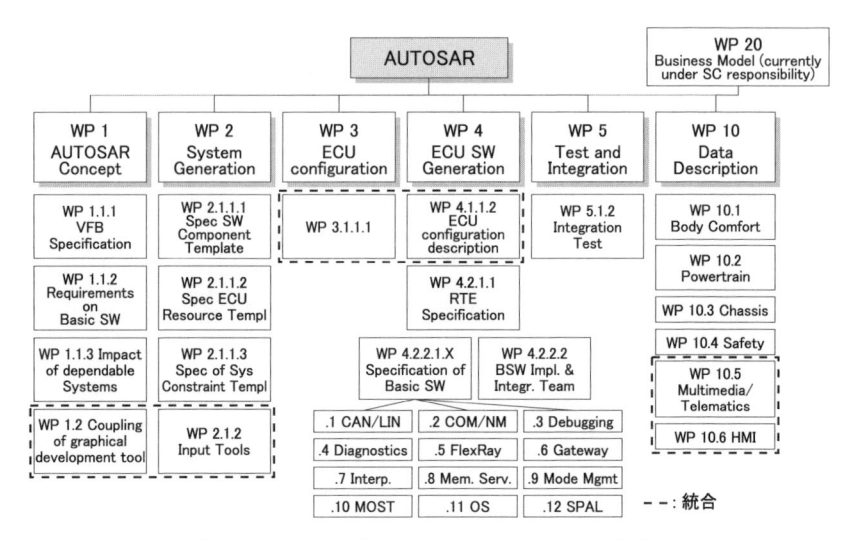

図4-4 フェーズ I の AUTOSAR の WP 構成

出所) 各種資料より筆者作成.

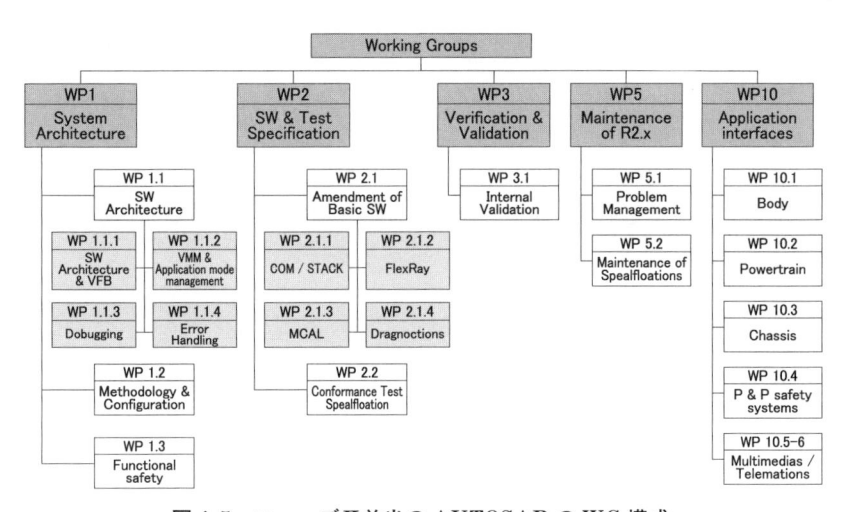

図4-5 フェーズ II 前半の AUTOSAR の WG 構成

出所) AUTOSAR (2006a).

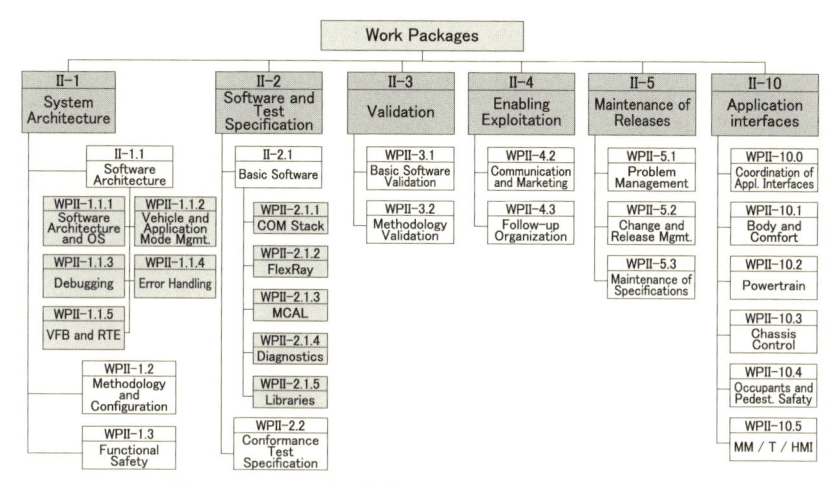

第4章　企業間ネットワークレベルのオープン・イノベーション　145

図4-6　フェーズⅡ後半のAUTOSARのWG構成
出所）Furst（2008）．

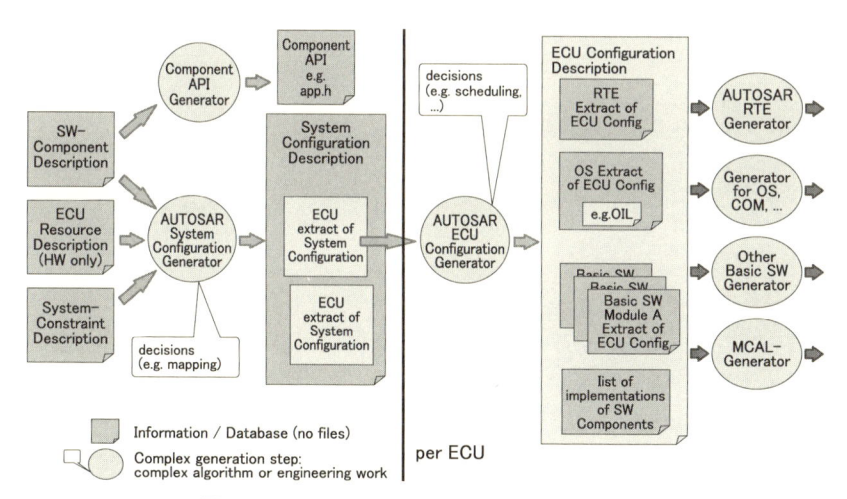

図4-7　システム設計から実装までのプロセス
出所）Scharnhorst. et al.（2005a）．

2　AUTOSARの標準化活動の変遷

2003年の設立以来，AUTOSARはその共同開発活動の成果として6つのリリースを公開してきた（図4-8）．2004年にAUTOSARの基本コンセプトが固まり，翌年，AUTOSARリリース1.0が公開された．その後，AUTOSARではBSWモジュール，RTE実装，AUTOSAR構成コンセプトの実現にリソースが集中され，2006年にリリース2.0が公開された．2007年にはフェーズⅠの集大成として，実用化が可能な初めての仕様となるリリース2.1が公開された．

フェーズⅡのリリース3.0，リリース3.1では，仕様が選択的に追加されると同時に，仕様の成熟化も促進された（Fürst. et al, 2009）．また，最新のリリース4.0には多くの新機能が追加された．現在，AUTOSARはフェーズⅢを迎え，さらなる追加機能の開発と既存のリリースのメンテナンスが継続的に行われている．ここでは，AUTOSARにて策定されたリリース1.0からリリース4.0に至る仕様の仕上がりの足跡をたどりながら，オープン・イノベーションの具体的な作業内容を確認していく．

2-1　フェーズⅠ（AUTOSARリリース1.0, 2.0, 2.1）

フェーズⅠの主要な目的は，AUTOSARのアーキテクチャ，メソドロジ，テンプレートの完全な仕様を作り上げることにあった．その成果として，リリ

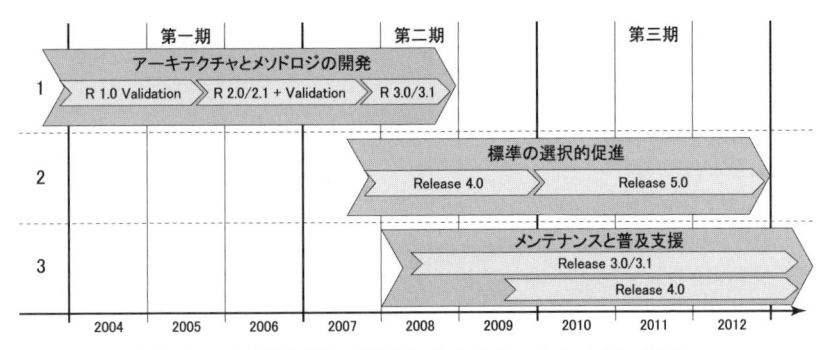

図4-8　AUTOSARが公開した各リリースと今後の計画

出所）Fürst. et al (2009) p.2をもとに筆者作成．

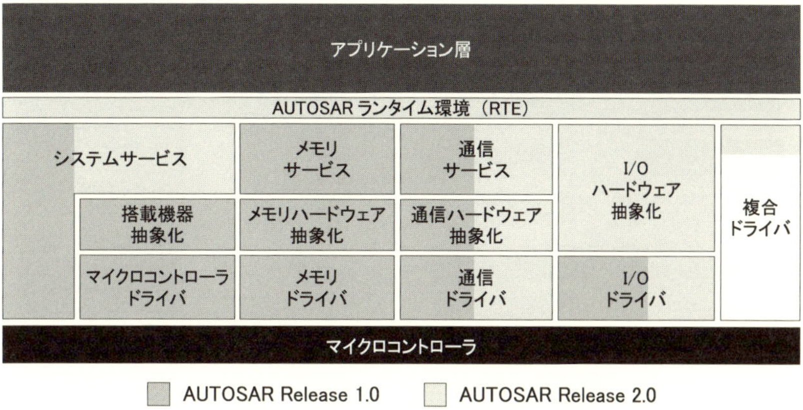

	アプリケーション層				
	AUTOSAR ランタイム環境（RTE）				
システムサービス	メモリ サービス	通信 サービス	I/O ハードウェア 抽象化	複合 ドライバ
搭載機器 抽象化	メモリハードウェア 抽象化	通信ハードウェア 抽象化		
マイクロコントローラ ドライバ	メモリ ドライバ	通信 ドライバ	I/O ドライバ	
	マイクロコントローラ				

■ AUTOSAR Release 1.0　　□ AUTOSAR Release 2.0

図 4-9　フェーズ I における標準化の範囲

出所）Helmut, F. et al（2006）をもとに筆者作成．

ース 1.0, 2.0, 2.1 の 3 つの仕様が策定された．フェーズ I に AUTOSAR が対象とした標準化の範囲をインフラストラクチャのレベルで示したものが図 4-9 である．コンソーシアムのメンバー各社のコンセンサスをとりながら，漸進的に非競争（標準化）領域を拡大させているのが AUTOSAR におけるイノベーションプロセスである．

AUTOSAR のアーキテクチャには，AUTOSAR の BSW と呼ばれる ECU 向けの基本ソフトウェア・スタックがすべて含まれる．これは，ハードウェアに依存しないソフトウェアの統合型プラットフォームである．AUTOSAR のメソドロジは，BSW スタックのシームレスな構成プロセスや，アプリケーションの統合を可能にする交換形式または記述テンプレートのことである．このフレームワークを利用するための実現方法もメソドロジに含まれる．

図 4-10 は，AUTOSAR 仕様の標準化に向けた実装アプローチのフローチャートである．リリース 1.0 は，主に RTE レベル以下の BSW の標準化に関連している．「コンセプト立証（proof of concept）」プロセスを経ることによって，BSW を構成する標準化された個別のモジュールの実装が行われていった．具体的には，AUTOSAR メンバー 14 社が 33 の異なる BSW モジュールで 55 の実装を行い，評価ボードとなる 2 つの異なるハードウェア・プラットフォームのプロタイプ（16／32 ビット）に 55 すべての実装が統合された．ここでプラットフォームの構成は，フリースケールの Star 12 もしくはインフィニオン

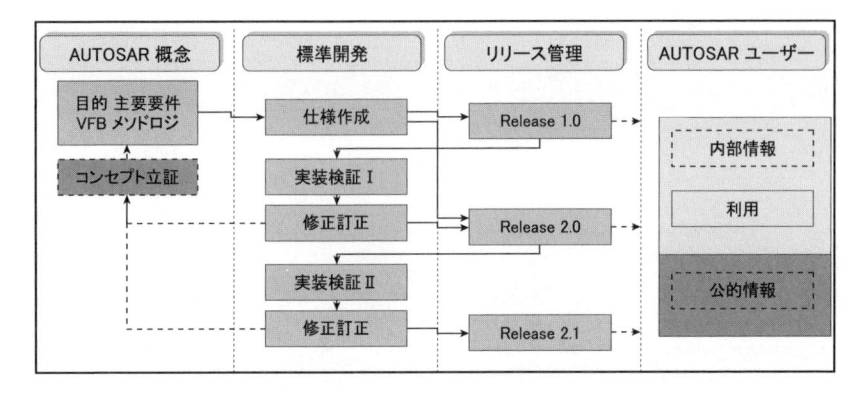

図 4-10 標準化に向けた実装アプローチ
出所) Heinecke. et al (2006) をもとに筆者作成.

の TriCore を載せたマイコンと，フィリップスのコントローラ・ドライバであった．そして，これら実装・統合の結果が仕様の改良に向けてフィードバックされていった（徳田，2007 a）．

リリース 2.0 と 2.1 の焦点は，BSW モジュール，RTE 実装と AUTOSAR 構成コンセプトの実現であった．リリース 2.1 は，コンフィギュレーションの概念を含んだ完全な仕様である．それは，ハードウェア・プラットフォーム上に BSW モジュールを実装・検証した結果が反映されたリリース 2.0 のアップデート版である．ここでは，リリース 2.0 で構築されたモジュールが 2 つのハードウェア・プラットフォームで統合され，これらの検証結果が欠如したすべてのアーキテクチャ要素とともにリリース 2.1 の改良に向けてフィードバックされていった．このように「コンセプト立証」プロセスでは，WP において策定された仕様案の検証を重ねながら，随時必要な追加・訂正が施されていった．このプロセスは，以後のリリース公開にあたっても同様に繰り返されている（Furst. et al, 2009）．

2-2 フェーズⅡ（AUTOSAR リリース 3.0, 3.1/3.2, 4.0）

フェーズⅡでは，フェーズⅠで開発された仕様の継続的な改善と新たなコンセプトの導入が図られた．その成果は，3 つのリリース（3.0, 3.1, 4.0）として公開された．リリース 3.0 では，リリース 2.1 に対する数多くの改善と修正が反映された．リリース 3.1 では，車載故障診断装置（OBD）Ⅱ規格をサポー

トするメカニズムが統合された．フェーズIIの最終成果となるリリース4.0には，安全や通信に関する新たな機能やコンフォーマンステスト仕様が追加された．定義されたコンフォーマンステスト仕様の確立は，コンポーネント間，階層間，モジュール間のインターフェイスの質に影響を及ぼすものであり，市場化段階におけるAUTOSAR準拠製品の信頼性の保証に不可欠の仕様である．以下ではFürst（2009）に基づいて，各リリースの成果を振り返っておこう．

フェーズIIの主要な開発・標準化の分野は，AUTOSARのアーキテクチャ，メソドロジ，アプリケーション・インターフェイス（AI）であった．全ての分野に適用できる典型的な車載アプリケーションのインターフェイス仕様は，共通のシンタックスやセマンティックスに基づいており，これらはアプリケーションの作成基準として供される．

リリース3.0は，158のドキュメントによって構成されている．リリース2.1に対して，仕様全体の30％について大幅な改善がなされ，10％は全く新しい内容を含む仕様になった．リリース3.0では，パワートレイン，シャーシ領域において標準化されたアプリケーション・インターフェイス仕様が利用可能である．また，ボディ領域においても標準化されたアプリケーション・インターフェイスの数が増え，全領域の解説書も用意された．そのほか，標準の品質を改善するために仕様全体で500以上の変更要求が検討・処理された．それでは，AUTOSARリリース3.0の到達点をアーキテクチャ，メソドロジ，アプリケーション・インターフェイスの順にみておこう．

(1) **AUTOSARリリース3.0**

BSWとRTEからなるAUTOSARアーキテクチャにおける成果は，以下の4点である．

① AUTOSAR階層アーキテクチャを49のモジュールに分割
② アーキテクチャと機能の高い安定性の実現
③ BSWスタックの商用版のリリース
④ ウェイクアップおよびバスステート管理のコンセプト提示

これらの成果によって，アーキテクチャは高いレベルの成熟度に到達した．また，ECUのウェイクアップとスタートアップに大幅な改善が施され，ネットワーク起動の構想を標準化してCANやLIN，FlexRayのステートマネージャの導入が可能になった（図4-11）．

次に，AUTOSARメソドロジに関してリリース3.0の到達点は以下の3点

である.

① システム・アーキテクチャ,設計,ソフトウェア・コンポーネントなどのテンプレートとして,E/Eシステム・アーキテクチャを記述できるようにしたこと
② 新しいBSWモジュール記述テンプレートを作り,実装/構成方法を改善したこと
③ システムテンプレートがすぐに使用できるように,FIBEX (Field Bus Exchange Format) Formatに統合を進めていること

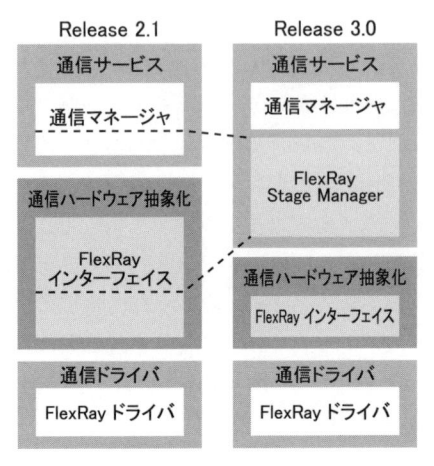

図4-11 通信スタックの進化(例:FlexRay)
出所) Fürst et al. (2009)をもとに筆者作成.

最後に,AUTOSARのアプリケーション・インターフェイスに関してリリース3.0の到達点は,以下の3点である.

① ボディ,シャーシ,パワートレイン,HMI(Human Machine Interface)およびマルチメディアの分野で,アプリケーション・インターフェイスを初めて車両全体で統合したこと
② 追加のインターフェイス仕様に対応する統合手順が作成されたこと
③ 800ポートおよび300インターフェイス以上の標準化が図られたこと[14]

自動車のすべての機能性を網羅するために,フェーズⅡにおいてAUTOSARでは標準化の対象となるアプリケーション・インターフェイスの領域に2つの新しいドメインが加えられた.すなわち,テレマティクス/マルチメディア/HMI及び乗員と歩行者の安全性のドメインである.さらに,パワートレイン,シャーシ,そしてボディと快適性のドメインを持つアプリケーション・インターフェイスが統合の第一段階に到達した.

AUTOSARでは,ソフトウェア・コンポーネントのすべてのインターフェイスではなく,一般によく使用されているものだけが標準化される.複数の自動車メーカにまたがるソフトウェア・コンポーネントの再利用を容易にするため,パートナー間で合意されたアプリケーション・インターフェイスについて

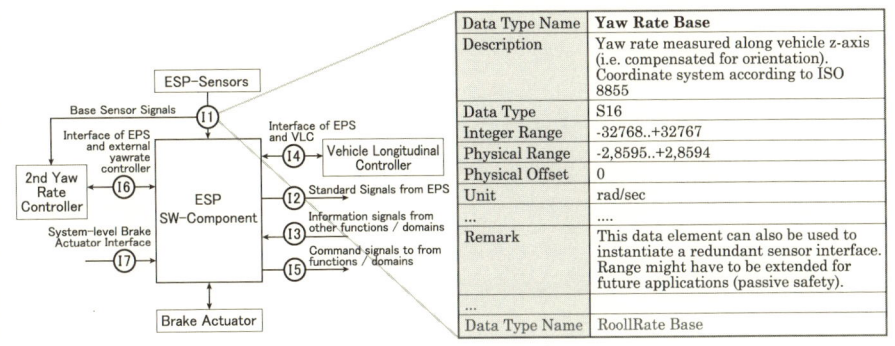

システムレベルでのアプリケーションインタフェースの標準化（ESPシステム，シャシードメイン）

図4-12　アプリケーション・インターフェイスの標準化

出所）Mössinger（2008）.

のみ標準化が進められている（例：図4-12）．

（2）AUTOSARリリース3.1/3.2

　2008年に発表されたリリース3.1は，リリース3.0の限定的拡張版である．リリース3.1には，AUTOSARのBSWモジュールに，はじめて車載故障診断装置（ODB）の実装規定が定義された．車載診断装置は，1980年代後半にカリフォルニアで初めて導入された．その主要なタスクは，車両走行中のすべての排気ガス関連データを監視し，運転手に基準からのズレを知らせることである．同様の規制が欧州と日本にも存在するが，リリース3.1では，それら多様なOBD規格（OBD II，欧州OBD，日本OBD）が網羅されている．くわえて，2011年には，通信スタックとネットワーク機能をアップデートさせたリリース3.2が発表される．

（3）AUTOSARリリース4.0

　リリース4.0では，アーキテクチャとメソドロジに関する新しいコンセプトが導入された．加えて，BSWのコンフォーマンステスト仕様がモジュールレベルで規定された．

　リリース4.0に導入された新しいコンセプトは，機能安全，アーキテクチャ，通信スタック，テンプレートの領域における技術的・機能的改善と拡張の追加である．機能安全については，AUTOSARが安全関連のアプリケーションをサポートしていることや，それらアプリケーションが策定中のISO 26262（自

動車分野向けの機能安全規格)と深くかかわってくることから,リリース4.0の仕様には機能安全コンセプトが盛り込まれることになった.通信スタックについては,デファクト標準になっている通信プロトコルLINやFlexRayの最新バージョンとの整合が図られることになった.また,メソドロジとテンプレートが重点的に改善された.それは,ECU設定パラメータの統一,測定およびキャリブレーションの強化,ECUリソース・テンプレートの更新,FIBEX標準との整合性の向上を図るためである.

リリース4.0には,AUTOSARによって標準化された多数のアプリケーション・インターフェイスが盛り込まれている.具体的には,ボディとコンフォート,パワートレイン,シャーシ,乗員と歩行者の安全およびHMI,テレマティクスおよびマルチメディアの車両に関する5つの領域すべてのアプリケーション・インターフェイスが標準化の対象である.標準化されたアプリケーション・インターフェイスの利用は,アプリケーション再利用のカギである[15].

最後に,AUTOSARコンフォーマンステスト仕様を見ておこう.AUTOSARコンフォーマンステスト仕様は,BSWの実装にあたってAUTOSAR仕様に対する準拠確認やサプライヤに対する関連証明書類の発行のためにテストを行うエージェントによって利用される.3章でも述べたように,この仕様を満たすことによってAUTOSARの商標が付与される.商標が付与された製品は,SWの相互接続性・再利用性・移動性・スケーラビリティを担保し得るものとして市場で流通していくことになる.AUTOSARで策定されているコンフォーマンステスト仕様がTTCN-3[16]において部分的に明示されているように,AUTOSAR単独でコンフォーマンステスト仕様の標準化活動が行われているわけではない.AUTOSARにおけるコンフォーマンス仕様の策定は,TTCN-3,ISO 17025,ISO/IECガイド65といった欧州で使いこなされてきた標準との整合を図りながら,それら標準を巻き込む形で進められているのである.

2-3 フェーズⅢ(AUTOSARリリース5.0)

フェーズⅢでは,リリース5.0へとつながるリリース4.0の品質向上・成熟化と新技術や市場動向に合わせた継続的拡張,そして統合コストを低減するために一連のリリースごとの互換性を高めることが焦点となる.具体的にAUTOSARでは,AUTOSAR仕様の市場での流通をサポートするための

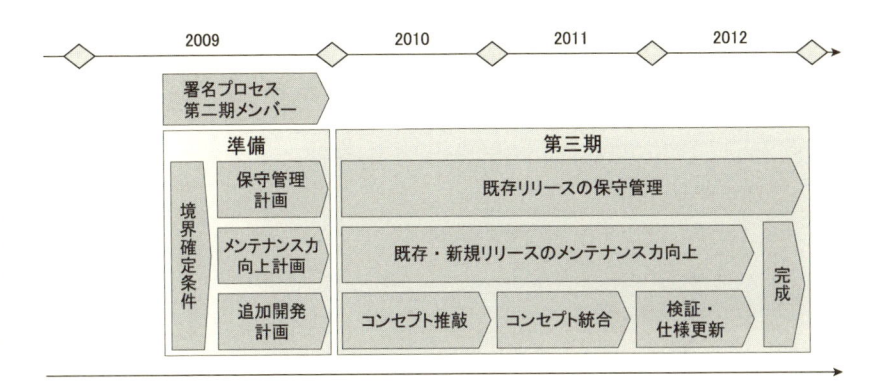

図4-13　フェーズⅢのスケジュール

出所) Fürst, et al. (2009) p. 12をもとに筆者作成.

「既存リリースの保守・管理」，「既存リリースと新規リリースのメンテナンス力の向上」，そして継続的拡張に向けた「標準への新規仕様の選択的追加と既存仕様のアップデート」を活動の3つの柱に据えている（図4-13）.

リリース4.0の継続的拡張にあたっては，コア・パートナー全社とプレミアム・メンバー，開発メンバーに具体的な追加項目の作成の基となるコンセプトの洗い出しと提案への参加を呼びかけ，2010年中に合同でコンセプトを策定する．ここでは，可能な限り下位互換性を確保すると共に，コンフォーマンステスト仕様を含む互換性情報が提供・確認できるように追加項目が設定されることになる．

商用化される技術一般がそうであるように，AUTOSARの仕様に盛り込まれる技術もまた市場動向に適合したものが望まれる．そのため，フェーズⅢではAUTOSARの組織も市場に柔軟に対応可能なように改編される．それは，フェーズⅢを通じて継続的にAUTOSARのアーキテクチャやシステム全般を担当する技術エキスパート・グループ（technical expert group）の常設と，市場の動向に柔軟に対応できるように，特定のモジュール仕様の開発および保守を担当するワーキング・パッケージ（WP）の設置である．

リリース5.0に向けた技術上のターゲットは，BSWアーキテクチャとモジュールについて以下の6項目が設定されている．

① 新規ハードウェアのサポート，AUTOSARとマルチメディア系アプリケーション間の相互接続性など新しい機能の追加

② インターネットプロトコルを基盤としたネットワークとの相互接続の促進や MOST のインターフェイスの追加など，既存リリース 4.0 の通信メカニズムの拡張
③ ECU および BSW モジュールレベルでの効率的なエネルギーマネジメント手法の開発
④ マルチコア・プロセッサのサポート
⑤ 機能安全のサポート
⑥ 診断機能の改善・拡張

メソドロジとテンプレートについては，以下の 4 項目である．
① 既存のメソドロジとテンプレートを基礎とした新機能の追加
② 既存の機能性の改善
③ 開発ツール間の相互接続の簡素化に向けた改善
④ BSW 向けに規定される新機能のサポート

アプリケーション・インターフェイス仕様やコンフォーマンステスト仕様についても，追加的なアプリケーションをサポートするために改善・拡張が継続的に行われる．そのほか，AUTOSAR メンバーの一部が新たに企業間ネットワークレベルのオープン・イノベーション・システムを形成して，AUTOSAR のメソドロジとテンプレートを考慮したツールが開発されている（例：ARTOP[17]）．いわゆる"マトラボ・シムリンクはずし"と言われるような，米国製に対抗する欧州発のツールチェーン開発も，AUTOSAR の活動と連動しながら進められている．

3　市場化の段階に向かう AUTOSAR 仕様

前節まで"標準で協調する"側面に着目しながら，AUTOSAR の標準化活動の概要を辿ってきた．本節では，"実装で競争する"側面に着目して，開発段階から市場化の段階に入りつつある AUTOSAR のオープン・イノベーションの動向を把握しておく．

3-1　ドイツ自動車メーカの動向

図 4-14 は，ドイツ自動車メーカ各社の AUTOSAR 仕様の利用状況と見通しを示している．AUTOSAR の利用に対するスタンスは各社各様であるが，

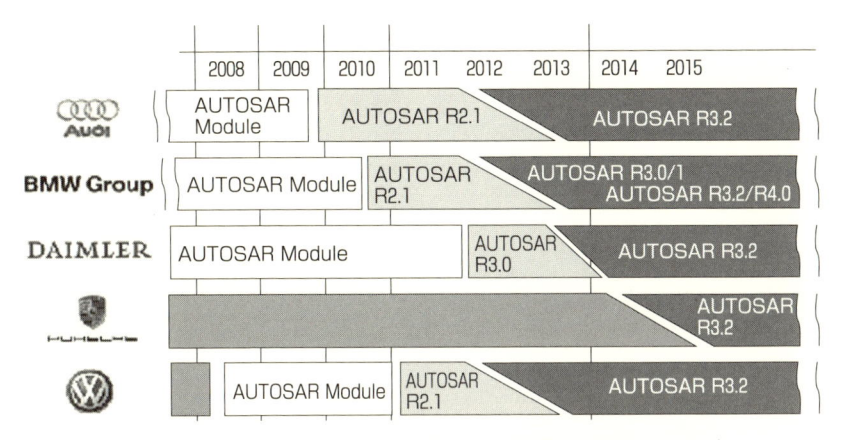

図4-14　AUTOSAR仕様の利用状況と見通し（2008～2015年）
出所）Audi/Daimler, Vector Congress, 2010.

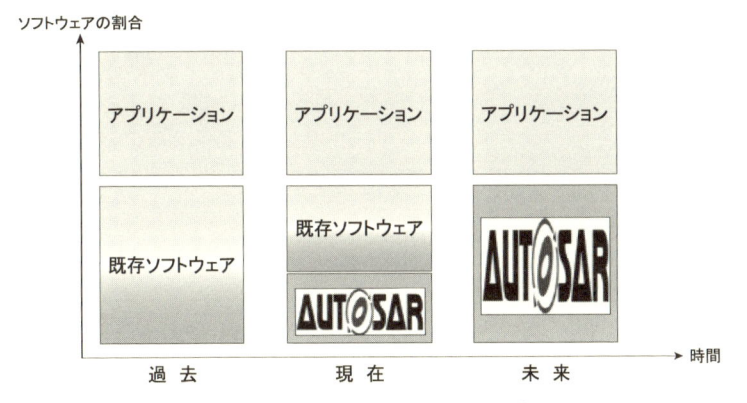

図4-15　BSWのAUTOSAR化
出所）筆者作成.

　リリース3.2については，すべてのパートナーが自社の技術ロードマップに位置付けている．

　もちろん，"Full AUTOSAR"としてBSWモジュールやアプリケーション・インターフェイス全体のAUTOSAR化が一気に進むというわけではない．既存ソフトウェア資産との整合・干渉を考慮して，特定のドメインに限定してAUTOSARのアーキテクチャが導入されたり，当初はRTEが限定的に導入され，次いで通信スタックなどのいくつかのモジュールでAUTOSARの

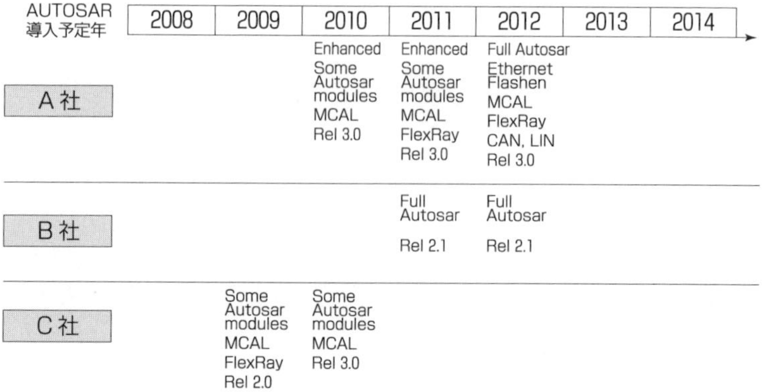

AUTOSAR導入予定年	2008	2009	2010	2011	2012	2013	2014
A社			Enhanced Some Autosar modules MCAL Rel 3.0	Enhanced Some Autosar modules MCAL FlexRay Rel 3.0	Full Autosar Ethernet Flashen MCAL FlexRay CAN, LIN Rel 3.0		
B社				Full Autosar Rel 2.1	Full Autosar Rel 2.1		
C社			Some Autosar modules MCAL FlexRay Rel 2.0	Some Autosar modules MCAL Rel 3.0			

図 4-16 ドイツ自動車メーカによる AUTOSAR 仕様の利用

出所）ルネサステクノロジ提供．

BSW が選択的に利用されたりするなど，その歩みは漸進的なものになる（図4-15）．

また，徐々に車載組込みソフトウェアの AUTOSAR 化が進展していくとしても，その進捗度や程度，利用の仕方は，各社の製品戦略によって大きく変わってくる．たとえば，コア・パートナーである同じドイツの自動車メーカであっても，"Full AUTOSAR" の時期を明確に定めているものもあればそうでないものもある．同じ "Full AUTOSAR" であっても，その基盤となるリリースのバージョンが異なっている（図4-16参照）．具体的に，BMW は 2011 年モデルの Platform L7 に AUTOSAR Rel. 2.1 仕様のソフトプラットフォーム "SC 7" を採用している．ここで Platform L7 に使われる新規の ECU は，すべて AUTOSAR 仕様になる．また，ダイムラーベンツは，2012 年モデルの SLP 9 で AUTOSAR リリース 3.0 を全面的に採用する．

AUTOSAR の導入は自動車メーカに限らない．システムサプライヤのボッシュは，インドの子会社にて AUTOSAR 準拠の BSW（CuBAS：キューバス）を開発済みで，自社のみならず他社への外販を始めている．他方，コンチネンタルもエンジニアリング・サービス部門（Continental Engineering Services）が AUTOSAR 準拠ソフトウェアの外販やツールの開発ほか，AUTOSAR 対応のエンジニアリング・サービス事業に乗り出している（Continental Engineering Services, 2010）．

そのほか AUTOSAR の利用の仕方にかかわって，高級車向けのみならず大

衆車にも AUTOSAR 仕様の ECU を搭載すべく，メモリ容量が小さくて安価な部品で済む（たとえば 16 ビットマイコンで使える）"ローエンド版"の製品化も同時に進められている．このことは，今後拡大が予想される BRICs の自動車市場への進出をにらんだ場合，AUTOSAR 仕様の適用によって得られるメリットが先進国市場にとどまらずグローバルな規模で発揮される可能性を想起させる．

3-2　日本・アジア勢の動向

　国内メーカに目を転じるならば，これまで AUTOSAR 加盟の自動車メーカ各社とも JasPar での活動を通じて AUTOSAR 準拠の SW プラットフォームの開発を進めてきた．具体的には，JasPar のソフトウェア WG が主体となり AUTOSAR の SW プラットフォームの性能を把握するためのベンチマーク SW を作成し，測定基準の標準化を図ってきた[18]．また，コントローラ実装時のソフトウェア（リソース，移植性）やソフトウェア開発環境の評価項目について，経済産業省の支援を受けたプロジェクトが主体となって評価基準の標準化が図られてきた[19]．2010 年には活動成果として"JasPar 版 AUTOSAR"を搭載した試作車が発表された[20]．これは，AUTOSAR リリース 3.0 の評価・検証をベースに，安全系，ステアリング系，ITS 系のアプリケーションが統合された JasPar 仕様の BSW である．また"JasPar 版 AUTOSAR"対応のソフトウェアを自動生成するツールもイーソルとチェンジビジョンによって同時に開発された．いよいよ国内市場においても，AUTOSAR 仕様の市場化の第一歩が踏み出されたことになる．

　その他アジアメーカについては，新興国自動車メーカ（中国，インドなど）は，既存のソフトウェア資産との整合性や互換性を考慮する必要が少なく，ゼロから自社のアプリケーション構成を始めても問題がない．そのため，先進国メーカが既存のソフトウェア資産との整合を図りながら"漸進的"に AUTOSAR の導入と市場化を進めていかざるを得ないのとは対照的に，しがらみが無い分，新興国メーカは"急進的"にその導入と市場化を図っていくことになるであろう．現に 2010 年以降，インドのタタや中国の SAIC，FAW，奇瑞などが AUTOSAR に加盟していることからも，新興諸国における AUTOSAR の導入が図られていくものと予想される．

3-3　EV（電気自動車）と AUTOSAR

前節でみてきたように，AUTOSAR フェーズⅢのリリース 5.0 作成に向けた技術上のターゲットには，BSW アーキテクチャとモジュールについて効率的なエネルギーマネジメント手法の開発が含まれてくる．2 章で考察した超国家レベルのオープン・イノベーションの事例 ARTEMIS と関わって，EV のネットワーク化という観点から，EV のコンポーネント間の各種インターフェイスの標準化や，EV と社会基盤，生活インフラ間のインターフェイス標準化の影響も考慮しておかなければならない．メータ，ライト，エアコン，ウィンドウなど比較的簡易なシステムから，従来のガソリン車やディーゼル車の動力系（エンジン）では難しかったバッテリやインバータのアプリケーションまでもが AUTOSAR に載ってくるようになると，ECU と構造上セットになっているモータ，インバータ，バッテリの制御ソフトウェアの開発プロセスが，アプリケーションとハードウェアの分離によって大きな影響が及ぼされることになるかもしれない（図 4-17）．他方，EV がスマートグリッド社会のいちコンポーネントとして車外インフラとネットワーク化されていくことになると，相互接続性・運用性とその安全性の観点から，社会インフラとのインターフェイス

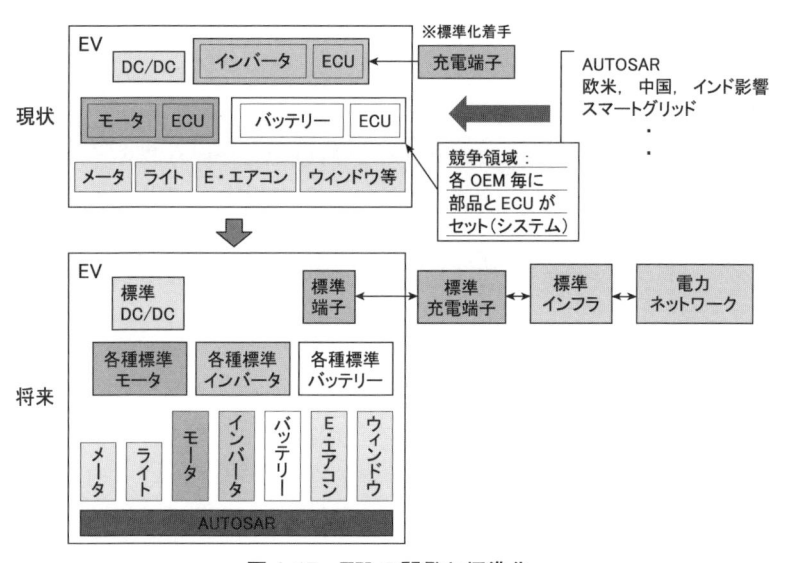

図 4-17　EV の開発と標準化

出所）　JARI 自動車電子システム調査 WG（2010）．

の標準化が課題になってくる．インターフェイスが，欧米，日本，アジア等地域レベルで標準化が図られていくのか，あるいはグローバルに標準化されていくのか，はたまた同じ地域であっても，たとえば日本では"新たに構成されるケイレツ"毎に標準が乱立するのか．標準化の動向によっては，インターフェイスが市場を分断する参入障壁になり兼ねないし，逆に市場取引を促進する制度にもなり得る．

4　AUTOSARの経済的メリットと自動車産業に与える影響

　前節まで，"標準で協調""実装で競争"の両側面からAUTOSARの取り組みを概観してきた．本章の最後に，AUTOSAR仕様の標準化による経済的メリットと，それが自動車産業に与える影響を考察しておく．

　繰り返し言及してきたように，AUTOSARは組込みソフトウェアのハードウェアとソフトウェアの間にインターフェイスを設けて，その汎用性を高めることによって，使用されるハードウェアに依存しないアプリケーションの開発を促す（図4-18）．

　標準化によるローカル性（各自動車メーカ，各車両，各世代，各ドメイン，各ハードウェアにカスタマイズされたソフトウェア開発）の解放によって，複数のECU上でアプリケーションの再利用が期待できるし，BSWやハードウェアが最小限のバリエーションで済む．逆に，1つのECU上に様々なアプリケーションを載せることができるようになれば，理屈の上では1つのECUで複数の異なる機能の実現も自由自在である．その結果，ソフトウェア（あるいは組込みシステム全体として）の開発効率の向上（再開発コストや検証コストの削減）[21]や，省スペースの実現が期待できる．また，標準化によってアプリケーション層とインフラ層（BSW）を担う企業の分業化が促進される．これにより，分業に基づく専門化のメリットを活かしてアプリケーション層におけるイノベーションの促進やインフラ層の品質の向上が期待できる．

　さらに，概要設計から検証に至るソフトウェア開発プロセスやメソドロジの標準化は，たとえば多くのソフトウェアベンダや各種のツールを動員する開発プロセスにおいて，自動車メーカからの仕様が正確に伝わらないリスクや，開発プロセスの各段階で受け渡される仕様の互換性が担保されず，仕様に込められた上流工程の意図が下流工程へ正確に伝達されないリスクを軽減する．その

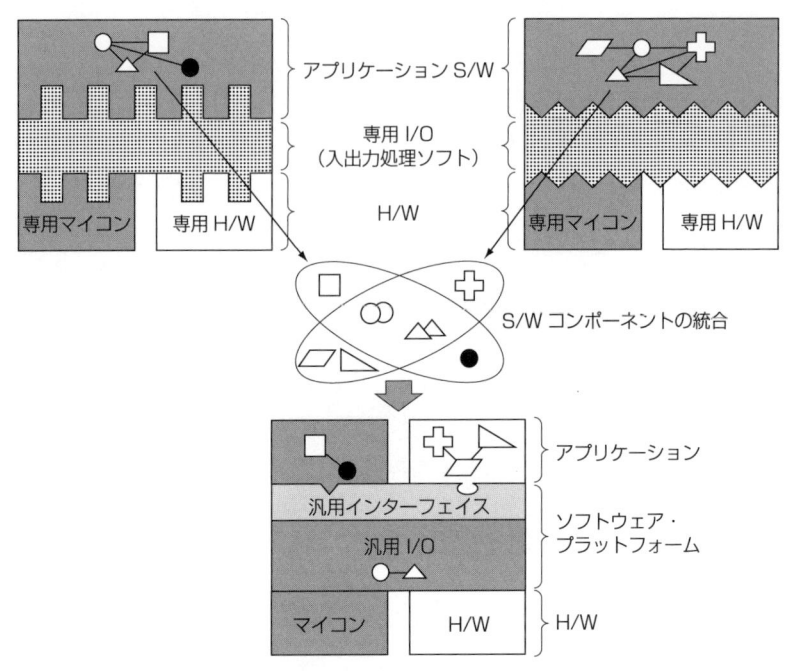

図 4-18 ハードウェアとソフトウェアの分離

出所) 筆者作成.

結果,仕様レベルの不具合による手戻りコストや複数サプライヤの ECU を統合する際に生じるコストを削減することが期待できる.

　それでは,AUTOSAR 仕様の導入によって,自動車産業にはどのような競争環境の変化が生じるのだろうか.次節で述べるように,AUTOSAR は既述のような様々な経済的なメリットをもたらすだけではない.それは,様々な経済的メリットをもたらすがゆえに,関係各社の製品市場戦略は言うに及ばず,既存のビジネスモデルやビジネスパートナーとの関係の再構築を迫り,グローバルなレベルでの水平的な市場競争の構造や産業内部における垂直的な利益配分の構造に大きな変容を迫る.

4-1 "ボトム・オブ・ピラミッド"への対応

　前節でみてきたように,アジアの新興自動車メーカは既存のソフトウェア資産との整合性や互換性を考慮する必要が少ないため,AUTOSAR 仕様を積極

第4章 企業間ネットワークレベルのオープン・イノベーション　161

```
                従来の見方

        トップ オブ ピラミッド
         （先進国市場向け）
              OEM              高付加価値セグメント対応の
                               インタフェース接続性・互換性向上
          タテの調整強化            Telematicst
                              Safety    Environment
           AUTOSAR
         SW プラットフォーム
           のオープン化
                                         Affordable Cars

        ボトム オブ ピラミッド
         （新興国市場向け）
     エントリクラス向けソフトウェア・アーキテクチャの
         オープン化と知的財産の管理
```

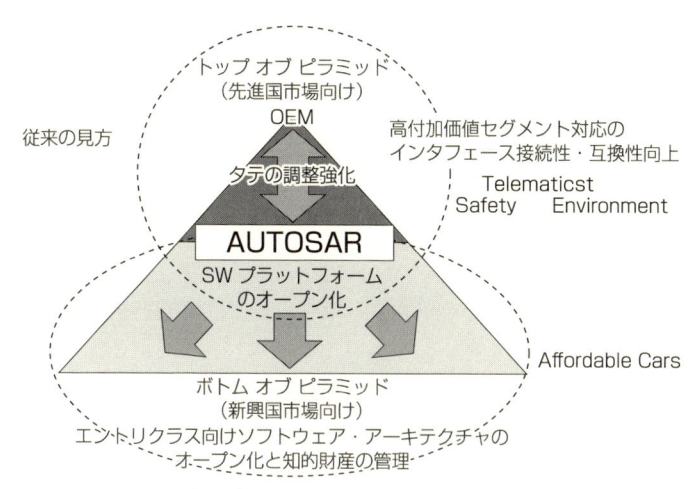

図 4-19　自動車メーカの製品市場戦略と AUTOSAR
出所）筆者作成．

的に活用していくことが予想される．製品市場戦略に関わって，この場合の市場セグメントは，いわゆる"ボトムないしベース・オブ・ピラミッド（Bottom or Base of Pyramid）"と呼ばれるコスト・リーダーシップ戦略がものを言う低価格セグメントになるであろう（図4-19）．したがって，BoP 市場における AUTOSAR 仕様の市場化のシナリオは，高級車よりも中・低級車セグメント，さほどイノベーティブでないアプリケーションで事足りる途上国向け大衆車での導入ということになる．あるいは，車両全体としての精密なインテグリティはさて置き，コンフォーマンステスト仕様を満たしたソフトウェアモジュールを取りあえずは組み合わせてみた程度の仕上がりの自動車で導入が拡がっていく．否むしろ，他の産業の経験から導かれるように，オープンな標準ソフトウェア・アーキテクチャを目指す AUTOSAR の本来の目的に照らすのであれば，そのような製品市場セグメントこそ，ソフトウェアビジネスの旨みが発揮されると容易に推察することができる[22]．

また，AUTOSAR 非加盟の新興諸国自動車メーカの中には，たとえばボッシュのようなシステムサプライヤから AUTOSAR 準拠 SW プラットフォームの供給を受けて市場に参入する企業も現れてくる．この場合，ボッシュはかつて通信プロトコル CAN でデファクト標準を獲得したように，ボッシュの AUTOSAR 準拠 SW プラットフォームの普及に努めるであろう．というのも，

ボッシュはCANの普及プロセスにおいてESP（エレクトロニック・スタビリティ・コントロール）をキラーアプリケーションとして「エンジン側もCANで対応してもらえればボッシュ製品でなくてもかまわない」という売り方をした．「ESPはCANがなければ動かせない」という手法をとることによって，最初はコンバーターなどをつけて独自の通信プロトコルと組み合わせてきた日本企業がCANを使用するようになっていったのである（田村・徳田, 2006）．同じように，AUTOSARでも"同セグメントにとって魅力的"なアプリケーションを投入する際，「我が社のSWプラットフォーム（CUBUS）を使ってくれれば，いかなるコンポーネントを繋いでもらってもかまわない」という手法をとることによって，アプリケーションは言うに及ばず自社のSWプラットフォームのプレゼンスを同セグメントで高めていこうと考えるであろう．この場合，ソフトウェアの販売や仕様のコントロール，知財の管理こそが同セグメントにおけるボッシュの主要なビジネスになる．しからば，このようなビジネスモデルはソフトウェア開発とハードウェア開発の企業間分業を促進する．と同時に，マイコンの標準化が進めばセンサやアクチュエータなどコンポーネントのコモディティ化も促進する可能性がある．

　同市場セグメントにおいて新興自動車メーカとの競争にもさらされるAUTOSAR加盟の先進国自動車メーカは，メモリ容量が小さくて安価な部品で済むSWプラットフォームを用意し，そこにアプリケーションを選択的に載せていくことになる．拡大するBoPも視野に入れて，仮に今よりも2倍の自動車をグローバルに販売していくことを考えるのならば，AUTOSAR仕様を活用しない手はない．この場合（勿論，同市場セグメントに限ったことではないが），社内でどの程度，車種ごとに異なるSWプラットフォームを標準化して，アプリケーションの再利用の可能性を高めてスケーラビリティを発揮していこうとしているのか．その意思決定の内容とタイミングが，AUTOSAR導入の効果の大きさを左右するポイントになってくる．

　また，AUTOSAR準拠ソフトウェアの成熟化を促進してインターフェイスの安定化が実現されるようになれば，あるいは要件定義がすでに厳格で基本性能を単体で実現するボディやシャーシの領域では，自動車メーカ（特に欧州の自動車メーカ）は概要設計をしっかりコントロールしつつ，そのほかの設計やコンポーネントの開発は完全にアウトソースする方向に進んでいくことが予想される．しかもそのアウトソース先は，これまでとは全く異色のサプライヤにな

ることもあるであろう．同市場セグメントにおけるAUTOSARの導入は，サプライヤとの関係性を大きく変える可能性がある．

4-2 "トップ・オブ・ピラミッド"への対応

他方，"トップ・オブ・ピラミッド"をターゲットとする高付加価値セグメントにおいては，AUTOSARを使った様々な先進的アプリケーションの商品性を巡って競争が展開されることになる．特に先進的アプリケーションが複数のECUやソフトウェア・コンポーネントとの連携によって実現される場合，統合した際の安全性や信頼性確保の観点から，それらインターフェイスの相互接続性を確実なものに作りこむべく，"そのプロセスにおいては"自動車メーカはサプライヤとの関係を強めていくことになる．それは，ソフトウェア開発プロセスを"見える化"するための標準を活用するプロセスで見られるであろう．あるいは，検証を含めた下流プロセスへの関与を深めたり上流プロセスへの形式的な手法を導入したりするプロセスで進んでいくであろう．ここでは，これまで"トップ・オブ・ピラミッド"へ自動車を投入してきた先進諸国の自動車産業が，AUTOSAR仕様の導入によって受ける影響を考察する．AUTOSAR仕様の導入は，自動車産業内部における垂直的な利益配分の構造を一変させる可能性がある．[23]

自動車の開発プロセスに占めるソフトウェア開発の依存度が急上昇したことによって，ECUに代表される組込みシステムのブラックボックス化が懸念されるようになっている．機械部品もまた長い自動車産業の歴史の中でサプライヤ側に技術の蓄積が進んではいるが，ソフトウェア開発をともなうECUのブラックボックス化の問題はより深刻である．日本では自動車メーカのほとんどが，本格的なソフトウェアの開発経験を持たない．特に詳細設計から検証プロセスに至っては，完全にサプライヤのケイパビリティに依存している．そのため，組込みシステムに対するコスト査定のみならず，組込みシステム全体の品質管理が機械部品のそれと比較して十分に機能していない．その結果，機械部品の取引がメインであった時代と異なり，自動車メーカのサプライヤに対するバーゲニングパワーが相対的に低い状況にある．

このような状況は，ボッシュやコンチネンタルのような独立系システムサプライヤとの取引が多い欧州自動車メーカにとっても同様である．4章で触れたように，システムサプライヤを外してHIS（Hersteller Initiative Software）が

2001年に設立された背景には，設立当初のメンバーであるドイツの自動車メーカ5社による技術のブラックボックス化に対する危惧があったことは想像に難くない．だからこそ，このような状況を憂慮した自動車メーカは，AUTOSAR仕様を戦略的に活用しながら自らソフトウェアハウスやツールベンダとともにSWプラットフォームを開発して，特定のシステムサプライヤやマイコンメーカに依存する状況に終止符を打とうとするのである．いわば，RTE以下のレイヤの"非競争領域化"による付加価値配分の掌握が，自動車メーカの狙いの1つである．これが，AUTOSARがトップダウンかつツール前提の開発メソドロジを持つ所以である．

他方，自動車メーカにとって"非競争領域"化してしまいたいRTE以下のレイヤは，システムサプライヤや半導体メーカ，ツールベンダにとっては"競争領域"にほかならない．もちろん"競争領域"に分け入りキラーアプリケーションをもって付加価値を高める戦略もあるが，"非競争領域"において如何に競争優位を獲得していくことができるのか．"非競争領域"においてサプライヤが競争優位を獲得するには，次の2つのオプションがあり得るだろう．1つは，実装局面において「差別化要因を"非競争領域"に確保する」戦略，もう1つはAUTSOARで標準化された「"非競争領域"の各種仕様を効率的に使いこなす」戦略である．

前者は，コンプレックスドライバに入れてしまわざるをえないようなモジュール化できない複雑なアーキテクチャを残しておいたり，自動車メーカの細かいニーズに対応するいわば御用聞きに徹する従来型の差別化戦略である．この場合，"ローカル"な差別化要因のコストを抑える取り組み（アーキテクチャの位置取りとして「中モジュラー・外インテグラル」）がサプライヤにとって必要になってくる．インテグラルなアーキテクチャであっても，企業内ではできるだけコンポーネント間の相互依存を解放して"中モジュラー"化していく取り組みが必要になってくるであろう．

後者は，たとえばAUTOSARで標準化されているメソドロジを利用して"非競争領域"を効率的に構築する戦略である．この場合，相互調整不要な効率的なシームレスなツールチェーンを構築するために上流の自動車メーカと連携してタスクの分割とその確実な統合を図ったり，利用するツールと川上・川下で接続されるツール間のインターオペラビリティを確かなものにしたり，設計の上流プロセスにおける欠陥を減らすべく形式的な手法の導入に向けて大学

の科学的知識を利用するなど，社内外のビジネスパートナーと連携していくことが必要になってくる．また，標準化された仕様をうまく使って開発プロセスを明確に定義し，作成する文書，作業の管理を厳密に行う方法，プロセス管理を効率的に行っていくことが必要である．標準を利用して，高信頼かつ均質で汎用性の高いBSWや開発プロセスをいかに効率よく構築することができるかが，競争優位のカギになる．

いずれの戦略をとるにしても，インターフェイスの標準化が進む仕組みの中で，"非競争領域"においていったん競争優位を獲得することができれば，従来の取引の枠組みをこえた納入先の拡大が期待できる．とりわけ日本市場への参入を目指す外資サプライヤにとっては，従来の系列の壁をこえて納入先を拡大する絶好の機会と位置づけられる．同様の文脈で，国内のサプライヤにとってもグローバルなレベルで規模と範囲の経済性を実現する機会を拡大することが可能になる．[24]

注
1) このような業界大の企業横断的な既存コンポーネントの統合や新規追加によって仕上がっていくAUTOSAR仕様は，最小共通分母（smallest common denominator：独語リリースではkleinste gemeinsame Nenner）による手法でなく，すべてのパートナーが将来の開発プロジェクトをより効率的に取り組めるようにする最大共通分母（maximum common denominator：独語リリースではeine sinnvolle Grundgesamtheit＝効果的な母集団）を目指すものとしている（AUTOSAR, 2006 a）．然るに，そこで生み出される仕様の性質は，最小共通分母による手法よりも各社のニーズが盛り込まれた包括的で冗長性の高いものになるであろう．「AUTOSARでは，仕様が各社間の最大公約数という形ではなく最小公倍数として決まってくる」と表現される方もいる．
2) RTEは，特定ECU上のVFBのランタイム実装と解釈することができる（Helmut et al., 2006）．
3) しかし，AUTOSARにおけるVFB担当チームはCORBAとは違う技術としている．
4) パートナーシップの説明は，AUTOSARのHPおよび徳田（2007）に基づく．
5) コア・パートナーとは「開発協定（Development Agreement）」，プレミアム・メンバーとは「プレミアム・メンバー協定（Premium Member Agreement）」，アソシエイト・メンバーとは「アソシエイト・メンバー協定（Associate Member Agreement）」を，サポート役のディベロップメント・メンバーとは「ディベロップ・メン

バー協定 (Development Member Agreement)」を結んでいる.
6) 9カ月毎にコア・パートナーの間で持ち回り担当. 現スポークスパーソンは2011年1月よりPSAのアラン・ギルベルク (Alain Gilberg). 前任者はコンチネンタルのシュテファン・ブンツェ (Stefan Bunzel) 博士. 前々任者はBMWのSimon Furst：サイモン・フェルスト (Simon Furst 国際標準化機関 ISO 26262 プロジェクト・マネージャ).
7) 筆者面接 (2007年11月30日, ボッシュの元スポークスパーソン及びJ. Moessinger氏, W. Grote 氏) に基づく.
8) 1万5000€から値上がりしている.
9) 知的財産権の取り扱いについての詳細は, AUTOSAR (2006c) を参照.
10) AUTOSARのコア・パートナーによって組織される理事会は, コンソーシアム全体の戦略やパートナーシップの方針等を策定している. 運営委員会は, プロジェクトの統括, 新規メンバーの承認および報道・出版対応, 契約関連などの業務を行っている. プロジェクト・リーダー・チームは, 仕様の定義など技術的事項を担当したり, 各WPの活動の調整を行ったりしている. アドミニストレーションはAUTOSARパートナーシップのサポートを, スポークスパーソンは主として広報活動を担っている.
11) AUTOSARのコンセプト設計を担うWP 1, SWコンポーネントやECUリソースのテンプレートの作成を担うWP 2, ECUコンフィグレーションの作成を担うWP 3, BSWを構成する各種コンポーネントの仕様作成を担うWP 4, テスト仕様の作成を担うWP 5, アプリケーション・インターフェイスの仕様策定を担うWP 10, そして運営委員会が主体となってAUTOSARのビジネスモデルの立案に携わるWP 20である. また, それぞれのWPは作業ごとに複数のWPを傘下に収めていた.
12) WP 1, WP 2, WP 5, WP 10にはそれぞれWP II-1.1.5 (VFBおよびRTE), WP II-2.1.5 (ライブラリ), WP II-5.2 (変更およびリリース管理), WP II-10.0 (アプリケーション・インターフェイスの調整) の設置である. WP 3では, WP 3.1 (内部バリデーション) がWP II-3.1 (BSWバリデーション) とWP II-3.2 (メソドロジ, バリデーション) に分割された.
13) モジュールはBSWを構成する大きさの決まった機能単位のことであり, ソフトウェア・コンポーネントはある機能を持った部品のこと (大きさは大小まちまち).
14) ここで言うポートとはSWコンポーネント間のデータを送受信する「口」, インターフェイスとはSWコンポーネント間の「データ」を意味する.
15) AUTOSARでは, アプリケーションが"競争領域"である. そのため, 制御アルゴリズムや最適化などアプリケーションの機能的な内部の振る舞いについては標準化しないが, アプリケーション間で交換されるコンテンツはその限りではない.
16) TTCN: Testing and Test Control Notation. テストおよびテスト制御記法は通信プ

ロトコルのテストだけでなく，他のソフトウェアのテストにも使われる．TTCN は，欧州電気通信標準化機構（ETSI）や国際電気通信連合（ITU）で通信プロトコルのテストに広く使われている．ETSI では，ISDN, DECT, GSM, EDGE, 第三世代携帯電話，DSRC といった標準規格の適合試験のテストケースが TTCN で書かれている．最近では Bluetooth や IP といった他のプロトコル標準のテストにも使われている．

17) すでに AUTOSAR の開発プロセスを部分的に網羅するいくつかの開発キットが市場に出回っているが，AUTOSAR メンバーである BMW，コンチネンタル，PSA，Geensys によって，完全なツールチェーン開発を促進するためのユーザーグループ ARTOP（AutosaR TOol Platform）が立ち上げられている．ARTOP とは，AUTOSAR 準拠システムと ECU を設計，コンフィグするための開発ツールで使われる共通な基本機能のプラットフォーム実装のインフラストラクチャである．すでに Geensys が ARTOP ベース AUTOSAR ツール "AUTOSAR Builder" を開発している．

18) 評価ガイドラインの作成．

19) AUTOSAR 仕様に基づく BSW および開発ツールの試作評価に基づく実装仕様作成．

20) 試作車は3台．それぞれ，安全制御ではトヨタのレクサス LS 460, ITS（高度道路情報システム）系制御ではホンダのレジェンド，ステアリング系制御では日産のフーガを使った評価が行われた．

21) もちろん，標準化がすなわち検証コストの削減につながるものではない．たとえば，コンフォーマンステスト仕様を満たしていたとしても，実装時に自動車メーカが求めるレベルの相互接続性が保証されるとは限らないのが現実である（Tokuda, 2009）．

22) 製品アーキテクチャのインテグラルとモジュラーの違い（インテグラル度とモジュラー度の程度の差）は，その製品が追求する機能レベルや性能レベルに依存するであろう．たとえば Christensen and Raynor（2003）は，顧客の持つ性能への満足基準に照らして，製品あるいは製品の一部が提供する性能が不足している場合には，相互依存アーキテクチャ（インテグラル・アーキテクチャ）が有効であり，提供する性能が十分な場合には，モジュラー・アーキテクチャを選択して製品開発のスピードや応答性，利便性などで競争するものとしている．この観点からすると，「デスクトップ PC は，仕様コンパチ品を調達・組み立てることによって容易に開発されるほどの性能基準で顧客が満足している製品」ともいえる．

23) 日本の自動車メーカは，欧米のそれらと比較するとサプライヤへの依存度が高く，承認図方式の部品取引が拡大したことによって徐々にサプライヤの技術蓄積は進んでいった（浅沼，1990; Clark and Fujimoto, 1991）．しかし構成部品の多くは機械部品であり，自動車メーカには一定のノウハウの蓄積があったため，利益配分の上での自動

Part I 組込みシステムの開発・標準化をリードする欧州の重層的オープン・イノベーション

車メーカの優位性は不変であった（徳田編，2008）．
24）たとえば，個別サプライヤの標準化戦略については，徳田・林・佐伯（2009），徳田（2007 b）参照．

参考文献

AUTOSAR. (2006 a) "AUTOSAR—Enabling Technology for Advanced Automotive Electronics," Media Release, October, 2006.

AUTOSAR. (2006 b) "AUTOSAR—Enabling Technology for Advanced Automotive Electronics," Media Release, Japanese version, October, 2006.

AUTOSAR. (2006 c) "Premium Member Agreement," Version 12.1 of June 1 st.

Bunzel, S. (2006) AUTOSAR Validation Experiences, International Automotive Electronics Congress, Paris, 25. October. 2006.

Bunzel, S. (2010) "Overview on AUTOSAR Cooperation," 2 nd AUTOSAR Open Conference, AUTOSAR.

Continental Engineering Services, AUTOSAR Center. (2010) "Making AUTOSAR fit for you," Advertisement Material.

Christensen, C. M., Raynor, M. E. (2003) *The Innovator's Solution: Creating and Sustaining Successful Growth,* Harvard Business School Press.

Clark, K. B., Fujimoto. T. (1991) *Product Development Performance: Strategy, Organization, and Management in the World Auto Industry,* Boston: Harvard Business School Press.

Fürst, S. (2008) "AUTOSAR—An open standardized software architecture for the automotive industry," 1 st AUTOSAR Open Conference & 8 th AUTOSAR Premium Member Conference, October 23 rd, 2008, Cobo Center, Detroit, MI, USA.

Fürst, S. et al. (2009) "AUTOSAR—A Worldwide Standard is on the Road," AUTOSAR: http://www.autosar.org

Fürst, S. (2009) "AUTOSAR—A Worldwide Standard is on the Road," AUTOSAR: presentation material at Baden Baden, 8 th Oct. 2009.

Heinecke, H. et al. (2006) "AUTOSAR—Current results and preparations for exploitation," Euroforum conference May 3 rd 2006.

Helmut, F. et al. (2006): "Achievements and Exploitation of the AUTOSAR Development Partnership," CTEA, SAE Convergence Congress, Detroit, 2006.

Kinkelin, G. (2008 a) "AUTOSAR Top Level Project View," 1 st AUTOSAR Open Conference & 8 th AUTOSAR Premium Member Conference, October 23, Detroit,

2008.
Kinkelin, G. (2008 b) "AUTOSAR on the Road," CTEA, http://www.autosar.org
Mössinger, J. (2008) "AUTOSAR—The Standard for Global Cooperation in Automotive SW Development," Automotive Technology Day 2008, Tokyo.
Scharnhorst, T. (2005 b) "AUTOSAR—ein wichtiger Beitrag für die Automobilarchitekturen derZukunft," Vision Automobil, Handelsblatt Jahrestagung Automobiltechnologien 2005, Munich.
Scharnhorst, T. et al. (2005 a) "AUTOSAR—Challenges and Achievements 2005. Electronic Systems, Vehicles 2005," VDI Congress, Baden-Baden, 2005.
Tokuda, A. (2007) "Standardization activity within JasPar: Initiatives of Renesas Technology," *Ritsumeikan International Affairs*. Vol. 5, pp. 86-105.
Tokuda, A. (2009) "International Framework for Collaboration between European and Japanese Standard Consortia," K. Jacobs, eds. *Information and Communication Technology Standardization for E-Business Sectors: Integrating Supply and Demand Factors*, IDEA Group Publishing, pp. 157-170.
浅沼萬里 (1990)「日本におけるメーカーとサプライヤーとの関係:「関係特殊的技能」の概念の抽出と定式化」『経済論叢』145-1・2, pp. 1-45.
田村太一・徳田昭雄 (2007)「車載ネットワーク・システムの発展：FlexRay コンソーシアム」『立命館ビジネスレビュー』vol. 1, pp. 111-131.
徳田昭雄 編著 (2008)『自動車のエレクトロニクス化と標準化』晃洋書房.
徳田昭雄 (2007 a)「車載電子システムの標準化と欧州のコンソーシアム」梶浦雅己編『国際ビジネスと技術標準』文眞堂, pp. 94-132.
徳田昭雄 (2007 b)「村田製作所の標準化戦略」『社会システム研究』第 15 号, pp. 21-40.
徳田昭雄 (2010 a)「欧州における組込みシステムの開発と標準化：産業コンソーシアム AUTOSAR の標準化活動の考察」『立命館経営学』49-1, pp. 57-82.
徳田昭雄・林義弘・佐伯靖雄 (2009)「カーエレクトロニクス市場におけるルネサステクノロジの標準化戦略」『社会システム研究』第 17 号, pp. 45-66.
徳田昭雄 (2010 b)「車載エレクトロニクス分野における欧州の産学連携拠点：カールスルーエ大学産業情報技術研究所」『社会システム研究』Vol. 19, pp. 59-70.
日本規格協会 (2003)『対訳 ISO 17025 試験所・校正機関の能力に関する一般要求事項』日本規格協会.
(財) 日本自動車研究所 ITS 研究部 (2010)「欧州の電子化の状況について：平成 21 年度 ITS の規格化事業 (第 2 フェーズ) 自動車電子システムの海外動向調査成果概要」平成 21 年度事業報告会.

Part II
欧州における組込みシステムの開発と標準化

第5章

ソフトウェアのコア技術
――高信頼性を目指すモデリングと形式手法の技術――

中島　震・豊島真澄

　車載電子システムで生産性・信頼性を達成するためには，モデリング技術や形式手法といったエンジニアリング技術が必須となっている．これらの技術は，目的基礎研究として多数のプロジェクトで活発に開発されている．本章では，これらの多数のプロジェクト間の関係を紹介するとともに，モデリング技術・形式手法の特徴と関連プロジェクトの状況について説明する．最後に，FP7の組み込みシステム関連プロジェクトの最新動向を紹介する．

1　ソフトウェア信頼性に対する考え方

1-1　価値ある信頼性の達成

　車載システムのソフトウェア化によってサービス創出ならびに提供が可能になる一方，高い信頼性の達成という新たな課題が生じている．興味深いサービス機能であっても不具合の混入によって信頼性が低くては使い物にならない．ここでは，簡単に，

　　［価値あるシステム］＝［提供サービス］×［信頼性］

と考える．一方，工業製品には絶対的な信頼性はありえない．製品の品質を向上させようとすると，当然のことながら，品質向上に関わる開発コストが増大する．その製品が競争力を維持できるためには，期待される品質が適切なコストで達成できなければならない．膨大な実機テストによって求められる信頼性レベルを達成しようとする現状の方法は開発コストの増大をもたらし，その結果，競争力が低下する．したがって，

　　［競争力を考慮した信頼性］＝［製品の品質］／［開発コスト］

である．さらに，機能安全等の規格は，開発製品が求められる信頼性を達成し

ていることを客観的に示すことを要求している．「コスト意識を捨てるくらいに膨大な工数をかけて検査しているので信頼性に疑いはありません」ではすまない．すなわち，客観的に系統的な説明ができる技術が必要になっており，上記は下の式のように修正しなければならない．

[価値ある信頼性]＝([製品の品質]／[開発コスト])×[客観的な説明]

今，必要となっている新たな課題とは，「製品に期待される信頼性レベルが適切な開発コストで達成でき，さらに，その信頼性レベル達成の方法が系統的かつ客観的に説明できる」技術が求められていることである．何が何でも品質の高い製品が勝ち残る，という古い考え方から大きく変化している．

1-2 ソフトウェア開発の状況：エンジニアリング技術の必要性

一般に，車載ソフトウェアに限らず，ソフトウェア開発過程を，Ｖ字型で説明することが多い．実際のソフトウェア開発プロジェクトが，この通りの順番で厳密に進むわけではないが，開発の工程分けを説明する上では都合がよい．Ｖ字型開発過程を前提とした興味深いデータが公開されている．これを図5-1に示した．

このＶ字型モデルでは左上の要求工学から開発工程がはじまり，システム設計，ソフトウェアアーキテクチャ設計，コンポーネント設計とバックスラッシュを下に進み，最下のプログラム開発（コーディング）に至る．その後，右側に移り，検査の工程がはじまる．下から順番にスラッシュを上に進み，ユニットテスト，統合テスト，システムテスト，受け入れテストを経て，製品が完成をむかえる．

図5-1によると，最終的に判明した欠陥の70％が左側の分析・設計工程で混入している．しかし，わずか3.5％がそのバックスラッシュの工程（図5-1の左半分の工程）で除去できただけで，残りはＶ字型の右側の検査工程に残されることがわかる．また，分析・設計工程での欠陥除去コストを1とする時，右側では下から順番に，5倍，10倍，15倍，30倍のコストがかかるとある．すなわち，開発上流工程でいかに多くの欠陥を除去できるかが開発コスト低減の鍵といえる．

さらに，ここで，要注意なのは，右上に張り出す形で示されたように，受け入れテスト以後でも欠陥が20.5％残っていることである．車載ソフトウェア

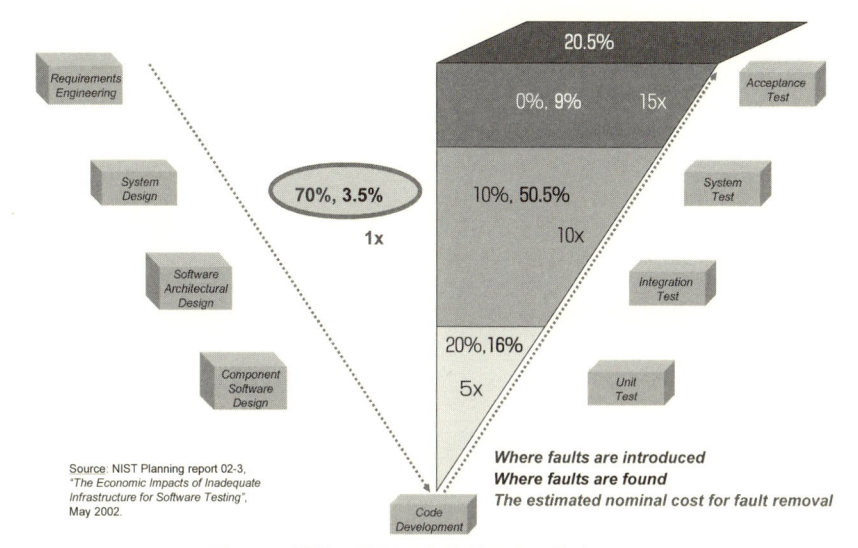

図5-1 開発工程別の欠陥混入率と除去コスト

出所) NIST Planning Report, May 2002.

のような高い信頼性を要求される場合では信じられない数字かもしれないが，日常使っているワープロや表計算ソフトウェアを思い浮かべれば納得いくであろう．逆に，車載ソフトウェアでは，欠陥の混入ならびに除去に対して，はるかに高度な技術が求められる．右上の張り出し個所はあってはならない．

もう1つ米国の統計データを図5-2に示す．開発上流工程である要求と設計を合計すると45％の欠陥がここで発生している．また，コーディングでの欠陥混入が35％であり，一方，欠陥修正時に新たな欠陥が混入していることもわかる．開発上流工程から欠陥が混入しないことはもちろんのこと，コーディングでの新たな欠陥混入を防ぐ技術の重要性を示している．これに関して，欠陥の混入を防ぎ，かつ欠陥の除去を行いながら，信頼性の高いソフトウェアを開発する「構築からの正しさ（CxC=Correct by Construction）」と呼ぶ考え方が提案されている．特定の技術を指すキーワードではないが，新しい研究開発の領域につけられた名称である．

上記に示した統計データは，ビジネス系大規模ソフトウェア（いわゆるエンタープライズ系）を対象とするものと考えられる．このような状況を改善するために，ビジネス系大規模ソフトウェア開発の分野では，従来から，2つの方向か

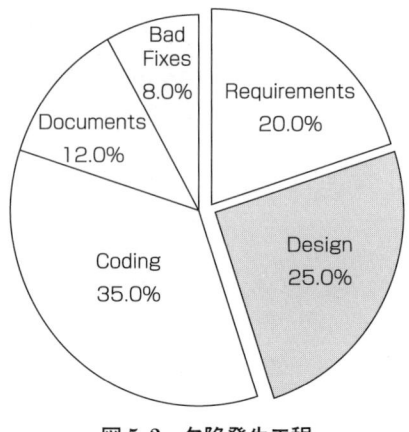

図 5-2　欠陥発生工程

出所）Software Quality 2008.

（円グラフ：Requirements 20.0%、Design 25.0%、Coding 35.0%、Documents 12.0%、Bad Fixes 8.0%）

ら技術開発が進められてきた．1つは，開発の各工程を明確に定義し，作成する文書，作業の管理を厳密に行う方法，すなわちプロセス管理の技術である．たとえば米国カーネギーメロン大学の SEI（Software Engineering Institute, ソフトウェア工学研究所）は，プロセス成熟度の考え方を採用し，最高レベル5に向けて現状の作業を見直し，改善していく方法を推進している．もう一方は，エンジニアリング技術と呼ばれ，ソフトウェア技術者が行う作業を支援する自動化ツールを導入する方法である．

ソフトウェア開発は技術者が関わる人的要因が大きい作業であり，プロセス成熟度の考え方に基づく改善策が重要視された時期があった．当初，多くの開発組織がレベル1あるいは2という初歩的な段階にあると診断され，膨大な努力の結果，国内でも多くの開発組織，事業場が，レベル4ないし5に達した．一方，同じレベル5の組織間にも開発成果物の品質に大きなばらつきがあることが報告されている．そこで，レベル5の次に何をすべきか（Beyond Level 5）が議論になりはじめた．1つの方策として，エンジニアリング技術に関心が移ってきている．特に，先に述べた「構築からの正しさ」に関わる技術の確立が期待されている．近年，必須の技術として盛んに研究開発が進められているのがモデリング技術と形式手法である．

1-3 車載ソフトウェアの難しさ

　車載ソフトウェアは，組込みソフトウェアに分類されることが多いが，「8ビットマイコンボード上のROMに格納されるアセンブリ言語で作成したプログラム」という昔のイメージは全く通用しない．むしろ，分散・並列ならびにリアルタイムといった本質的に難しい性質を持つ大規模ソフトウェアと考えるべきである．

　より正確にいえば，車載ソフトウェアと一口にいっても多種多様（統合制御，ボディ系，カーナビ，等）である．中には操作GUIが重要なソフトウェアなど一般の情報システムと共通する性質を持つものもある．すべてを同じように取り扱う必要もなければ，取り扱うべきものではない．対象に応じて最適な方法の選択ができることが重要である．以下では，特にリアルタイム組込みシステムという面から考える．

　車載ソフトウェアの第1の難しさは，多くの組込みシステムと同様に，より大きなシステムの構成要素であるという点にある．ソフトウェアは自身の外側に位置するメカを制御する．外界の情報をセンサーから読み込み，適切な制御を行うための計算を行い，制御対象メカに出力する．一般に，ソフトウェアとメカの設計および開発は独立に行われる．異なる文化背景を持つ技術者が全く独立に行うと考えたほうがよい．とんでもないところで，理解に齟齬が生じ，その結果，ソフトウェアとメカとの結合テストの段階で誤解から生じた欠陥がはじめて露呈することもある．

　第2に，上記の制御ソフトウェアは入力から計算完了，外部出力までの時間に関わる制約，リアルタイム制約を満たさねばならない．さらに，外部メカの振る舞いが，力学，電磁気学等の物理法則で支配される場合，制御ソフトウェアは当該物理法則をモデル化した方程式の解を求める必要がある．多くの場合，数値計算の技法を用いることになり，計算誤差などの問題への対応も必要となる．

　第3に，現在の車載ソフトウェアは単一CPUによる集中システムではないという点にある．多数のマイクロプロセッサ（ECU）から構成され，情報を交換する分散・並列システムである．さらに，AUTOSAR等の最新アーキテクチャでは，車載ネットワークによるメッセージ通信が性能ならびに機能分散の問題を難しくする．上記に述べたリアルタイム性を勘案して，分散リアルタイムと呼ぶ．

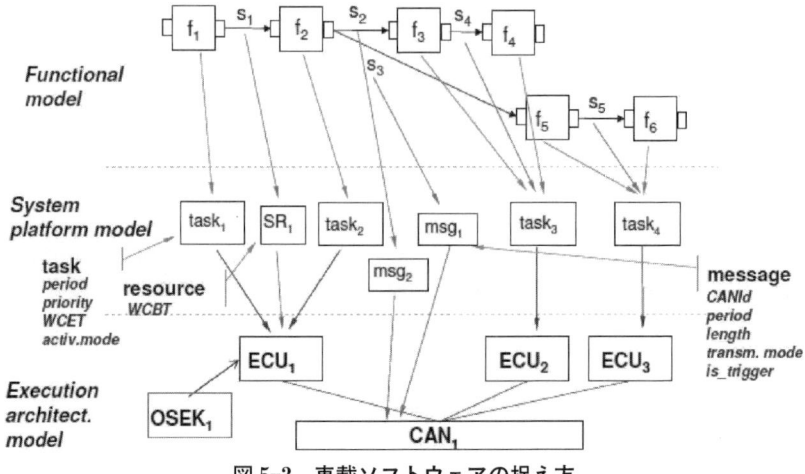

図 5-3 車載ソフトウェアの捉え方

出所) M. Di Natale (2009) の講演資料.

　図 5-3 に，車載ソフトウェア概要の模式的な説明を示す．論理的な機能振る舞いを表現した Functional Model，ECU や通信ネットワークを明示した Execution Architecture Model，その中間に位置する System Platform Model の 3 つの観点から分散リアルタイム・システムとしての車載ソフトウェアを整理している．Functional Model は提供するサービスの機能表現であり妥当性確認が，また，System Platform Model の層では，タスク・ケジューリング，リアルタイム特性（タスク実行時間，メッセージ通信遅延時間）の解析，などを行う必要がある．これら 2 つの層が開発上流工程に対応することから，Functional Model ならびに System Platform Model からの高い信頼性を確保する技術の確立が重要である．

　以上は，車載ソフトウェアという言葉からイメージされる難しさである．要求分析の難しさ，大規模化への対応，流通可能なコンポーネント・ソフトウェアの実現，等は，ソフトウェア工学の分野で長い間の研究があるにもかかわらず，一般的な解決策を得る段階に達していない．特に，どのような機能・サービスを提供するか，利用者が正しく使うか・使えるか，などの要件定義で齟齬があると，後の工程での努力が無に帰す．

　このような分散リアルタイムの難しさに対応するためには一般解を求めてはならない．そのため車載ソフトウェアの産業標準として期待されている

AUTOSAR アーキテクチャの特徴に限定した方法（一種の特殊解）での実用的な技術の研究開発が必要である．

2 目的基礎研究プロジェクトのポートフォリオ

2-1 研究開発プロジェクト群の構造

　欧州の車載ソフトウェア関連の研究プロジェクトを概観する．欧州では，車載ソフトウェア関連技術は組込みシステム設計（ESD＝Embedded Systems Design）の研究として進められている．車載ソフトウェア以外にも，分散リアルタイムシステムの技術が重要な応用分野として，宇宙・航空・鉄道などがあり，これらの共通技術として ESD 技術の研究開発が進められている．

　FP 7 では，ESD 分野は FP 6（FP 6-IST）から継続している主要なチャレンジ分野とされており，FP 7-ICT ESD として厚く支援されている．FP 6-IST では 40 プロジェクトが，6つの領域（システムデザイン，コンピューティング，協調オブジェクトとセンサ・ネットワーク，ミドルウェア，制御システム，サポート活動）で実施された．これらプロジェクトの中で，SPEEDS は COMBEST に，INTEREST は INTERESTED へと，FP 7 では発展している．また，サポート活動の ARTEMISOS は ARTEMIS の支援として活動しており，FP 7 では JTI に格上げされている．FP 7 での組み込みシステム関連プロジェクト（FP 7-ICT ESD）には，2007 年からの Call 1 と 2010 年開始の Call 4 がある．Call 1 のワークプランでは，次の2つの点があげられた．

① システム設計の理論と方法

　形式手法をベースとしたフレームワークによって，システムが持つ性質（セキュリティ，ディペンダビリティを含む）の予測を可能にする．コンポーネント技術，性能や頑健性（安全性，セキュリティ，タイミング，資源管理，等）の予測性，不確実さに対応する適応性，電子工学や制御工学との融合，北米 NSF との国際協調．

② 相互運用可能なツールチェイン

　組込みシステム開発のために産業界で利用するツールチェインを整備する．資源の高効率管理，最適化コンパイラ技術，ハード・ソフト協調設計，モデル駆動開発．

　上記の公募に対する FP 7 ICT Call 1 採択プロジェクトのポートフォリオを

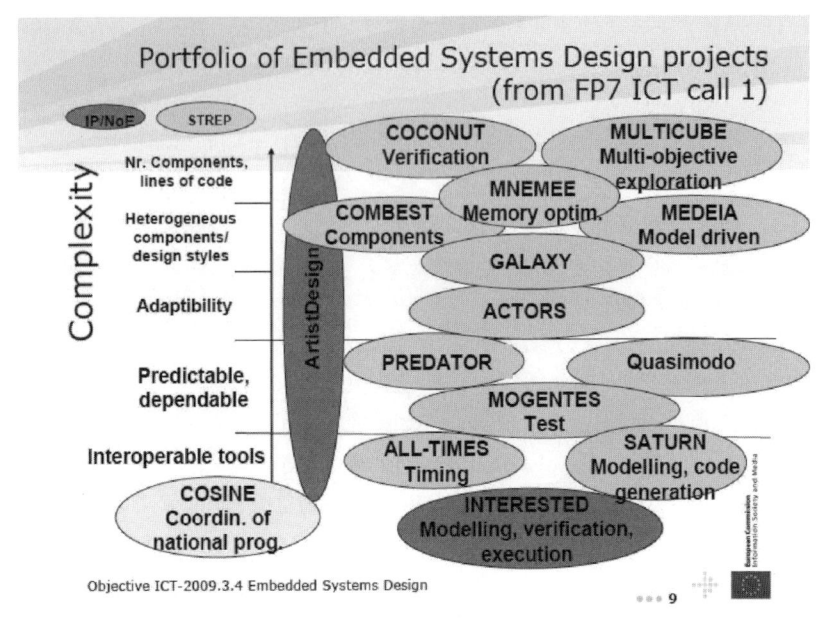

図5-4　FP7-ICT ESD Call 1 のポートフォリオ
出所）Objective ICT-2009.3.4.

　図5-4に示す．15プロジェクトで総額 EUR 40 M（約55億円）である．プロジェクトは，包括的な調整を行う3つのプロジェクトと，12の特定領域プロジェクトの STREP（Specific Targeted Research Projects）に分かれる．

　包括的なプロジェクトとして，次の3つがあげられる．ArtistDesign（NoE）は，Network of Excellence として，「システム設計の理論と方法」に関する各 STREP のコーディネーションを行う．一方，「相互運用可能なツールチェイン」の視点から，ベンダの最新ツール統合ならびにツール利用の共同プロジェクトを行う IP（Integrated Project）として INTERESTED が採択されており，こちらは産業界が中心となっている．COSINE は，各国の組み込みシステム関連プロジェクトと，FP 7-ICT との調整のためのプロジェクトである．

　残りの12のプロジェクトは，特定技術の研究開発を担う STREP である．主要な STREP は以下のとおりである，COMBEST は FP 6 の SPEEDS（IP）の成果を理論的な方向に深化させたプロジェクトである．リアルタイ

ム・システムを構成する不均質コンポーネントの新しい計算モデルと構築からの正しさに向けた形式検証の理論を研究する．COCONUT は FAUST と呼ぶ組込みシステム基盤上でのシステム開発支援ツールであり，設計検証のための形式検証エンジンの研究開発を含む．PREDATOR は Airbus（航空機）ならびに Bosch（自動車）を産業界パートナとして，WCET 解析の技術確立を目指す．その他はモデル駆動開発に関わるプロジェクトが多い．

2-2 コントロールタワーとしての ArtistDesign

このような多様な性格を持つ多くのプロジェクトに対して，コントロールタワーの役割を果たしているのが，ArtistDesign である．ArtistDesign は，ESD の分野における Network of Excellence（NoE）である．NoE は FP-ICT が実施する研究支援の枠組みの一形態であり，欧州の ESD 研究を系統的に進めて技術革新をもたらすことを目的とする．ロードマップの作成だけではなく，技術啓発，技術者教育，標準化，から，国際学会やワークショップ運営による研究者の交流，研究開発を円滑に進める政策提案まで，幅広い活動を行う．特に，モデル検査法の研究によって 2007 年 ACM チューリング賞を受賞した Joseph Sifakis が中心になって進めてきた．学術界に対しても大きな影響力を持つ．

ArtistDesign は，FP 5 のプロジェクトである ARTIST（2002 年 4 月から 2005 年 3 月）に起源を持つ．ARTIST は，FP 6 の ARTIST 2 を経て，現在，FP 7 の ArtistDesign となった．FP 5 の ARTIST の時から，フランスの Verimag 研究所が幹事として関わっている．

ARTIST はその成果として，2005 年に Roadmap for R&D を公表した[1]．ハード・リアルタイム，コンポーネント指向設計ならびに開発，QoS 管理向け適応型リアルタイムシステム，実行基盤技術，の 4 つを重要技術分野とした．最初の 2 つがソフトウェア開発技術に関わる．特に 1 番目の技術分野に対しては，リアルタイム性に関わる形式手法の研究について整理している．モデル検査，静的プログラム解析，などの基本技術と共に，車載ソフトウェアでも重要な同期型形式仕様言語（Esterel，等）やタイムトリガ・アーキテクチャ（AUTOSAR で採用されている FlexRay 等）を中心とする技術課題を論じている．

図 5-5 に FP 7-ICT の対象技術領域を示した．共通技術として以下の 4 技術領域を取り扱う．①と②がソフトウェア開発技術，③と④が実行基盤の技術で

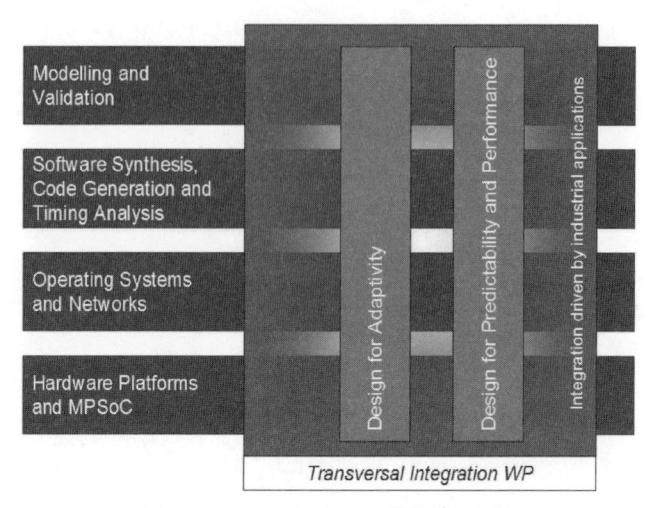

図 5-5　ArtistDesign の対象技術領域
出所）ArtistDesign 紹介.

ある．
　① モデリングとバリデーション
　② ソフトウェア合成およびプログラム生成とタイミング解析
　③ オペレーティングシステムとネットワーク
　④ ハードウェア基盤とマルチプロセッサシステムチップ
　さらに 4 技術領域を串刺しにする形で目標とする技術キーワード，適応性を考えたデザイン，予測性と性能を考慮したデザイン，がかかげられている．これらは産業界での実適用を通じて技術実証を行う．

　以上，ArtistDesign の対象技術領域をみると，先に述べた車載ソフトウェアの状況を適切にカバーしていることがわかる．すなわち，大規模化する分散リアルタイムシステム開発に関わる開発上流工程の技術課題へのアプローチを，図 5-5 の①と②として整理している．

　ArtistDesign は NoE であるため，研究開発活動そのものは他のプロジェクトで実施される．なお，NoE としての役割の 1 つとして，米国の自動検証関連研究者（Cyber-Physical Systems（CPS）検証の研究者）と国際ワークショップを定期的に実施してきたことを特筆しておく．

2-3　2つの方向性：モデリング技術と形式手法

　車載ソフトウェアを含む組込みシステムに対するソフトウェア技術は，欧州では最重要課題の1つとされており，いろいろな形で産学連携の研究開発活動を支えている．先述のFP7関連では，ICTチャレンジ3の中のESD（FP7-ICT ESD）と，JTIのARTEMISがある．一般的には，ARTEMISが産業界主導，実証指向，短中期の大規模プロジェクトであるのに対して，FP7-ICT ESDは目的基礎研究を担う．

　とくにESD関連技術の中でも，モデリング技術と形式手法の2つの分野についての取り組みが活発になっている．この2つの技術は，ソフトウェア爆発が起こっている中でも，生産性と信頼性を確保するための必須のエンジニアリング技術であると考えられている．欧州ではモデリング技術や形式手法の技術について，戦略的に研究に取り組んでおり，目的基礎研究プロジェクト群として，実施されている．

　ソフトエアの大規模化に対してとられている対応として，一貫しているのは抽象化であり，目的に合わせたモデリング技術が開発され，現場に適用されるようになってきている．モデリング技術は，コード生成による開発生産性貢献の他に，良質のコミュニケーション手段を提供することによる生産性向上が見込まれている．一方，信頼性を確保するための技術である形式手法も，純粋な

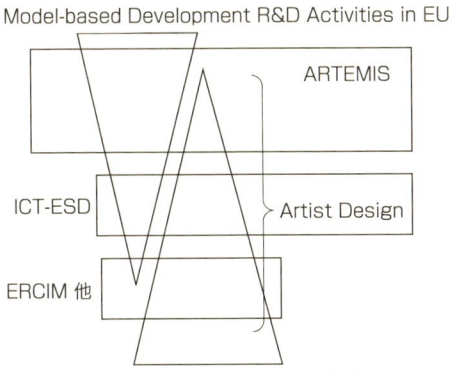

図 5-6　欧州のモデリング技術と形式手法への取り組み

出所）　筆者作成．

形式手法の研究だけではなく，プロジェクトの目的に合わせて部分的に形式手法を用いる等の工夫を行っている（形式手法の概説については本書 Appendix 1 を参照のこと）．

図 5-6 に模式的な層構造を示した．黄色の三角形で示した部分が形式手法に関わる活動の比重を表す．実証研究を担う ARTEMIS，学術基礎研究を担う ERCIM の WG 活動など（FP 7 の FET 等も含む）の中間に ESD が位置するだろう．逆に，モデリングからはじめるモデル駆動開発の技術は青色の逆三角形と考えるのがよさそうである．

次節以下では，モデリング技術と形式手法への取り組みについて紹介する．

3 モデリング技術への取り組み

ここ数十年のコンピュータの高速化と記憶装置の大容量化に対して，ソフトウェアの生産性を向上させるために，アセンブラ，高レベルプログラミング言語，オブジェクト指向設計，などのプログラミングに関する技法が開発され，さらには UML，SysML などのモデリング言語が標準となるなど，様々な対応が取られて来ている．対応の方向性として一貫しているのは抽象化であり，現在はモデルに基づく開発（MBD: Model Based Development）が現場のソフトウェア開発に採用されるようになってきている．

車載システムにおけるソフトウェアの量は増加の一途をたどっている．このようにソフトウェアが多く含まれてソフトウェアの重要性が高いシステムは，ソフトウェア・インテンシブ・システムと呼ばれ，大規模化が進んでいるこの分野も当然モデルベース開発の恩恵を多く受けることができるのではないかと期待されている．

ところが車載システムの場合，モデリングの段階で検討する対象は制御システム，分散システム，リアルタイム・システム，さらにはシステム全体で提供するサービスなど，様々な種類の検討対象を合わせ持つ．具体的には，物理的に存在するものの開発と，仮想的または論理的にのみ存在するものの開発の双方を行わなければならない．

欧州 ITEA-2（Information Technology for European Advancement）プロジェクトでは 2009 年に発行したエグゼクティブサマリーにおいてこのような変化を強く認識しており，"IMPORTANT THOUGHTS ON SOFTWARE-

第5章 ソフトウェアのコア技術　185

	ENTITIES	LIFE AND INTERACTION	ENVIRONMENT	INNOVATION POTENTIAL
Real world	Physical: real life objects	Defined by physical laws – some still unknown	Physical space	Strongly limited (time, space ...)
Digital world	Immaterial needing specific transducer for representation: digital data structures	Definable by software logic	Execution environment	Limits unknown – constrained by the execution environment and some basic physical laws such as speed of light and size of molecules

図5-7　ITEAプロジェクトにおけるデジタル世界の特徴の整理
出所）　ITEA Project（20009）.

INTENSIVE SYSTEMS AND SERVICES" として，ソフトウェア・インテンシブ・システムの特徴をデジタルの部分を特に多く含む点を図5-7のように整理している（ITEA Project, 2009）．

　ITEA-2のターゲットアプリケーションは車載システムに限定されていないが，本章3-3-(2)で述べるTIMMOやMODELISARも含まれていることからわかる通り，関係は深い．図5-7からは，現実世界とコンピュータの世界における，実体，相互作用の仕組み，環境，それに今後のイノベーションの可能性，それぞれについて大きく異なると認識し，全く新しい大きな分野に挑戦するという認識を読み取ることができる．

　本節では最初に，ソフトウェア・インテンシブ・システムのモデリングに関する一般的な事柄について，いくつかの視点で分類し概説する[2]．その後，近年特に欧州で盛んに行われている，車載システムを主な応用対象としたモデリングに関する研究プロジェクトを紹介する．

3-1　モデリングの役割

　車載システムの開発は多くの科学技術分野に関係する活動であるため，そのモデリング対象は様々であり，モデリング方法に求められる性質にも様々なものがある．特に近年の車載システムにおけるソフトウェア割合の増加により，物理的な側面のモデリングの他に，論理的な側面のモデリングを行うことが重要になってきている．

　さらにシステムの大規模複雑化に起因して抽象化が進んだ結果，安全性や製品系列における選択肢など，比較的上位の要求項目もモデリング対象として扱う方法が提案されている．主要な役割に基づいてモデリングを整理すると以下

の2つに大別できる.

(1) 製品の元となる人工物を生産する

　ソフトウェアの最終製品にはプログラムが含まれるが,そのプログラムもなお物理的な実体を伴う必然性が無いという特徴を持つ.つまりモデルに基づいた開発工程は一連の文書（テキスト表現と図式表現の双方を含む）を作成・洗練する行為と捉えることもできる.大規模ソフトウェアはこのような性質を持つため,モデリング行為は構想の支援や設計を行ったりするといった,いわば生産活動の準備段階であるだけでなく,ものづくりそのものの一部を担っている.

　モデリング言語には,製品の抽象的な記述が行える能力が求められると同時に,実装やテスト行程に対する貢献も求められる.実際に今日普及している多くのモデリングツールは,C++やJavaなど一般的なプログラミング言語で書かれたソースコードを自動生成する機能を持つ.このため,モデリング言語（図と文字の双方を含む）は厳密にその文法と意味が定義されている必要がある.

　実装やテスト工程に対する貢献のもう1つの形として近年特に重要になって来ているのが,解析対象としてのモデルである.解析とは,モデルが持つ性質を調べることであり,たとえばデッドロックを含まないであるとか,ある値が常に定められた範囲に収まるとかいう性質である.モデルの解析は,Model Checking[3]などの技術によって近年実用化が進んでいる.モデルが解析可能であるか否か,また解析が容易であるか否かは,使用するモデリング方法やモデリング言語によって大きく左右される.一般的には,表現力が豊かなモデリング言語を使用すればするほど,解析は困難になる.このため,モデリング言語の表現力と解析可能性のトレードオフについては,目的とする応用を考慮に入れた上で検討する必要がある.

(2) コミュニケーション手段の一部を提供する

　モデリング言語や成果物に求められるもう1つの重要な性質として,開発に携わる人々の間で使用される言葉として,もしくはそれを補う役割を果たすということがある.モデリングの対象は製品そのもののみならず,対象領域のサービスや求められる品質の分析,市場戦略の検討,技術開発や研究ロードマップの検討等に用いる様々な情報を含むようになってきている.

　一般にソフトウェア開発においては,与えられる要求仕様は様々な観点から数多く存在する.既に述べた通り,開発の初期段階において要求の抽出とそれらの分析をいかにうまく行うかは,大規模システムでは特に重要な課題である.

さらに，開発の途中の（仕様を満たすシステムに対する）成果物と最終成果物の双方には，広い任意性が存在することから，モデリングを要求分析までを含めた形で実施し，その成果物を妥当性の検査などを含む任意性の検討のためにできる限り活用することが求められている．

以上の観点からは，モデリング言語は開発対象物を正確に記述することよりもむしろ，開発者が意思を表現しやすく，また理解しやすいことが求められる．このため，モデリング言語が持つ厳密さは限定的であり，自然言語やそれに近い記述も（曖昧さを含む可能性を残したまま）そのままモデルの一部として位置づけられることがある．結果としてモデルを用いて解析できる事柄は少ないことが多い．

3-2 モデリングの方向性

モデリングは，詳細化する前の抽象的な情報を記述する行為でもあり，また逆方向に，そのままで人間が扱うには複雑すぎる情報（たとえばプログラムのソースコード）の詳細を省いて本質を残すことでもある．ここでは前者をトップダウンなモデリング，後者をボトムアップなモデリングと呼ぶ．

従来の，特に大規模なエンタープライズ系のシステム開発においては，主にトップダウンのアプローチを理想的な開発工程として想定する場合が多かった．しかし近年の車載システムは大規模複雑であるだけでなく，同時に多くの既存技術や既存部品（ソフトウェアとハードウェアの双方を含む）を継続利用または再利用する．このため，新規開発や全体最適に適したトップダウンと，個別最適や部品の再利用に適したボトムアップの，双方向のモデリングを可能にする枠組みが必要とされている．

(1) モデリングの対象

モデリングを行う対象には様々なものがあるが，車載システムの分野で対象とされる代表的なものを下記の3種類に分類する．

① 製品に物理的に現れることがらを主な関心事として，自然科学の法則を主要な道具として利用するモデリング．
② 製品に論理的に現れることがらを主な関心事として，計算機科学やソフトウェア工学を主な道具として利用するモデリング．
③ 上記の双方が混在するモデリング．

上記の①にはSimulinkやScilabなどが含まれ，既に分野毎に適したツー

WP1 Modeling and Specification	WP2 Analysis	WP3 Implementation	WP4 Testing	WP5 Case Studies, Tools, Dissemination and Exploitation
T1.1 Model Process Improvement	T2.1: State Space Representation and Model Checking	T3.1: Controller synthesis and scheduling	T4.1: Test Generation	T5.1: Case Studies
T1.2: Modeling of Quantitative System Aspects	T2.2: Abstraction, Refinement and Compositionality	T3.2: Implementability and code generation	T4.2: Approximate Testing	T5.2: Tool Plugins and Tool Chain Integration.
T1.3: Design Notation and Tools	T2.3: Approximate Analysis Techniques			T5.3: Dissemination and Exploitation

図5-8　Quasimodoプロジェクトの研究タスク

出所）http://www.quasimodo.aau.dk/publications.html

ルが使用されている．②としてはUML（Unified Modeling Language, 統一モデリング言語）に代表される汎用のモデリング言語が策定され幅広く普及しているが，さらに近年ではドメイン固有モデリング（DSM: Domain Specific Modeling）（後述）の利用が増加する傾向にある．さらに③は最近のモデリング研究の動向として特に目立つ部分であり，②を基本として①の中で必要な一部の情報を扱えるモデリング手法がいくつか研究・提案されている．

③の例の1つとして，FP 7-ICTのQuasimodo（Quantitative System Properties in Model-Driven-Design of Embedded Systems）プロジェクトがある．Quasimodoでは，確率的な挙動，実時間性，コストなどがモデリング対象に含まれる（図5-8）．

③に属するもう1つの例として，自動車や航空機を応用対象としたFP 6-ISTのSPEEDS（SPEculative and Exploratory Design in Systems Engineering）プロジェクトがある．SPEEDSでは高い抽象度でモデリングを行い，既存のツールや設計方法並びにコンポーネントをできる限りそのまま活用することを目指している．図5-9にSpeeds busとメタモデルを示す．

Speedsでは，個別分野毎のツールが持つ様々な情報を"Speeds engineering bus"で統合して扱うとともに"Model repository"を用意し，システム全体の仮想的なモデルを構成している．各個別のモデルからSpeeds engineering bus

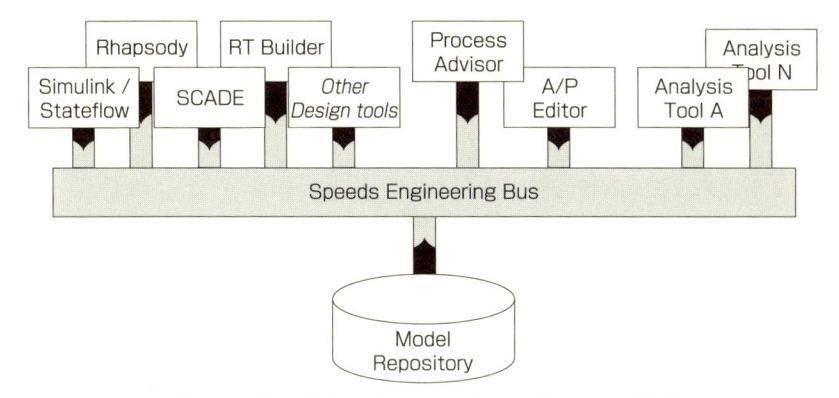

図 5-9 Speeds Engineering bus and metamodel
出所) R. Passerone, et al. (2009).

にアクセスすることで，システム全体の分析やシミュレーションをサポートする．これにより他のコンポーネントが開発途中段階であっても一定のシミュレーションが可能となり，異なるコンポーネントの開発を並行して進行させられる割合が増加し，製品開発を文字通り加速する．対象をできる限り自然にモデリングするために，それぞれのドメインに固有のモデリング言語を活かし，またそれらモデリング言語そのものの定義を記述することになることから，要素技術としてメタモデリングに関する研究が盛んに行われている．

図 5-4 で触れた INTERESTED プロジェクトは，複数ドメインにまたがった対象を扱おうとしている点で Speeds と同様であり，さらにこれら複数ドメインである程度成功しているツールベンダの総力を結集するプロジェクトである．

（2）スコーピングや研究プロジェクト・マネジメントにおける利用

Quasimodo では図 5-8 に示す通り，研究タスクの初期段階に確率，時間，コストなどのモデリング方法と記法とに関する研究を位置づけ，その後にモデル検査などを含む分析方法に関する研究パッケージを実行するようにプロジェクトを設計している．本稿執筆時点で Quasimodo プロジェクトは開始から約 1 年が経過した段階であり，WP 1 でいくつかの成果が出て WP 2 に取りかかっている．

Quasimodo の WP 2 の進行中の成果報告として執筆されたと思われる論文（Bouyer Patricia et al., 2010）によれば，分析には状態遷移機械にいくつかの拡張

を施したモデルを用いており，比較的基礎理論よりの研究が行われている．

近年のこの分野における欧州研究プロジェクトでは，このようにモデリング言語の（厳密とは限らない）定義から開始することが散見される．理由を想像してみると，モデリング言語の定義は対象ドメインの分析を伴うため，まず始めに対象領域の定義と課題の明確化を行い，これをモデリング言語の定義として見える化し，要素技術へのニーズをより明確な形で示していると考えることができる．

モデリングの同様の活用方法は，次節に後述するEAST-ADLの枠組みで最も広い形（車載電子システム全体というレンジ）で見ることができる．EAST-ADLの後継であるEAST-ADL 2は現在もATESST 2プロジェクトにおいて更新中であるが，初期には未定義部分が多く含まれていた．また現在でもATESST 2プロジェクト内でデモンストレータを作成している段階であり，実際の開発に使用される前の段階である．ところが，車載システム分野の国際会議や研究機関を訪問すると，既にプロジェクトマネジメントのメンバーによって，研究の位置付けを説明する場面などでは盛んに使用されていることがわかる．

3-3 欧州のモデリング分野研究プロジェクト
(1) EAST-ADL2

EAST-ADL 2は，EUのFP 7-ICTのプロジェクトの1つであるATESST 2で開発が進められている，自動車の電気電子システム分野用のアーキテクチャ記述言語（ADL: Architecture Description Language）である．自動車に関わる様々な情報を記述するために，5つの抽象レベルのアーキテクチャと外部環境をそれぞれモデリングする．

図5-10に現れているように，EAST-ADL 2の階層構造の部分は，車両全体から部品までの抽象レベルにおおよそ対応しており，仕様書（The ATESST Consortium, 2008）の中でも"Abstraction Level"（抽象レベル）と記述されていることが多い．アーキテクチャ中のある構成要素は，一段階下の抽象レベルの1つ以上の構成要素によって実現される．

各階層に求められるモデリングの内容を見ると，この階層構造は，抽象レベルだけではなく，アーキテクチャを複数のビュー（視点）に合うように分割・整理していることがわかる．たとえば分析が主要な目的の場合には，"Analysis Architecture"モデルを参照することになる．自動車の開発は，それぞれ

第5章 ソフトウェアのコア技術

```
SystemModel
┌─────────────────────────────────────────┐
│ ░│  VehicleFeatureModel        │ Vehicle Level
│ ░│                             │
│ E│  AnalysisArchitecture       │ Analysis Level
│ n│    FunctionalAnalysisArchitecture │
│ v│                             │
│ i│  DesignArchitecture         │ Design Level
│ r│   Functional  Middleware  Hardware │
│ o│   Design      Abstraction  Design │
│ n│   Architecture             Architecture│
│ m│                             │
│ e│  ImplementationArchitecture │ Implementation Level
│ n│    AUTOSAR System           │
│ t│                             │
│ M│  OperationalArchitecture    │ Operational Level
│ o│                             │
│ d│                             │
│ e│                             │
│ l│                             │
└─────────────────────────────────────────┘
```

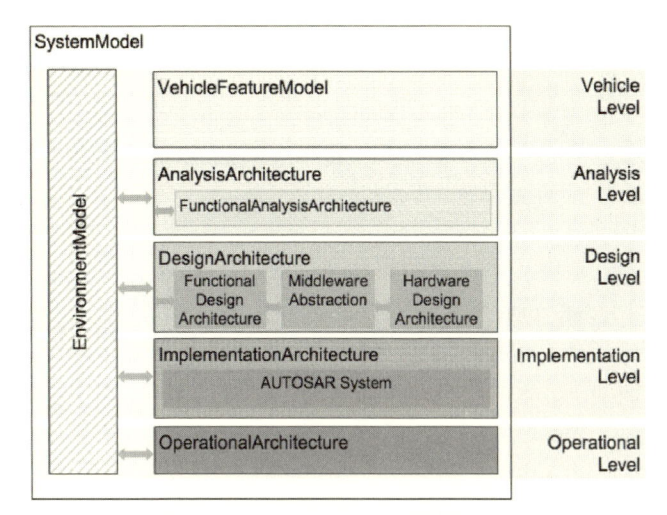

図 5-10　EAST-ADL2 の抽象レベル
出所)　The ATESST Consortium (2008).

特定の主要な役割を持った多くの企業やエンジニアが開発に参加する．EAST-ADL2 はこの現状に合わせたアーキテクチャモデルになっている．

EAST-ADL2 の主な記述対象は，上流は「車両全体への様々な要求や製品系列（バリアント）」から，下流は「AUTOSAR の枠組みでモデリングされるソフトウェアおよびハードウェアの構造や振舞い，そしてその下の物理的な実体」までを含む．逆に見ると AUTOSAR がソフトウェアおよびハードウェアそのものを扱うことに専念しているのに対して，EAST-ADL2 は製品に求められる性質や，分析の目的で使用されるモデルを扱うことを AUTOSAR に対して補完している．

EAST-ADL2 では，主に階層化した考え方によってシステムのアーキテクチャを記述するが，特に安全性とエラー，ならびに要求は，全ての抽象レベルに横断的に関わる事柄として位置づけられており，上流から下流に至るまで追跡可能なように関連付けがされる．

アーキテクチャという言葉はシステムの概要を示す場合に使用されることが多いが，EAST-ADL2 の記述対象はシステムの概要だけとは限らない．具体的には，ASCET, SCADE, Simulink など，特定分野のモデルを取り込むためのコンテナを用意しており，これらのモデルをアーキテクチャ構成要素の一

部として取り込むことができる.

EAST-ADL 2 のモデリング言語は,SysML を基本とし,AADL や MARTE の記法を取込み,独自の拡張をいくつか加えたものである.これを元に UML 2 のプロファイルとして定義しているため,既存のツールに対して EAST-ADL 2 の環境を用意することが容易になっている.

(2) TIMMO

TIMMO (TIMMO Project, "TIMMO—HOME") は,ITEA 2 プロジェクトのもと 2007 年 4 月から 2009 年 9 月にわたって実施された,タイミングをモデリングする方法に関する研究プロジェクトである.

従来の組込みシステム開発においては,タイミング要件に関するテストや妥当性の確認は,実装がある程度進んでから行われることが多かった.しかし組込みシステムが大規模化するに従い,高い抽象度の要求を開発した製品が,タイミング要件を満たしているか否かを従来型の方法で検討することが困難になってきた.なぜならシステムの大規模化は,要求から実装(または実装に近いシミュレーション)までの開発イテレーションが大きくなることを意味しており,このため,少しずつ調整してテスト結果と要求を突き合わせるという作業の繰り返しを実践することが難しくなったためである.さらに,要求を満たしていないことが判明した場合の手戻りのコストが膨大になり,また手戻りがどの程度の頻度や規模で起こるのかを予測することが難しいために,開発プロセスが最適化できないなどの問題も存在する.

このような問題に対して,TIMMO は初期を含む全ての開発工程に,また高い抽象度においても,タイミング要求をモデリング要素として明確に扱い,実装に繋げる仕組みを作ることを目的としている.具体的には,形式的かつ標準化されたタイミング仕様の記述方法とそれを用いた分析や検証の方法や,全ての抽象レベルに対するタイミング要求の記述とそれらの間のトレーサビリティ(追跡可能性)などを記述する方法を提供する.これにより,タイミング制約を多く含む大規模組込みシステムの開発サイクルを予測可能なものにし,信頼性や品質を上げることに貢献できるとしている.

この目的を達成するため,TIMMO では記述言語と方法論の 2 つを主な研究要素として取り組んでいる(図 5-11).ここでも多くの欧州プロジェクトと同様,プロジェクト初期の WP 1 ではコンセプトの大枠を決めるためにスコーピングや要求分析などが位置づけられている.以後の WP 2 や WP 3 で具体的な

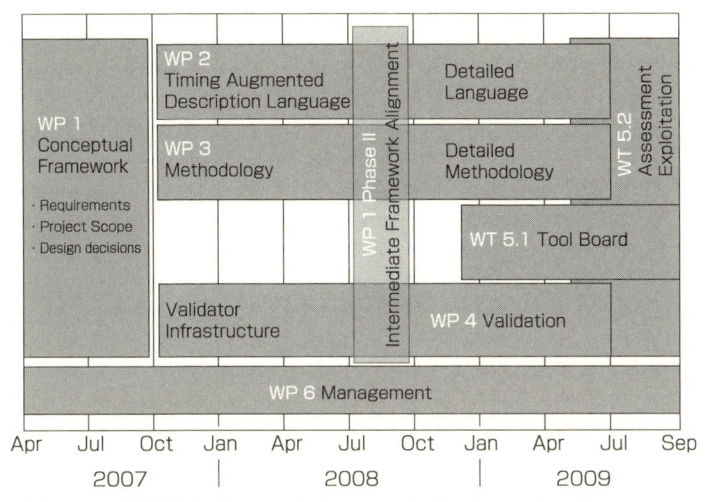

図5-11 TIMMOプロジェクトのワークパッケージとスケジュール
出所) http://www.timmo.org/publications.htm

研究要素，すなわちタイミング付きの記述言語ならびに方法論に関する研究が開始される．さらにWP 1 Phase II では，WP 2, WP 3の途中成果を用いて，初期の大枠決めに対する微調整を行っている．

　TADL は AUTOSAR メタモデルを拡張したメタモデルとして定義され，モデリングのコンセプトは EAST-ADL を参照している形式的な記述言語である．主にビークルレベルや分析レベルの記述は EAST-ADL における記法を基本とし，TIMMO で行った拡張によって時間に関する制約を記述する．逆に実装に近い部分は AUTOSAR の記述とその拡張が大部分を占める．さらにMARTE を用いた時間制約の記述を入力として受け取り，TADL の記述に変換することもできる．

　開発初期のシステム全体に対するタイミング要求の記述は，TIMMO のプロセスの中で個々の構成要素に対するタイミング要求に変換される．たとえば，センサからネットワーク，ECU，ネットワーク，そしてアクチュエータへという一般的な制御の流れは，制御ループ全体への時間制約の記述からそれぞれの要素に対する時間制約に変換され，トレーサビリティも記録される．このため基本的には個々の構成要素に対する時間の解析とそれらの合成で時間制約に関する分析ができることになっている．また，複数の処理の同期に関する時間

制約の記法等も用意されている.

3-4 車載システムにおけるモデリングの重要性

近年の車載システムの開発で問題となっていることの1つとして，その大規模・複雑化が挙げられることが多いが，モデリングの観点から見るとその複雑化の早さへの対処も重要になってきている.

自動車分野の技術が過去に主な対象としてきた機械や簡単な電子システムの分野における複雑さの向上は，多くの場合は材料など構成要素に関する発見や発明を要因として起こることが多く，物理的な性能が一段階向上するという形で段階的に起きることが多かった.

ところが自動車の電子化，特に大量の計算機の搭載が進んだ結果，自動車の中には従来型の特徴を持つ構成要素だけでなく，計算機の小型化や高速化の速度で継続的に複雑化する構成要素をも含むことになった．また搭載する計算機の増加に代表されるデジタル化は本質的な技術発展とは独立に，標準化等の（開発現場から見ると）外的な要因によってその前提が大きく変えられ，急激な変化を要求されることがしばしば起こる．これらの状況は，より普遍的な事柄の記述，すなわちメタモデリングやプロセスモデリングに対するニーズが増加することに繋がっている.

たとえば近年一部の自動車に導入され始めた X-by-Wire には，軽量化，設定自由度の向上，再利用性の向上，環境対策等様々な利益があるが，これらを実現するためには，機械，電子，計算機，ソフトウェアの全てを含むトレードオフが検討可能な開発方法が必要である．このため車載システムの開発には，各分野がボトムアップに個別にモデリングを行うことを優先した既存の技術のみならず，複数の技術領域の情報をもとにシステム全体のトレードオフを検討することを支援するモデリング技術が必要とされている．特に近年の自動車搭載用システム分野の研究においては，比較的歴史のある（つまり，自然科学または計算機科学のどちらか一方のみに基づく）モデリングやシミュレーションの手法に加え，以下の4つの方向性が傾向として見られる.

① 特定分野の製品やサービスに関わるあらゆる情報を記述・検討できるように，「対象分野のあらゆる情報を扱えるモデリングの枠組み」を，はじめに提案する.

② 応用を特定の分野に限定したモデリング方法（記法，意味付け，開発方法）

を定義することにより，人工物（モデルの記述等）が持つ意味の理解，解析，妥当性の検討，さらには計算機による自動コード生成を行うことを支援する．
③ 計算機の高速化，社会のニーズの変化，それに標準化等が継続的に存在することを認め，変化に対応した「進化可能なドメインモデル」や「様々な意味でのモデル変換方法」を提供する．
④ 最終製品の完全な検査が困難な大規模ソフトウェアについて，モデルの段階でその正しさ（安全性を含む）を公に示せる仕組み[4]との連携のし易さを考慮したモデリング方法や開発方法．

4 形式手法への取り組み

4-1 機能安全と形式手法

形式手法は長い歴史のある分野であるが，国内で形式手法という言葉の認知度を高めたのは，機能安全規格との関係であると思われる．形式手法と機能安全規格で話題になっている信頼性の考え方の関係について説明する．

機能安全（functional safety）はシステムのリスクを減らし安全さを担保する機能を組込むことでシステム全体の安全性を高めるという考え方にたつ，もともと石油化学や原子力発電などのプラント制御分野で生まれた．最近では，装置制御に関係する組込みシステム一般に広がってきている．機能安全が有効であるためには，リスクを低減するための機能自身が素朴な意味で信頼できなければならない．また，システムのソフトウェア化の進展に伴って，このような機能もソフトウェア技術によって実現される．したがって，機能安全と高信頼ソフトウェアの技術，すなわち，安全性と信頼性は切り離せない．

機能安全規格 IEC 61508 の最高レベル SIL 4 は，形式手法を用いた信頼性の確保を推奨している．特定の形式手法の使用を義務つけているわけではないこと，また，形式手法の利用は推奨であって他の方法によっても SIL 4 認定が可能である．そのためか，国内では，形式手法に対する取り組みが，まだそれほど活発になっていない．ところが，欧州の産業界に目を向けると，組込みシステムを対象とする開発の場で，形式手法を用いることによって，SIL 4 認定する動きが現実のものとなっている．形式手法の役割に対する理解あるいは期待の温度差が大きい．

SIL 4 で形式手法に言及している理由を考えてみたい．機能安全規格に早くから着手した欧州は形式手法の技術でも世界に先行しており，このことを利用して市場を確保しようという戦略的な面もあるかもしれない．一方，純粋に技術的な観点からも，形式手法に言及する理由がある．セキュリティ製品の分野（コモンクライテリア）でも言われることであるが，何か事故が起こった場合に，その開発時点での最善の技術を用いていたかを問われることがあるという．特に，その技術が求められる信頼性を達成できることを系統的にかつ客観的に示せることが大切である．第 1 節で示した関係

［価値ある信頼性］＝（［製品の品質］／［開発コスト］）×［客観的な説明］

に関連して説明すると，適切な［開発コスト］で［客観的な説明］が可能な技術として，形式手法が期待されているといえる．形式手法の技術は発展途上であることから，［開発コスト］の側面は目標とする水準に達していないが，［客観的な説明］を与えることが可能な唯一の技術と考えられている．

現状，開発の場で実施されているプログラム・テストや実機テストは，設定したテスト状況あるいはテストデータ下での実行経路だけを検査できるという意味で網羅性がない．たとえ膨大な数のテストを行って不具合がないことを確認できたとしても，それはテストした状況で不具合が発見しなかったというだけである．さらに，その膨大なテストそのものの系統性も説明することが難しい．すなわち，「一生懸命，多大な工数をかけて検査を行ったので誤りがない」ではすまないのである．

一方，形式手法を用いる場合，プログラム・テストと異なる観点からの検査が可能であるという利点があり，さらに，形式手法ごとに正しさの観点を明示できることから，何を，どこまで検査したかが客観的に把握できるという特徴がある．同時に，ソフトウェアの信頼性を確保する技術の発展経緯を振り返ると，形式手法と呼ばれる技術の他に，これと同等か，それ以上の効果を発揮し得る技術が見当たらない．形式手法を使っていることが，すなわち，知り得る限りの最善の技術を使っていることになる．

先に，欧州の組込みシステム開発において，SIL 4 のために形式手法を用いる事例が多いと述べた．しかし，形式手法の使い方はシステムごとに千差万別である．システム全体に形式手法を適用することは難しい．対象システムの，どの部分に，どの形式手法を，どのように導入するかは，個別に決定すべき事

項である．実際の適用経験からのノウハウ蓄積が重要になっている．

車載ソフトウェアでは機能安全規格 ISO 26262 が論じられ，2010 年時点で DIS（Draft International Standard）の段階にあり，近々，国際標準になると考えられる．自動車は，利用者が不特定多数であるという特徴がある．機能安全の考え方が生まれたプラント制御の分野では，専門オペレータがいることが安全性を確保する上での鍵となっていた．一方，自動車は大量生産され不特定多数のドライバが操作する機器である．家電に代表される民生機器と同様に，リスク発生時，利用者に特別な対応を期待することが難しい．安全設計が難しくなり，機能安全の考え方そのものにも大きな影響を与えると考えられる．

ISO 26262 は IEC 61508 と同様に，ASIL（Automotive Safety Integrity Levels）を A から D までの 4 つのレベルで定義している．ソフトウェアを扱う ISO/DIS 26262-6（Passerone, 2009）では，形式手法に言及している．第 1 に，ISO 26262-6 は説明の進め方として V 字型開発プロセスを採用し，各段階でのトピックスあるいはメソッドに対応して勧告の度合いを ASIL レベルごとに記している．高い信頼性を求めるレベル D を達成することを目的とするメソッドのいくつかとして，形式手法（Formal Methods）に関わる技術キーワードを挙げている．特に，「要求の検証」，「アーキテクチャ設計の検証」，「ユニット設計の検証」で，「形式検証」を推奨（recommended）している．[5]

4-2 欧州の形式手法プロジェクト：DEPLOY

形式手法の分野は欧州ではじまったこともあり，1980 年代の ESPRIT をはじめとする EU 研究開発支援の枠組みの中で，多数の研究プロジェクトが実施されてきた．最近は，FP 7-ICT の枠組みで研究支援がなされている．ここでは，最も規模の大きなプロジェクトである DEPLOY を紹介する．

DEPLOY は ICT チャレンジ 1 の IP（Integrated Project）で 21 M ユーロ（約 27 億円）の大きなプロジェクトである．FP 6 で実施された RODIN プロジェクトの成功を受けて 2008 年から 4 年間の計画で活動中である．本プロジェクトは形式仕様言語 Event-B と支援ツール RODIN を中心とし，産業界での実用化を目指す．プロジェクト体制は，研究開発の主体をなす 5 大学を中心に，RODIN ツール開発を担当するソフトウェアハウスが加わっている．さらに，IP であることから，産業界との密な連携が必須である．多様なソフトウェアへの適用検討を行うことを目的とし，SAP（Web 系エンタープライズ），BOSCH

(車載),Space Systems(宇宙),Siemens(鉄道)の4社が参加している.

　Event-B は,J. R. Abrial 氏が B メソッドの後継として考案したリファインメントに基づく形式手法である.B メソッドはパリ地下鉄の自動走行制御ソフトウェア開発に適用されて大きな成功を収めたことで著名な形式手法である.パリ地下鉄の案件は B メソッドのツールならびにコンサルティング会社の協力によって Siemens France が開発を担当した.その後,シャルルドゴール空港シャトル,バルセロナ地下鉄などの開発に水平展開され,ニューヨークならびに香港の地下鉄など,世界20数カ所で適用実績がある.構築からの正しさの技術を実証した事例として高い評価を得ている.

　B メソッドは産業界での実適用という点で大きな成功を収めたが,構造化設計を前提とする形式仕様言語であって,逐次型プログラムの手続きやデータ構造を対象とするだけであった.そのため,B メソッドでは難しかった開発上流工程のシステム分析までを可能とするように,形式仕様言語 Event-B が新たに考案された.B メソッドがプログラムを対象としていたのに対して,Event-B はシステムを記述対象とする.ここで,システムとは,ソフトウェアだけではなくハードウェアを含む作動環境のことをさす.

　Event-B ならびに RODIN ツールの基本的なアイデアは,先行した RODIN プロジェクトの成果を引き継いでいる.DEPLOY では,新しい応用事例を取り扱うことで Event-B 言語仕様の改訂,高度な自動検証機能を有する Plugin ツールの開発を行っている.同時に,プロジェクトに参加している4社が自社の課題への適用検討を行っている.

　研究開発を進める上での DEPLOY プロジェクトの強みは,先に述べたパリ地下鉄での成功事例を持つことである.パリ地下鉄の場合,作成された B メソッドの記述は約10万行の規模である.この記述そのものを,新しいツール開発の際のベンチマーク問題として使う.たとえば,従来の自動検査ツールで検証できなかったが,新しい研究試作ツールによると3から5分で自動検査が終了することが報告されていた.形式手法の技術革新にとって,産業界の実事例を持つことは,きわめて大切なことである.

　FP 7-ICT のチャレンジ1は Pervasive and Trustworthy Network and Service Infrastructures という幅広い研究分野を扱う.その中で,DEPLOY は1.2の Internet of Service and Software というソフトウェア生産技術に関するサブチャレンジで実施されている.2009〜2010年公募では,チャレンジ

第5章 ソフトウェアのコア技術

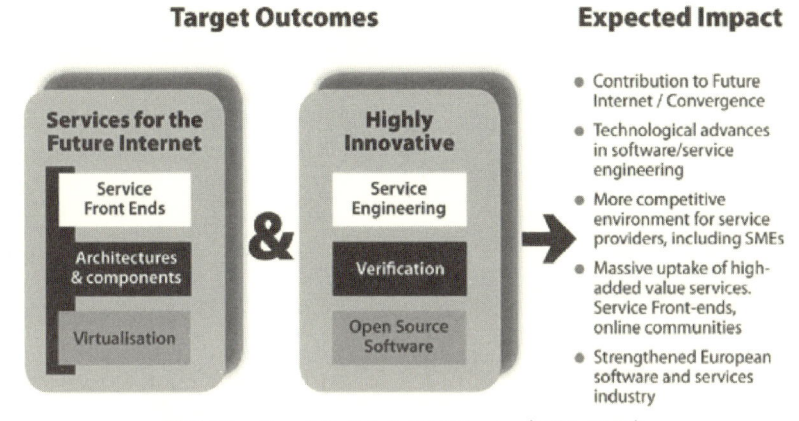

図 5-12 チャレンジ 1.2 のビジョン (2009-2010)
出所) ICT Web 公開資料.

1.2 について，図 5-12 のようなビジョンが示された．チャレンジ 1 総額予算の 20％強に相当する 110 M ユーロ（約 150 億円）を予定している．革新性（Highly Innovative）の要件として，検証（Verification）が重要な技術観点になっていることがわかる．

欧州では，ソフトウェア技術の中心課題として，形式手法，検証を重要視していることが読み取れる．

5　FP 7-ICT ESD の最新動向

5-1　Call 4 の状況

FP 7-ICT ESD の Call 4 は，2010 年 1 月からプロジェクトが正式に発足している．最新の動向を知る上で，Call 4 のビジョンならびに形式手法に関連する採択プロジェクトの例として DESTECS の概要を紹介する．

Call 4 では，FP 7-ICT ESD と ARTEMIS との関係が明記された．特に，ARTEMIS 2009 のサブプログラム 1 の Methods and Process for Safety Relevant Embedded Systems を補完する研究テーマを募集している．ワークプランでは call 1 と同様に 2 つの技術的な方向が示されている．

① システム設計の理論と新規の方法

Call 1 と同様の狙いを持つが ARTEMIS 2009 との関連を重視する．電子工

学や制御工学との融合,北米との協力を継続する一方,新たな国際協力の可能性.

② プラットフォーム指向組込み設計の要素技術とツール

拡張可能な統合ツール環境の研究開発を主体とする.実行プラットフォームまでの一貫した支援,モデル駆動開発.

Call 4 採択プロジェクトの全体像は不明であるが形式手法に関係する STREP として DESTECS が採択されている.形式手法の黎明期から研究開発が続いている形式仕様言語 VDM 関連の最新プロジェクトであり,また,車載ソフトウェアでも重要な技術である制御工学との融合を課題として取り組んでいる.VDM は古くから欧州の研究プロジェクトとして支援されており,また,標準化とも関わっている.特に,VDM-SL は ISO 標準になっており,これにオブジェクト指向拡張した VDM++は 1992 年に ESPRIT-III としてはじまった Afrodite プロジェクトの成果である.非常に息の長い技術であることがわかる.

DESTECS は,オランダ国内の産学連携研究プロジェクト BODERC での成果を発展させ産業界での実用化を目的として,call 4 の技術項目(2)に対して提案された.制御ソフトウェアを VDM-RT で,制御対象(プラントモデル)を 20-Sim で各々表現し,全体の協調シミュレーションを行う.システム開発の上流工程での機能確認を目的とするツールと開発方法論の確立を目指す.20-Sim は Twente 大学で開発・商用化されている連続系シミュレーション・パッケージである.北米の商用ソフトウェア Matlab/Simulink 対抗と考えるとわかりやすい.

DESTECS は 3 つの大学と 4 つの企業から構成されるコンソーシアムとして実施される.研究の中心は先に述べた通り,ツールと開発方法論である.これらの成果を評価,ならびに利用からのフィードバックを行うために 7 つの事例適用を行う.メカ制御の事例が多い.このうち 4 つの事例は産業界メンバ企業が担当するが,この活動は ESD からの研究資金提供を受けない.既に,BODERC での成果を利用して作業が進んでいるらしい.ESD の研究資金を使わないかわりに,その成果を公開する必要がないので,Non-Disclosure 等の取り決めが不要となる.さらに,DESTECS コンソーシアムでは Industry Follow Group (IFG) を設けて,産業界の声を研究開発活動にフィードバックする工夫を行った.現在,IFG には Airbus, Nokia, Siemens など 16 の企業

が名前を連ねている．FP 7-ICT プロジェクトが産学連携を重視していることの表れと思われる．

5-2 その他の取り組み

最後に，図5-6に示した研究開発プロジェクト群を下から支える学術基礎研究の最近の活動に簡単に触れる．欧州では，実証指向の ARTEMIS から学術基礎研究まで幅広いスペクトルでの研究活動が継続していることを改めて確認することができる．図5-6には示していないが，FP 7 の枠組みでも FET（Future Emerging Technologies）と呼ぶ ICT よりも基礎寄りの研究プロジェクトの支援体制がある．

ERCIM（European Research Consortium for Informatics and Mathematics）は研究活動を実施する側の大学・研究機関が中心の集まりである．1985年以来，研究機関コンソーシアムとして活動している．ERCIM は FP への入力となるロードマップを学界の立場から作成し，この活動には EU 域外部の専門家も参加している．さらに，研究者の ICT-FP 等への研究提案応募の支援，FP プロジェクトの実施運営を行う．また，ERCIM-WG で活動している研究グループの多くが FP 7 の予算配分を受けている．形式手法に関係する WG としては，FMICS（Formal Methods for Industrial Critical Systems），MLQA（Models and Logics for Quantitative Analysis），STM（Security and Trust Management），Dependable Software-intensive Embedded Systems, Constraints などがある．特に，MLQA は北米の CPS 検証研究者と同様に，「Co-existence of Booleans and Reals」に関する基礎研究を行うもので，車載ソフトウェアの理論基盤に関する研究ともいえる．

次に，各国個別の研究プロジェクトについても簡単に触れる．形式手法の分野では，2002年からはじまった英国グランドチャレンジの影響が大きい．いわゆる学界中心の活動であり，具体的なプロジェクトテーマとしては，Verified Compiler と Verified Repository がある．前者は自動検証機能を組み込んだコンパイラ言語とツールの研究開発，後者は多様な検証事例を収集して利用可能とする活動である．Verified Repository では異なる手法で検証したコンポーネントを組み合わせて新たなシステムを構成する際に，既存の検証結果を再利用できるようにするための「形式手法のインターオペラビリティ」という新しい研究を含む．英国グランドチャレンジは IEE, BCS, IFIP 等の専

門学会を活用して，世界中の研究者を巻き込む活動になっている．

　ドイツ国内の研究プロジェクト例として，Verified in Germany をキャッチフレーズとした Verisoft/VerisoftXT を紹介する．自国の産業力強化を目的にはじめられた産学連携の実証プロジェクトである．産学連携というと，普通は，学側が提供した要素技術をもとに産業界パートナが実証研究を行うというイメージが強い．しかし，VerisoftXT は逆であって，産業界で開発中のプログラム自動検証ツールを用いる点が興味深い．この事例では，マイクロソフト研究所が開発中の VCC（Verified C Compiler）を用いて，産学で Windows 仮想化ミドルウェア Hyper-V の全体を検証する．使っている技術は1970年代に考案されたもので，標準理論といってよいが，C プログラムの性質を具体的に表現することが難しい．技術の難しさが要素技術から適用技術に移ってきているのである．2009年秋時点の情報によると，10万行のうち3万行の検証に成功し，今後は水平展開できる段階に達したということである．

　この適用技術の研究開発に，産学連携を通して大学が寄与している．さらに，Hyper-V の検証作業を通して得たノウハウを活用して，他のプロジェクト参加企業がリアルタイム OS のセキュリティ認証を行うことも計画している．セキュリティの分野ではコモン・クライテリアで規定されたセキュリティ品質を達成することが必須であり，プロジェクトの成果が多くの企業に展開されることが望ましい．最高レベル（EAL 6 ないし 7）のセキュリティ品質を達成することは技術的にチャレンジングであり，VerisoftXT の大きな目標になっている．

　その他の欧州各国でも，国内の研究資金による形式手法の研究プロジェクトが多数実施されている．そこでの成果が FP 7-ICT 等に発展することもあり，オランダ国内の BODERC から発展した DESTECS の例を先に紹介した．研究の進め方，継続のさせ方という点で興味深い事例である．

注
1）Kim G. Larsen and Brian Nielsen, "Quasimodo Project Presentation Slides", http://www.quasimodo.aau.dk/publications.html
2）モデリングをこれらの分類に従って独立に考えられる場合ばかりとは限らないが，考えを整理することを助けるために敢えて分類を試みた．
3）Model checking における "Model" は，本説で扱っている「モデル」とは意味が異なる．A.1.2 参照．

4）ソフトウェアを多く含むシステムの規格や標準は，最終製品に対する試験や数値で定義することは困難である．
5）推奨を表すため，DIS文書では＋と記載されている．

参考文献

Bouyssounouse B. and Sifakis, J. eds. (2005) *Embedded Systems Design—The ARITST Roadmap for Research and Development*, LNCS 3436.

FM Wiki, http://formalmethods.wikia.com/wiki/Formal_methods.

ISO/DIS 26262-6

ITEA Project. (2009) "ITEA Roadmap for Software-Intensive Systems and Services 3 rd edition Executive Summary," February 2009.

Kim G, Larsen and Brian Nielsen,. "Quasimodo Project Presentation Slides," http://www.quasimodo.aau.dk/publications.html

Passerone, R., I. B. Hafaiedh, S. Graf. A. Benveniste, D. Cancila, A. Cuccuru, S. Gerard, F. Terrier, W. Damm, A. Ferrari, L. Mangeruca, B. Josko, T. Peikenkamp, and A. Sangiovanni-Vincentelli. (2009) "Metamodels in Europe: Languages, Tools, and Applications," IEEE Design & Test.

Patricia, B., Cassez Franck and Laroussinie François. (2010) "Timed Modal Logics for Real-Time Systems: Specification, Verification and Control," Journal of Logic, Language and Information, Kluwer Academic Publishers, http://www.lsv.ens-cachan.fr/Publis/PAPERS/PDF/BCL-jlli 10.pdf

The ATESST Consortium. (2008) "Overview of the EAST-ADL 2 Version 1.1 (ATESST Project Deliverable D 3.1, Part I)," 2008/2/29

TIMMO Project "The TIMMO Brochure," http://www.timmo.org/publications.htm, 2009/3/26

TIMMO Project "TIMMO—HOME," http://www.timmo.org/

中島震（2007）「ソフトウェア工学の道具としての形式手法」『NII TR』2007-007 J，国立報学研究所．

第6章

開発環境／ツールチェーンの研究開発と標準化
―― 欧州における取り組みの考察 ――

鈴村延保

　組込みソフトウェアの複雑化に伴い，現場を支援する開発環境／ツールチェーンは，ますます技術レベルが高くなり，相互接続，協調開発を実現するためにツールの連動が求められている．欧州では「MODELISAR」や「INTERESTED」など，モデリング技術を中心に，異種領域の協調設計を支援するためのツールチェーン構築の共同研究活動が進んでいる．さらに，標準化の手段としてオープンソース活動が活発に行われており，「Eclipse」を中心としたツールコミュニティが構築されつつある．開発環境／ツールチェーンの分野で，欧州発の技術や活動のウェイトが高くなってきており，この現状に今後真剣に対応する必要があると考える．

1　開発環境の要素技術と標準化領域

　高品質で効率的なソフトウェア開発には，3つの"P"の取り組み領域が重要である．
　①開発プロセス領域：Process
　②開発に携わる人のスキル領域：People
　③製品に織り込まれる技術：Product technology
　この3領域は，バランス良く取り組む必要がある．以下では，それぞれの領域の欧米における標準化の動向を把握する．

1-1　開発環境プロセス領域：Process
　開発プロセスは，米国カーネギーメロン大学で提唱されたCMM（Capability Maturity Model for Software）に代表されるソフトウェア開発プロセス整備の領域や，ISO 15504[1]が一般的である．また品質システムISO 9001や，その自動車分野向け規格ISO 16949（かつては米国big 3の品質システム要求QS 9000）の規

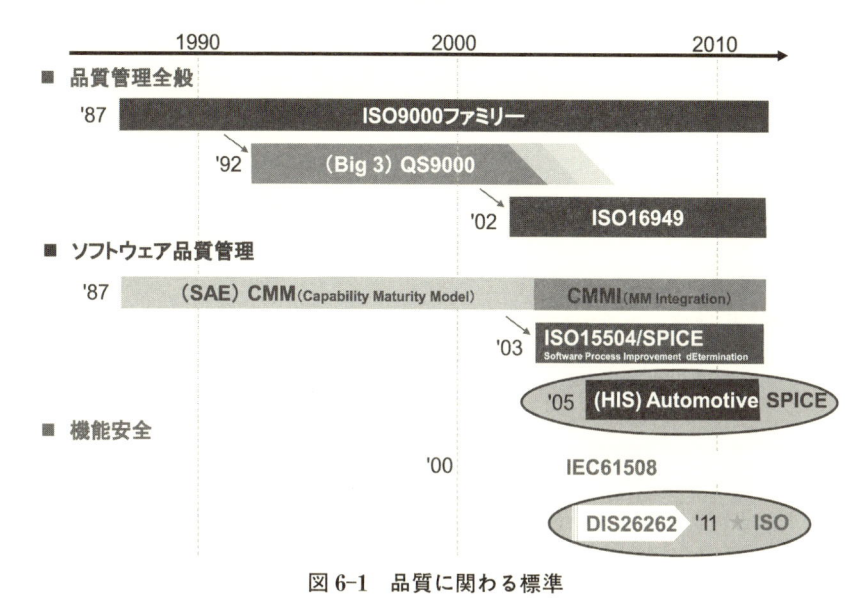

第6章 開発環境／ツールチェーンの研究開発と標準化　205

図6-1　品質に関わる標準

出所）筆者作成．

定領域である．ISO 15504 は欧州では SPICE と略称され，ドイツのフラウンホーファ研究機構が標準化に参加した．自動車をドメインとする SPICE は，特に Automotive SPICE として別個の規定を有する（図6-1参照）．

1-2　開発に携わる人のスキル領域：People

EU では，e-Competence Framework のもとで欧州委員会の主導によってスキル領域の標準化が進められてきた．ただし，EU では各国独自のスキル標準が進んでおり，e-Competence Framework が標準の大枠を設定し，実際の導入には各国の標準を参照しなければならない状況にある（e.g. イギリス：SFIA，ドイツ：AITTS，フランス：Cigref）．たとえばイギリスの SFIA について，イギリスでは「職業訓練機構」（NTO: National Training Organization）が職業ごとのスキルスタンダードを策定している．その内容に沿って公的な職業資格の認定が行われるが，IT 分野の標準を策定している NTO の e-skills UK が AISS（Alliance for Information System Skills）と共同で作成したシステム開発者向けのスキルスタンダードが「SFIA（Skills Framework for the Information Age）」である．日本では IPA/SEC（ソフトウェア・エンジニアリングセンター）の ETSS（組込

み技術スキル標準）や，ISO 9001 の規定が参照されている．今日では，より具体的かつ客観的な開発要員のスキル把握が必要になっている．ETSS の例でいえば，機能安全に対応する必要スキルを整理追加する取り組みが行われている．

1-3　製品に織り込まれる技術：Product technology

通信仕様の標準化やソフトウェア・プラットフォームの標準化など，製品に織り込まれる技術が Product Technology の領域である．この領域には，AUTOSAR 標準プラットフォームも含まれる．機能安全規格 ISO 26262 は開発プロセスだけでなく，組込みシステムに織り込まれる技術全般を規定している．

開発環境／ツールチェーンを考える場合，これらの領域全般を支援する環境や連携を意味する．また，V字プロセスの各工程を支援する環境や，工程間の連携も必要である．そのため，開発環境は標準化動向と切り離せない．標準化された開発環境基盤，プログラム言語，モデリング言語，標準開発プロセス，テスト環境，シミュレーション環境，開発管理マネジメントが重要である．これらに関する，開発プロジェクト周辺の活動イメージを図 6-2 に示しておいた．

また標準規格と開発活動の関係を図 6-3 に，V字プロセス全体で検証を行っていく V&V プロセスに関連するツール領域を図 6-4 に示しておいた．ここか

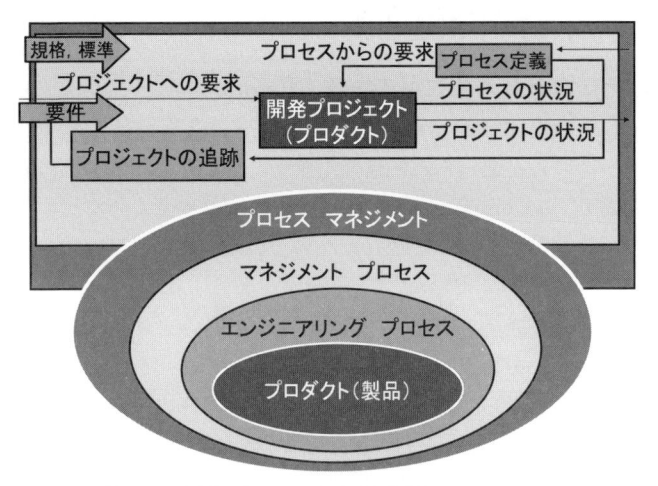

図 6-2　開発プロジェクト活動周辺のイメージ

出所）　筆者作成．

第6章 開発環境／ツールチェーンの研究開発と標準化　207

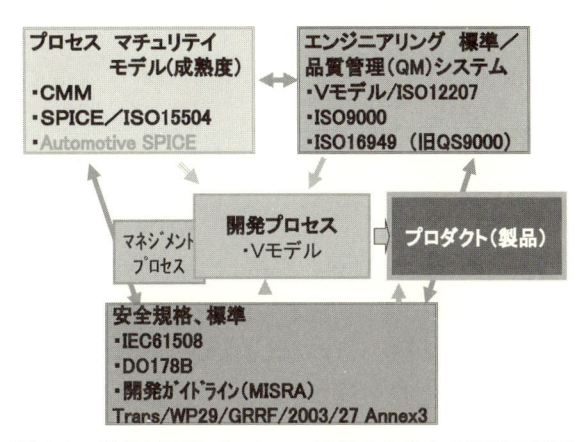

```
[プロセス マチュリテイ        [エンジニアリング 標準／
 モデル(成熟度)           品質管理(QM)システム
 ・CMM                  ・Vモデル／ISO12207
 ・SPICE／ISO15504        ・ISO9000
 ・Automotive SPICE]      ・ISO16949 (旧QS9000)]
            ↓                    ↓
        [マネジメント] → [開発プロセス] → [プロダクト(製品)]
         プロセス      ・Vモデル
                         ↑
                   [安全規格、標準
                    ・IEC61508
                    ・DO178B
                    ・開発ガイドライン(MISRA)
                    Trans/WP29/GRRF/2003/27 Annex3]
```

図 6-3　製品と開発プロセスへ影響する異なる標準の関係
出所）筆者作成．

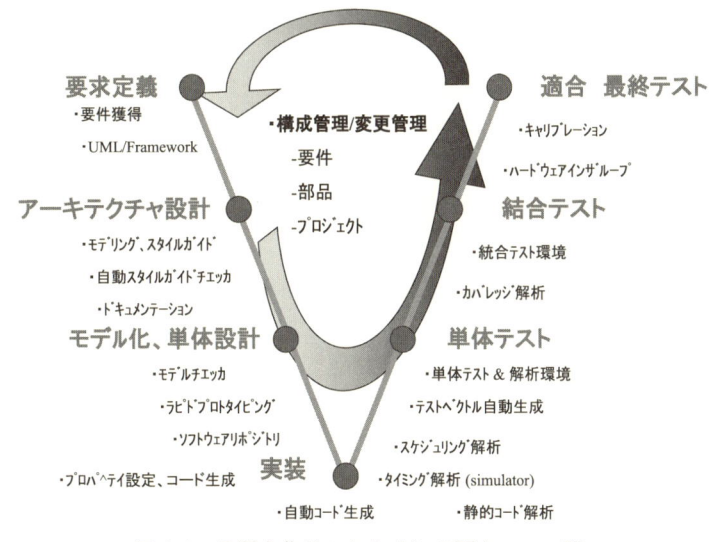

Vモデル図：

- **要求定義**
  - ・要件獲得
  - ・UML/Framework
- **アーキテクチャ設計**
  - ・モデリング、スタイルガイド
  - ・自動スタイルガイドチェッカ
  - ・ドキュメンテーション
- **モデル化、単体設計**
  - ・モデルチェッカ
  - ・ラピッドプロトタイピング
  - ・ソフトウェアリポジトリ
  - ・プロパティ設定、コード生成
- **実装**
  - ・自動コード生成

構成管理/変更管理
　-要件
　-部品
　-プロジェクト

- **適合　最終テスト**
  - ・キャリブレーション
  - ・ハードウェアインザループ
- **結合テスト**
  - ・統合テスト環境
  - ・カバレッジ解析
- **単体テスト**
  - ・単体テスト＆解析環境
  - ・テストベクトル自動生成
  - ・スケジューリング解析
  - ・タイミング解析 (simulator)
  - ・静的コード解析

図 6-4　品質を作りこむために必要なツール群
出所）筆者作成．

らは，多岐にわたる領域で，開発環境やツールチェーンの標準化が必要になっていることがわかる．

　さらに今日では，組込みソフトウェアの開発と生産をライフサイクルとして

捉えるようになってきている．アプリケーション・ライフサイクルと呼ばれる開発初期から，車種派生開発，生産終了までの支援環境が必要になっており，高度化されたツールの開発が期待されている．それぞれの開発，維持サイクルでの管理手法は，ALM（Application LifeCycle Management），PLM（Product Life Cycle Management）と呼ばれている．

2 開発環境とツールの機能，および主要プレーヤ

2-1 個別要素技術の発展とV字プロセス管理への移行

ソフトウェアの開発効率向上に寄与した技術を時系列で列挙するならば，以下のようになる．

① 高級プログラミング言語と，システム動作を支援するオペレーティング・システムの提案
② 高級プログラミング言語の翻訳（コンパイラ）技術，最適化技術の進展：1パスコンパイラの提案
③ 会話型統合環境 IDE の提案と実現可能性を後押ししたシリコン革命
④ コンパイラ技術の発展の延長としての静的解析，検証技術の高度化
⑤ 抽象化，厳密化を絵（モデル）で実現する高級言語としてのモデリング表記と，モデルベース設計手法（MBD, MDD）提案
⑥ シミュレーション／アニメーション技術による検証技術の高度化
⑦ プラットフォームベース開発（PBD）の提案
⑧ V字プロセスの定着
⑨ V字上での開発プロセスの管理明確化，強化

今日では，これらを総合して，V字プロセス各工程での工学化とそれらのツール支援化が進んだ．しかし，より上流の要件管理分野での工学化，ツール化は他の工程と比べて遅れている．たとえば，ソフトウェアの構成管理は，バージョン管理ツールで一般的に行われている．しかし，対応する仕様書管理やソフトウェア設計書管理は，標準化や統一した仕組みで行われていない．これら要件管理は重要な課題である．なぜなら，機能安全ではトレーサビリテイの強化が求められているからである．上流工程での成果物の電子化，標準フォーマット化，標準プロセスの導入が有効である．

欧州では要件管理の文化が定着し，標準化活動が根付いている．主要要件管

理ツールは Doors（IBM/Tele-logic フィンランド），Reqtify（Geensoft フランス），IrQA（IrQA スペイン），Caliber（Borland ドイツ）など欧州ベンダが多数を占めている．それらのツールや手法を使い，OEM，サプライヤなど企業を跨いだ高信頼性な要件管理や交換が必要とされてきている．ドイツ HIS が進める要件管理フォーマット RIF の標準化による電子要件交換の推進は，この目的に因る．RIF の標準化によって，各種の要件管理ツールの相互運用を図ることができる．

電子商取引の推進については，国内でも同様の取り組みが見られるが，電子ソフトウェアに関連する要件のフォーマットまでは踏み込んでいない．経済産業省は 2009 年，電子データ交換（EDI）の実現に向けたビジネスインフラ整備に着手した．今後の活動の拡大が望まれる．

2-2　異種領域の協調設計

開発上流工程では，さらにメカやハードを含む異種領域（ヘテロジニアスと呼ぶ）設計効率化が必要になっており，これらメカツールやハードツールとの連携，協調，コ・シミュレーションなどが求められてくる．異種領域を表記するにはモデリング表記が適している．ここでも各種領域との標準化が重要である．

たとえば，メカを含む制御システム設計の可能なモデリングツールである Mathworks 社の Simulink は，自動車分野でモデリング，シミュレーション・ツールとして多用されている．他方，欧州では Modelica のような欧州発の標準化を目指すオープン・イノベーションのプロジェクトに見られるように，メカ，制御モデリングの記述やツールの標準化に取り組んでいる．またフランスは Scilab/SCICOS と呼ばれるオープンソース活動によって，Matlab/Simulink と同様な機能実現をするツールを無償公開し，普及を図っている．

この分野は，Mathworks 社が米国企業であり，ISO 化されていないモデリング表記であることから，欧州独自の標準化に持っていくことが，ねらいとされる．過去，ドイツの MatriXX 社が，Matlab/simulink とほぼ機能が同等なツールを提供していた．欧州自動車業界では重要な位置を占めていたが，1997 年に Mathworks 社に買収された経緯がある．Matlab/Simulink のプレゼンスが益々高まっていく中で，ドイツでは 1994 年にモデリングツールベンダー ETAS 社がボッシュから独立し，ASCET と命名したソフトウェア開発用モデリングツールを拡張し，メカを含むヘテロジニアスなモデリングまでカバー

することを狙ったのではないかと思われる時期もあった．しかし，ヘテロジニアスな領域での Matlab/simulink の優位性は変わらず，今日に至っている．

この領域に必要な技術は多岐にわたり，また高度で各社のツールが協調して利用されることが必要である．プログラミング環境と位置づけた時の Matlab/Simulink コード生成の効率化に関して，技術補完の関係ではドイツ dSPACE 社があり，HILS（Hardware In the Loop System）の環境支援の関係では Mathworks 社と協調関係にある．他方で dSPACE 社は，欧州の各種共同開発プロジェクトに参加し，技術蓄積を進めている．以下では，ツール開発をめぐる欧州の動向を詳しく見ていくことにする．

(1) メカから制御までのツールの結合を目指す MODELISAR

MODELISAR プロジェクトは，1 章と 2 章で触れられた欧州の共同研究開発プログラムであるユーレカ・イニシアティブ（ITEA 2）において 2008 年から 2011 年の期間で進められているオープン・イノベーションのプロジェクトである．ソフトから電子，メカ，流体等までを含めたシミュレーション環境を統合して，コンピュータ上にモックアップ（mock-up）を作成し，システム開発を助けることを目標としている（図 6-5）．相互運用の対象には AUROSAR モデルが明記されており，基本的に車載電子機器分野のプロジェクトの 1 つと考えられる．

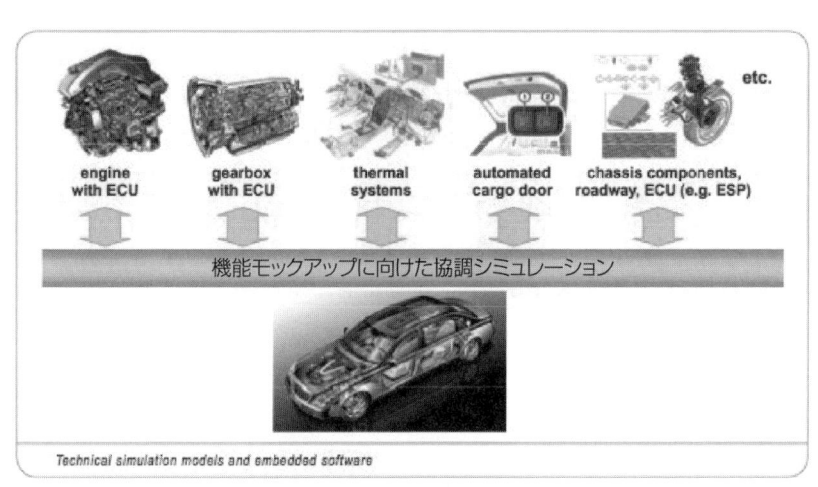

図 6-5　MODELISAR の対象領域（文献［1］より引用）

出所）ITEA-2（2008）．

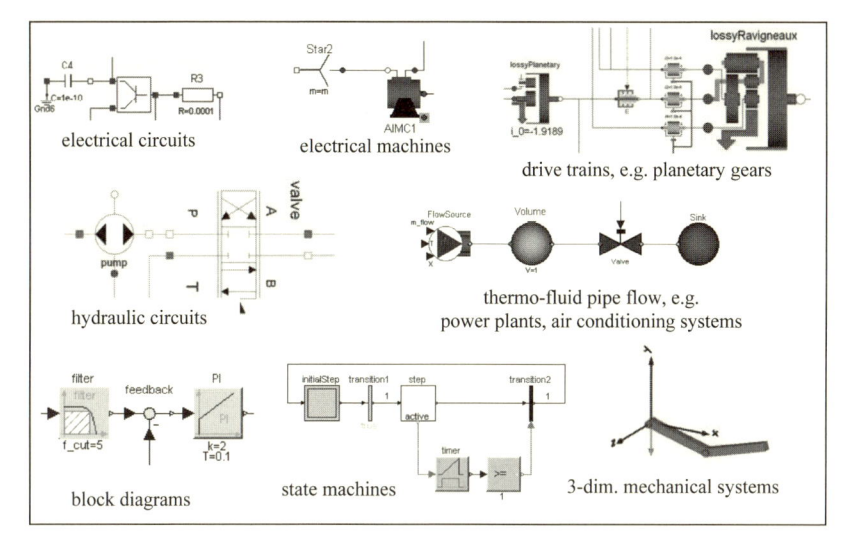

第6章 開発環境／ツールチェーンの研究開発と標準化　211

図6-6　Modelica言語が記述対象とする分野
出所）Modelica project（2009）.

　MODELISARの目的は，協調シミュレーションを可能にするツールの開発と考えられる．その要素技術として現在までに主に取り組まれているのは，Modelica言語仕様とそのライブラリ，ならびにFMI（Functional Mock-up Interface）の策定である．

　Modelica言語は図6-6に示す様々な分野を記述対象とし，言語仕様としてはテキストによる記法のみを定義している．単一の言語仕様に全ての分野の記述を基本的に包含している他，既存ツールに特化した記法を可能にするためのコンテナも提供している．たとえば積分法については，オイラー法に基づく方法や台形公式による方法を標準的に扱える．加えて，外部シミュレータの関数の仕様を記述できるようになっている．

　Modelica言語仕様では，付属の"package Modelica"と呼ばれる標準ライブラリが分野毎にパッケージ化されて提供され，開発容易性の向上のために全てのライブラリは図式表現と関連付けられている（図6-7, 図6-8）．さらに，外部からCとFortranの関数を取り込むこともできる．

　FMIはモックアップを作成する時に，シミュレータがどのように実行可能なモデルを生成するかを定義する．これにより各分野のシミュレータが統合モ

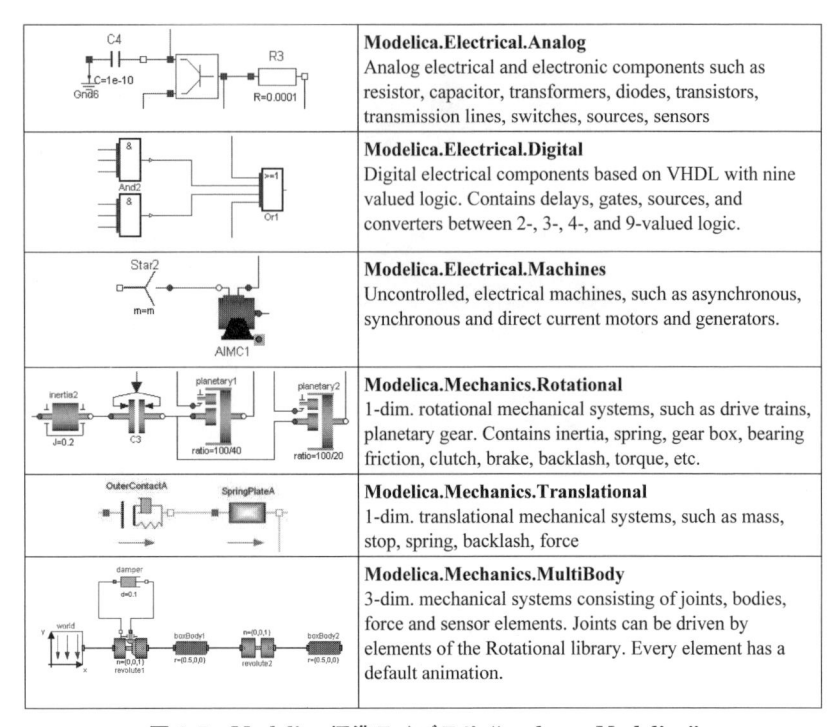

(C4, Gnd6, R3 回路図)	**Modelica.Electrical.Analog** Analog electrical and electronic components such as resistor, capacitor, transformers, diodes, transistors, transmission lines, switches, sources, sensors
(And2, Or1 論理回路)	**Modelica.Electrical.Digital** Digital electrical components based on VHDL with nine valued logic. Contains delays, gates, sources, and converters between 2-, 3-, 4-, and 9-valued logic.
(Star2, AIMC1)	**Modelica.Electrical.Machines** Uncontrolled, electrical machines, such as asynchronous, synchronous and direct current motors and generators.
(inertia2, planetary1, planetary2)	**Modelica.Mechanics.Rotational** 1-dim. rotational mechanical systems, such as drive trains, planetary gear. Contains inertia, spring, gear box, bearing friction, clutch, brake, backlash, torque, etc.
(OuterContactA, SpringPlateA)	**Modelica.Mechanics.Translational** 1-dim. translational mechanical systems, such as mass, stop, spring, backlash, force
(damper, boxBody1, boxBody2, revolute1, revolute2)	**Modelica.Mechanics.MultiBody** 3-dim. mechanical systems consisting of joints, bodies, force and sensor elements. Joints can be driven by elements of the Rotational library. Every element has a default animation.

図 6-7　Modelica 標準ライブラリ "package Modelica"
出所)　Modelica project（2009）.

ックアップに対して実行可能なモデルを提供し，モックアップ全体でのシミュレーションが可能になる（MODELISAR Project, 2010）．

　MODELISAR では様々な記述を許す枠組みが提供され，その一部に対しては一定の解を既に与えている．今後は完成したシステムのモックアップに対してどこまで解析や検証が可能かを明らかにするとともに，どこまで検証するべきかを FMI を通して伝達する方法，ならびに部品化して検証を容易にする部分の検討方法などが議論になってくると思われる．

（ 2 ）ソフトウェア開発に必要なツール群の結合を目指す INTERESTED

　INTERESTED（INTERoperable Embedded Systems Tool chain for Enhanced rapid Design, prototyping and code generation）プロジェクトは，複雑化する組込みシステムのソフトウェア開発をターゲットとしている．欧州内の企業や研究所が保有する既存のツール（過去の研究プロジェクトの成果を含む）を繋げることに

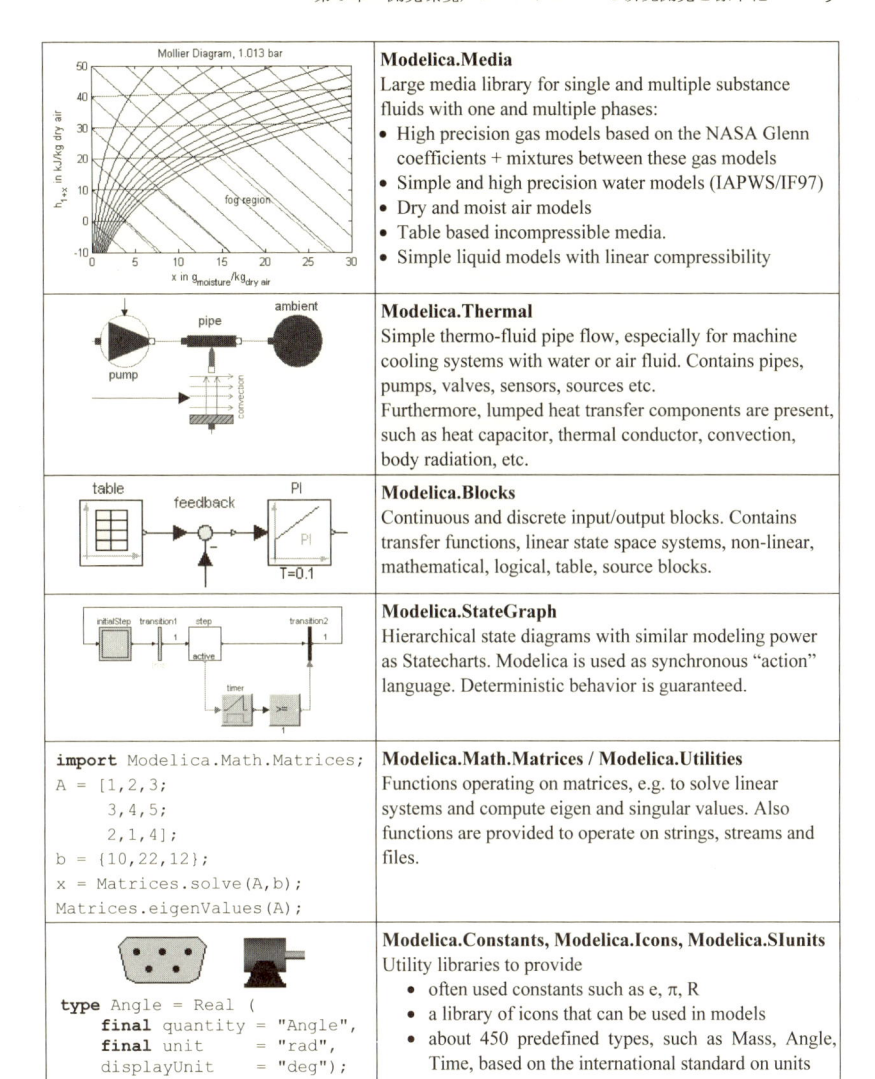

(Mollier Diagram, 1.013 bar)	**Modelica.Media** Large media library for single and multiple substance fluids with one and multiple phases: • High precision gas models based on the NASA Glenn coefficients + mixtures between these gas models • Simple and high precision water models (IAPWS/IF97) • Dry and moist air models • Table based incompressible media. • Simple liquid models with linear compressibility
(pump – pipe – ambient, convection)	**Modelica.Thermal** Simple thermo-fluid pipe flow, especially for machine cooling systems with water or air fluid. Contains pipes, pumps, valves, sensors, sources etc. Furthermore, lumped heat transfer components are present, such as heat capacitor, thermal conductor, convection, body radiation, etc.
(table, feedback, PI T=0.1)	**Modelica.Blocks** Continuous and discrete input/output blocks. Contains transfer functions, linear state space systems, non-linear, mathematical, logical, table, source blocks.
(initialStep, transition1, step, transition2, active, timer)	**Modelica.StateGraph** Hierarchical state diagrams with similar modeling power as Statecharts. Modelica is used as synchronous "action" language. Deterministic behavior is guaranteed.

`import Modelica.Math.Matrices;`
`A = [1,2,3;`
`    3,4,5;`
`    2,1,4];`
`b = {10,22,12};`
`x = Matrices.solve(A,b);`
`Matrices.eigenValues(A);`
	Modelica.Math.Matrices / Modelica.Utilities
	Functions operating on matrices, e.g. to solve linear systems and compute eigen and singular values. Also functions are provided to operate on strings, streams and files.

`type Angle = Real (`
`  final quantity = "Angle",`
`  final unit     = "rad",`
`  displayUnit    = "deg");`
	Modelica.Constants, Modelica.Icons, Modelica.SIunits
	Utility libraries to provide
	• often used constants such as e, π, R
	• a library of icons that can be used in models
	• about 450 predefined types, such as Mass, Angle, Time, based on the international standard on units

図 6-8　Modelica 標準ライブラリ "package Modelica"
出所） Modelica project, (2009).

より，開発の全領域に渡る統合されたツールチェーンを開発する超国家レベルのオープン・イノベーションFP7の一部である．成果物であるツールチェーンはオープンなリファレンス実装として公開されている．

INTERESTED reference tool chain overview

System & Software Design Domain
- Artisan Software Tools - Artisan Studio
  SysML System Design & Architecture
  (Topcased/Papyrus interoperability demonstration case)
- ESTEREL Technologies – SCADE Suite/SCADE Display
  Modeling & Certified Code Generation

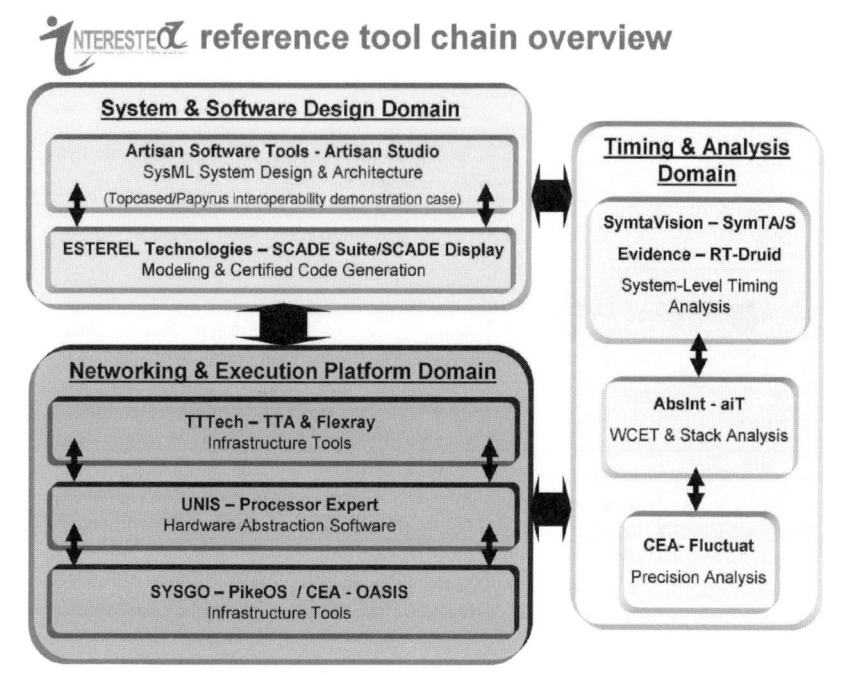

Networking & Execution Platform Domain
- TTTech – TTA & Flexray
  Infrastructure Tools
- UNIS – Processor Expert
  Hardware Abstraction Software
- SYSGO – PikeOS / CEA - OASIS
  Infrastructure Tools

Timing & Analysis Domain
- SymtaVision – SymTA/S
  Evidence – RT-Druid
  System-Level Timing Analysis
- AbsInt - aiT
  WCET & Stack Analysis
- CEA- Fluctuat
  Precision Analysis

図6-9　INTERESTED リファレンスツールチェーンの概要
出所）INTERESTED Project（2009）．

INTERESTEDでは，組込みシステムの開発を3つのドメインに大別して，それぞれのドメインのツールを整理している（図6-9）．すなわち，

① システムとソフトウェア設計ドメイン：SysMLなどを扱うArtisan Studio, Topcased, Papyrusなどのツール．ならびにモデリングからコード生成を扱うSCADE Suiteなどのツール．

② ネットワークと実行プラットフォームドメイン：TTA & Flexray, PikeOS, OASISなどのツール並びに実行環境．

③ タイミング分析とコード解析のドメイン：SymTA/S, aiT, Fluctuatなどのツールである．

ターゲットとするアプリケーション分野は，ミッションクリティカルな分野一般であり，自動車のみならず航空，鉄道などの分野を含む．

INTERESTEDコンソーシアムには基本的なツールを既に保有するベンダーとして，ドイツAbsInt，英国Artisan Software Tools，フランスCEA,

フランス Esterel Technologies，ドイツ Symtavision，ドイツ Sysgo，オーストリア TTTech などが参加している．ベンダーの中には，過去の研究プロジェクトによって特定の得意技術を蓄積してきたいわゆる SME（Small and Medium-size Enterprise）が多く含まれている．1つの超国家的なオープン・イノベーション・プロセスに対し，それぞれの専門分野を活かす形で複数の SME が参加し協力し合うことが研究プロジェクトに SME が参加するということのメリットの1つであろう．

一方でツールユーザとしては，フランス Airbus（エアバス），CEA，イタリア Magneti Marelli，ドイツ Siemens Mobility Division, Rail Automation，それにフランス Thales（ターレス）などが含まれ，これら大企業の経験や技術蓄積を活かしてツールの評価やドメイン知識の提供が行われている．

(3) 欧州独自のモデリングツール ASCET

ATESST プロジェクトの EAST-ADL 2 の中での振舞い記述ツールの1つとして ASCET が言及されている（図6-10）．ASCET はドイツ ETAS 社が開発しているツールスイートである．同社の製品ラインナップのうちの ASCET-MD，ASCET-RP，ASCET-SE によりモデリング＆デザイン，ラピッドプロトタイピング，量産 ECU コード生成の各機能が提供される．

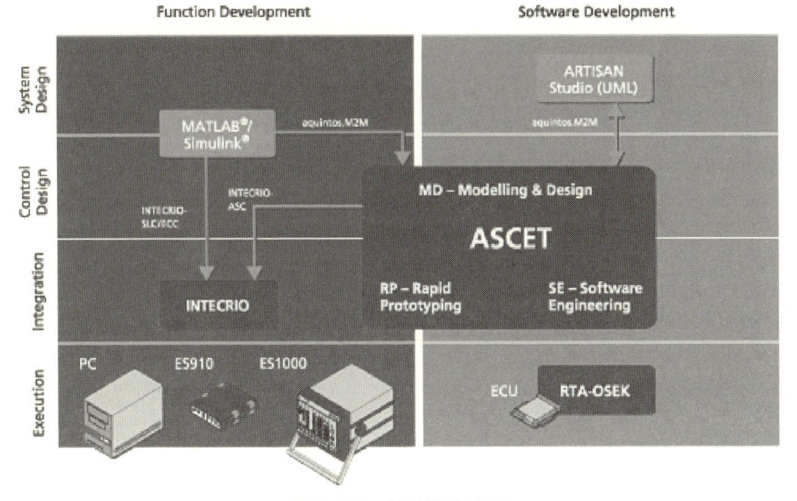

図6-10　ASCET 概要

出所）ETAS Web ページ．

ASCETの機能の1つであるコード自動生成は，IEC 61508のSIL 3が認証されている．

3 オープンソース活動と開発環境／ツールの標準化

ソフトウェアに関連する業界では，標準化活動で先行する手段として，自社のソフトウェア技術をオープンソースとして公開する動きが広がっている．欧州は標準化手段としてオープンソースを重視している．たとえばリアルタイムOSの標準化では，3章で触れたOSEK/VDXに見られるように，まず仕様の標準化，オープンな公開が行われた．現在では，仕様が複雑化した場合，オープンソースがより正確なリファレンスになるため，仕様書代わりにプログラムリストやSDL図などが公開の手段となっている．複雑なシステムでは，仕様書レベルだけではなく，実行ソースコード自体の公開が，標準化の呼び水になっている．

古くは，UNIXオペレーティングシステムやC言語がATTのベル研究所で公開され標準化されていった．Eclipse統合開発環境も同様な例である．ちなみに，日本においても名古屋大学大学院情報科学研究科の高田広章教授が会長を務めるTOPPERSにおいてオープンソース活動が進められている．主としてITRONをベースとし，時代の変化に対応した技術（マルチコア対応や組込み保護機能）への取り組み，また自動車関連ではOSEK/RTOSの公開や機能拡張，CAN，FlexRay通信ドライバ公開などが主な活動としてあげられる．

欧州において注目すべき最近の事例の1つは，フランスの国立研究機関が新技術がEclipse環境上で実行できるリファレンス（参考にする技術）を無償公開している取り組みである．この活動の目的は，欧州産業界が先進技術を容易に取り込むことを支援し，製品開発を活性化することである．モデル変換技術やモデリング標準化提案などがその例である．フランスの研究機関のオープン・イノベーション・システムであるSYSTEM@TIC Paris Regionでは，主要な取り組みの1つにオープンソース化活動をあげている．これらの新技術は最終的には産業標準として活用されることが目標にされている．

AUTOSAR周辺など車載関連でも，オープンソース活動が標準化を進める戦略として定着している．以下では，欧州における主なオープンソース活動を詳しく見ていくことにする．

3-1　ECLIPSE

　Eclipse（エクリプス）は，米国IBMによって開発された統合開発環境（IDE）の1つである．IBMが高機能ながら自社技術を公開したオープンソースであり，Java，C言語を始め，多種の言語に対応する．Eclipse自体はJavaで記述されている．2004年，非営利組織Eclipse Foundationが結成され，Eclipseの全てをEclipse Foundationに移管した．ソフトウェアの統合開発環境の意味は言語だけでなく，最近ではモデリングツールのフレームワークへも拡大している．現在Eclipse Foundationは，115以上のメンバ企業，50以上のサブプロジェクトを抱えるオープン・ネットワークに成長している．

　ソフトウェアを開発する環境は，標準化されると各種ツールが各社から提供されやすくなる．Eclipse Foundationでは，技術変化の早いソフトウェア関連開発環境の標準インフラ技術が多数提起され，それらを標準化するためにオープン公開されるという循環になっている．したがって，Eclipseは単なるソフトウェア開発環境の標準化にとどまらず，さらにその環境上で将来の自社技術の標準化を狙った仲間作りのプラットフォームになっている．

　モデリングツール開発環境のインフラ技術を提供するMOF，EMFなど，OMGで標準化された技術が公開されているが，モデリングに関する基礎技術では欧州の影響が大きくなった．モデリング記述自体は，たとえば組込みUML/MARTEはフランスINRIAが主導している．その言語理論はフランスで提案されたユニークな同期言語Synchronous Reactive Languageである．同期言語はモデリングツールSCADEにも搭載されている．また，モデル変換の技術ATL，QVTもフランス提案である．Eclipseを構成するモデリング技術は，欧州発の技術に移行していると言える．AUTOSARは標準を尊重する立場からEclipseを推奨しており，車載分野において一定程度の市場の広がりが期待できるという点においても，Eclipseは注目されている．

（1）**Eclipseの特徴**
① プラグイン
　Eclipseは機能統合環境にプラグインとしてさまざまな機能を組み込むことができるよう設計され，その拡張性は非常に高く，Java開発環境自体が標準プラグインとして実装されている．プラグイン構造によりC++やC#，D言語，Python，Ruby，JavaScript，COBOLなどの言語へ対応している．

② 融通性

Eclipseでは，開発ライフサイクルの広範囲をカバーするプラグインを利用することが可能である．たとえば，UMLモデリングツール（設計工程で必要になる機能），コーディングスタイル・チェックツール，単体テストツール，負荷テストツール，ソフトウェア構成管理ツールなどが利用可能になっている．

③ オープンソース

無料で公開されることから，広く利用される特徴を持つ．技術的にオープンイノベーションの媒体としてのEclipseや，デファクト・スタンダードとしての技術普及をねらってEclipse上で公開されることも多くなった．AUTOSARの普及には，並行してAUTOSARメソドロジーへ対応するモデリングツールの普及も必要である．したがって，AUTOSARではEclipseを推奨している．

(2) Eclipse の実用化と標準化活動

① Eclipse Automotive Interest Group

Eclipseのユーザによるオープン・イノベーションの取組みの中で，自動車関連分野のEclipse Automotive Interest Groupの活動がある．自動車分野は欧州中心の活動が活発である．活動主体は，ドイツ，フランスの企業群であり，事務局はITERMIS社（ドイツ）である．その活動の延長として，AUTOSARユーザグループとして位置づけられ，AUTOSAR関連ツールの普及インフラを狙ったARTOPがフランス，ドイツで提案されている．

② ARTOP

ARTOPは，AUTOSARのオープン・イノベーションを促進するツール・プラットフォーム（The AUTOSAR Tool Platform）のことである．提案推進している主な企業は，BMW Car IT, Continental, Geensys（現GeenSoft），プジョー・シトロエン，itemis, OpenSynergy, Tata Elxsiである．開発環境EclipseをAUTOSAR関連ツールの利用環境として使用する場合の，標準環境を提供する（図6-11）．ツールベンダーやユーザは，ARTOPのバージョンを気にするだけで，ツール相互適合を気にせずに導入できる．またモデリングツールの標準開発環境を搭載することから，ベンダーはモデリングツールを低コストで開発できるメリットがある．

③ TOPSCASED

フランスは自国先進技術の標準化を推進するために，TOPSCASEDをオー

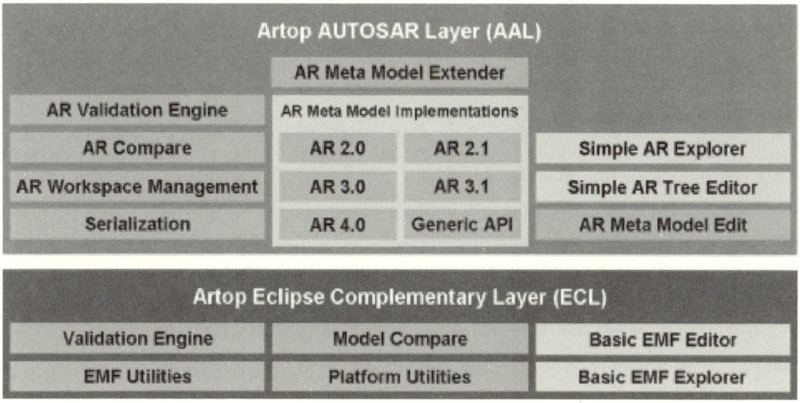

Artop AUTOSAR Layer (AAL)			
	AR Meta Model Extender		
AR Validation Engine	AR Meta Model Implementations		
AR Compare	AR 2.0	AR 2.1	Simple AR Explorer
AR Workspace Management	AR 3.0	AR 3.1	Simple AR Tree Editor
Serialization	AR 4.0	Generic API	AR Meta Model Edit

Artop Eclipse Complementary Layer (ECL)		
Validation Engine	Model Compare	Basic EMF Editor
EMF Utilities	Platform Utilities	Basic EMF Explorer

図6-11 ARTOPの構成

出所) http://www.artop.org/

プンソースの開発環境として積極的に公開している．Eclipseをカスタマイズし，モデル変換技術，Ecore，AADL，EAST-ADLなどのモデリング標準案などを早く取り組み，評価ができる環境を整えている．2008年にバージョン1.0が公開された．

④ Papyrus

Papyrusはフランス中心の活動で，TOPSCASEDと同様な趣旨で公開されている．EAST-ADLのリファレンス開発は，当初TOPSCASEDで行われたが，現在はPapyrusが主となっている．EDONAプロジェクトのツール・プラットフォームの1つでもある．ベースはUML記述ツールであるが，超国家的なオープン・イノベーションの一環としてEAST-EEAプロジェクトで策定され，その後ATESSTプロジェクトで改訂されているEAST-ADLについても積極的にサポートしており，EAST-ADL拡張プロファイルが組込まれたバージョンが配布されている．

さらに，EAST-ADLと関連の深いSysMLやMARTEについても同様にサポートしており，そのどれもが，オープンソースのツールとしてダウンロード可能となっている．このPapyrusとTOPSCASEDは標準ECLIPSE環境へ織り込むべく統合が協議されている．

3-2 プログラム言語のオープンソース活動

開発環境に関連して，プログラム言語等のオープンソース活動についても触れておきたい．今日，モデリング言語が次世代プログラミング手法として注目されている．前述のように組込みシステムの開発における複雑性軽減のため，従来のプログラミング言語だけでなく，モデリング技術が必須であると考えられている．モデリング言語は，その基礎となる．モデリング言語からプログラミング言語に翻訳される意味で，プログラミング言語の動向が影響する．

欧州では，フランス発の同期言語"Synchronous Reactive Language"と，欧州発のフォーマルメソドで使われる形式記述言語の開発が進められている．いずれも，標準化団体OMGが制定するモデリング表記標準のバックボーンになってきており，それ故プログラム言語と不可分の技術領域である．プログラム言語は，組込みシステム記述では古くからC言語が主流であるが，C++，Pascal，Common-LISP，Eiffel，など多様な言語が提案され利用された．

(1) モデリング関連のプログラム言語例

① ADA

ADAには，Ada 83, Ada 95, Ada 0 Y, Ada 2005が存在する．1979年，米国国防総省が信頼性・保守性に優れた，組込みシステム向け言語を作りたい意図のもと国際競争入札を行い，検討が始まった．ADAは，強い型付けされた言語で大規模開発や保守性の観点から可読性を重視していること，マクロを有しないこと等の特徴があった．当時としては先進的な概念が網羅的に取り入れられて，言語仕様は1983年にMILとして規格化，後にANSI標準，1987年にはISOにてデジュール標準となった．

汎用用途の広がりとしては，言語仕様の大きさや厳密さのため，コンパイラ技術やコンピュータの処理速度も低かった当時は，高価なミニコンやワークステーションでないとコンパイラが稼働しなかった．そのため，主として高い信頼性や保守性を要求される大企業のシステム開発でのみ普及した．

② C++

C++はオブジェクト指向言語として1980年代に提案され，商業化された．そしてANSIとISOの合同委員会によって，1988年にISO標準になった(ISO/IEC 14882:1998)．リリースから数年間に亘って合同委員会は不具合の報告を続け，2003年に高速処理を特徴とする訂正版が出版された(ISO/IEC 14882:2003)．仕様が複雑で学習しにくいことから，最近では，D言語，Google Go 言語などの代替提案が出ている．いずれにしても，ソフトウェア開発の大規模化の流れと，現状 C 言語での開発が主である状況から，システム記述用言語とアプリケーション記述用言語を棲み分ける動きは，さらに広がると予想されている．

③ Java

Java は，SUN 社の提案によるオブジェクト指向言語である．C 言語，C++，PASCAL への代替を目的として，1995 年に提案された．市場で実績があり，デファクト標準であるが，言語としては珍しく ISO 化されていない．Sun 社（現在 Oracle）により，オープンソースで開発環境が公開されている．

④ C#

C# は Java と機能はほぼ同等であり，Microsoft 社によって提案された言語である．その仕様は ISO/IEC 23270：2003 で規格化されている．言語仕様はオープンだが，ツールはベンダーが提供する．オープンソースに関連して，MONO プロジェクトがある．これは .NET ライブラリを LINUX や MAC でも利用できる環境をオープンで作ろうというプロジェクトである．プロジェクトの発展形として，.Net-Micro と呼ばれるコンパクトな組込み用途の .NET ライブラリを Microsoft 社自身がオープンソースとして提供するなどの動きがある．

⑤ Ruby 言語

Ruby 言語は，日本で開発され世界で利用されている，簡便な動的オブジェクト指向言語で，1995 年に公開された．インタープリタ形式であり，組込みでは利用されていないが，日本初技術でもあり，今後標準化が要望される．Ruby 言語は，関数言語の特徴をオブジェクト指向言語へ初めて融合させたものと位置づけられている．この流れは，Python，C#+LINQ，SCALA 言語へと継承され，今日の大きな流れになっている．ソースコードが公開されていて，JRuby，RUBINIUS，Ruby.NET など各種環境の拡大と国際標準化に向けた検討が行われており，関連する活動の強化が期待される．

⑥ SML#

SML# は，関数言語 StandardML に多相レコード型を導入して拡張したプログラミング言語である．1993 年に提案された．現在，東北大学電気通信研究所大堀研究室が算譜工房と共同で開発を進めており，オープンソースで公開されている．

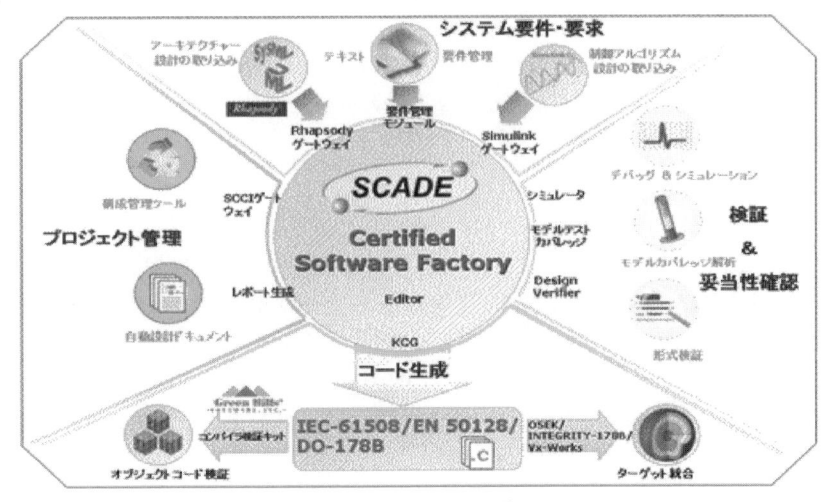

図6-12 SCADE概要図

出所) CDAJ Webページ．

⑦ 同期言語（Synchronous Language）Esterel, Lustre, Signal

Synchronous Languageは，一般のプログラミング言語よりも高水準の記述言語である．1980年代の初期にフランスINRIAで提案された．制御フロー記述重視のEsterelとデータフロー重視のLustreが代表的である．形式記述言語で，検証可能である．Lustreはモデル記述ツールSCADEのバックボーンになっている．

オープンソース活動ではないが，SCADEについて簡単に言及しておくと，SCADEはEDONAプロジェクトの中でPapyrusと並行して使用されるツールとしてあげられている．SCADE Suiteは，EDONAプロジェクトのメンバーであるESTEREL Technologies社（フランス）が開発したツール群であり，さまざまな機能を統合して利用可能である．（図6-12）

SCADE Suiteには，形式検証をサポートするSCADE Driveも用意されている．これにより，モデルに対しての形式検証を行うことが可能となっている．さらにSCADEにはIEC 61508でSIL 3/SIL 4認証されているコードジェネレータが用意されている．

SCADEでのコードジェネレータおよび，ASCETのコードジェネレータは，ISO 26262から参照されているガイドラインであるMISRA-Cにも準拠してい

る．MISRA-C に準拠するコードジェネレータは比較的多く見られるが，SCADE のコードジェネレータのように SIL 3/SIL 4 認証されているものや ASCET のもののように SIL 3 認証されているものは多くはない．

⑧　形式仕様記述言語

形式仕様記述言語としては，VDM-SL, VDM++, Z, B, Clean, OBJ, CafeOBJ, Alloy 等があげられる．VDM-SL は 1996 年に，Z は 2002 年に ISO にて標準化されている．

形式記述言語は，機能安全で推奨されるなど，大規模システムソフトウェア開発に重要性を増している．Z 記法提唱者で CSP の提案者でもあるトニー・ホーア（Tony Hoare）は現在 Microsoft に在籍している．Alloy は米国マサチューセッツ工科大学の提案である軽量形式記述用途の記法であるが，源流は欧州 Z 記法である．

IEC 61508 では，安全度水準を SIL（Safety Integrity Level）として 4 段階に区分している．そのうち SIL 2 以上では，形式手法（フォーマルメソッド）が推奨されている．前章で詳述されたように，形式手法とは自然言語での記述によるあいまいさを排除するために対象システムを論理学・集合論・代数学などを基盤とした形式仕様記述言語で記述し，その記述されたシステムに対して検証する手法の総称である（Appendix 1 参照）．開発上流工程で如何に多くの欠陥を除去

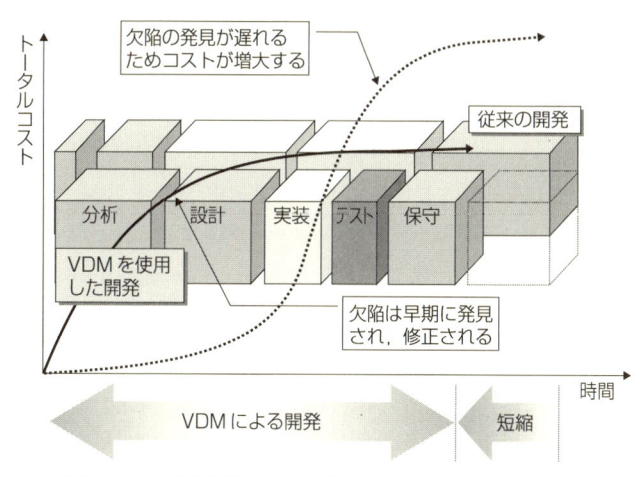

図 6-13　形式検証ツール（VDMTools）による効果

出所）　VDMTools Web ページ．

できるかが開発コスト低減の鍵であり,それを実現するための手法として実用化が期待されている.ツールはオープンソースで各種公開されている.形式検証のための技術／ツールとしては,VDMTools (図6-13),SMV,SPIN,LTSA,CWB,FDR,SAL/PVS,UPPAAL,Alloy Tools,等があげられる.このほかにも,ソースコードが公開されている,次世代をねらった組込みプログラム言語の例として,D言語,SCALA言語などがある.

⑨ Google 社 Go 言語

欧州のアーキテクチャ指向への早期取り組みがアーキテクチャ記述言語 ADL と結びつき,その結果,EAST-ADL モデリングや UML/MARTE の成果に至っている.ADL への関心は日本ではそれほど高まってはいない.これに対して米国では,SEI/SAE が AADL に早期から取り組んでいる.同じアーキテクチャ指向を強く認識して米国で実践しているのが Google 社であり,その結果が Go 言語仕様に織り込まれている.またフォーマルメソドへの橋渡しとして,欧州発の CSP 理論 (Communication Sequential Process) を言語仕様に織り込んでいる流れも,注目すべき点である.

Go は Google 社によって2007年から開発されている.設計には,ロブ・パイク,ケン・トンプソンらが関わっている.並列コンピューティングに配慮した設計になっている.主な特徴に,Python のような動的プログラミング言語の持つ開発の柔軟さ,効率性があげられる.

モデルベース設計 (MBD,MBB) も広がっている中,新たな言語提案をする必要性も高まっている.ソフトウェアの部品化の拡大に対して,システム設計,アーキテクチャ設計のモデリングツールと,部品設計,振る舞い設計のツールの2種が今後も必要で重要と認識されている.「モデリングでの設計」と「言語による設計」が,今後もウェイトが高くなると考えられている.また,マルチコアなど並列処理が進む中,その処理に対して言語仕様からサポートすることも狙いの1つである.その仕様には CSP という数学的基盤からの並列処理技術折り込みなど,大規模ソフトウェア開発へフォーマルメソド的な取り組みを広げようとしていることも注目される.

EAST-ADL モデリングに見られる,アーキテクチャを強く指向する流れと同じ方向の Dependency Injection (DI コンテナ) には,依存性注入の概念を言語仕様から支援するねらいもある.たとえば組込み関数が戻り値に多値を返すことのできる仕様は,近代の関数言語を除いて主要言語では仕様上搭載されて

いないが，昨今のアーキテクチャ定義からその内容を織り込んでいる．

多値の戻り値を重視するのは，近年のデータ処理量の増大にも起因する．プログラムの制御構造からみて，例外処理のし易さもあるが，扱うデータ量が多大となってきた近年の組込みソフトウェアにとってより重要なのは，データフロー構造を容易に実現できて，引数，返り値ともに多値が記述出来ることである．このことは，自動車業界ではデータ記述処理が容易なMatlab/Simulinkのブロック記述が重宝されて来た経緯と合致する．

⑩ Microsoft F#

F#はマイクロソフトの欧州英国研究チーム（Microsoft Researchケンブリッジ）によって開発された.NETプラットフォーム向けの関数型プログラミング言語である．ここでも欧州の取組みが活発である．フォーマルメソドのZ記法提唱者でCSPの提案者でもあるTony Hoare氏は現在Microsoftに在籍している．

F#は型安全・オブジェクト指向であり，型推論の機能をもつ．他の.NET言語と同様に.NETクラスライブラリを利用したり作成したりすることができる．2002年から欧州で取り組み始められ，2010年にVisual Studio 2010に搭載される商用言語である．.NET環境でC#などと両者共存し，得意な分野

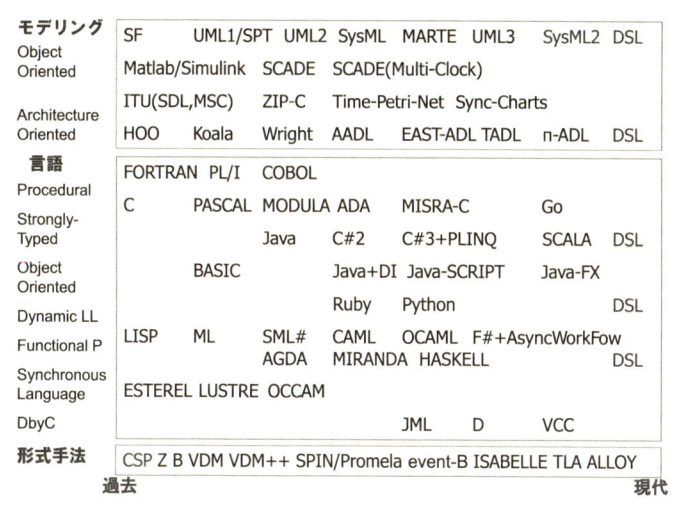

モデリング							
Object Oriented	SF	UML1/SPT	UML2	SysML	MARTE	UML3	SysML2 DSL
		Matlab/Simulink	SCADE	SCADE(Multi-Clock)			
Architecture Oriented		ITU(SDL,MSC)	ZIP-C	Time-Petri-Net	Sync-Charts		
	HOO	Koala	Wright	AADL	EAST-ADL TADL	n-ADL	DSL
言語							
Procedural	FORTRAN	PL/I	COBOL				
	C	PASCAL	MODULA	ADA	MISRA-C	Go	
Strongly-Typed				Java	C#2	C#3+PLINQ	SCALA DSL
Object Oriented		BASIC		Java+DI	Java-SCRIPT	Java-FX	
Dynamic LL				Ruby	Python		DSL
Functional P	LISP	ML	SML#	CAML	OCAML	F#+AsyncWorkFow	
			AGDA	MIRANDA	HASKELL		DSL
Synchronous Language	ESTEREL	LUSTRE	OCCAM				
DbyC					JML	D	VCC
形式手法	CSP Z B VDM VDM++ SPIN/Promela event-B ISABELLE TLA ALLOY						
	過去						現代

図6-14 モデリング領域の技術進歩

出所）筆者作成．

を共存・共有する考えである.

F#はフランスで研究開発公開されてきたOCamlを参照し,似た言語構文をもち,いずれもMLの一種である.Haskelの特徴も織り込んでいる.Go言語と同じく,並列処理記述文法を内蔵し,その数学的基盤は同じ欧州技術CSPを採用している点に特徴がある.また関数言語であり,多値の戻り値をサポートし,Dependency-InjectionやADLを意識している.

(2) モデリング領域の技術進歩

現代では機能安全でフォーマルメソドを推奨するなど,より数学的,理論的アプローチが重視されている.この意味で,ますます大規模化するソフトウェアの開発に取り組む道具として,モデリング領域の技術進歩が望まれる.最近の言語2種(GoおよびF#)に共通するのは,欧州発フォーマルメソドの応用と,欧州で先行するEAST-ADLと同様のアーキテクチャ指向技術の織り込みである.これらの動向を含め,モデリング記法の発展経緯概略を図6-14にまとめておいた.

4 開発環境とツールの今後の展望

開発環境は,年々高度化が進んでいるが,ソフトウェアの大規模化に対応するため,さらなる取り組みが求められている.欧州では,大規模化するソフトウェア開発には,現在組込みで使われているプログラム言語Cよりもさらに抽象的で簡潔に大規模システムが記述できる手法が必要と考えられ,特にモデリング記述によるソフトウェア設計・実装の取り組みが進められている.たとえばシステム・サプライヤのボッシュは,1994年に自社のツール部門をETAS社として独立させ,独自モデリング記述のASCETツール充実に取り組んできた.

車載ソフトウェアの大規模化に対応するためには,モデリング関連技術の導入が必須であろうという認識から,OMGが策定するUMLなどのモデリング提案にADLや自動車分野の要望が反映されている(図6-15).

モデリングは,ソフトウェア開発だけではなく,開発プロセスや仕様書など要件までカバーして,設計中心に位置づけるようになってきている.欧州車載組込み領域のモデリング標準案EAST-ADLの取り組みがその好例である.言語もマルチコアなどの並列処理への要望やADLによる部品化指向CBDの進

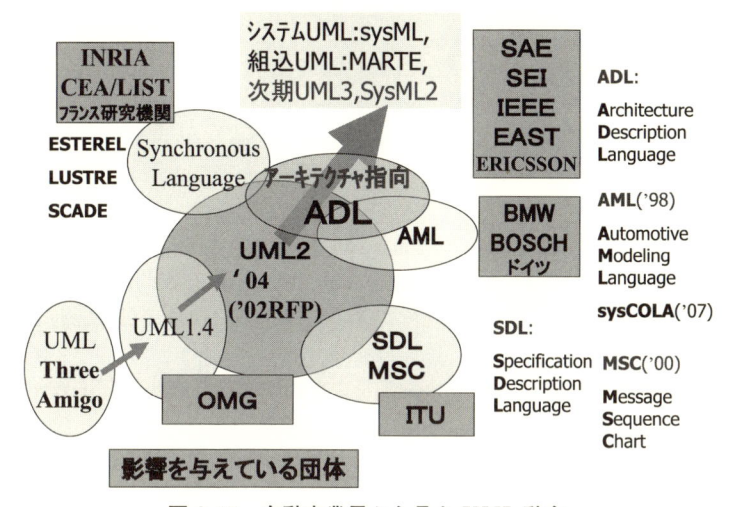

図 6-15　自動車業界から見た UML 動向
出所）鈴村・香月（2009）．

展によって，新しい段階への進化が始まっているように見える．

　これらソフトウェアの開発環境は，各種技術と標準化が関連して製品開発競争力に影響する．「モデル変換技術」や「抽象的概念を可視化する技術」など新しいスキルが必須になり，技術開発や人材育成にも関連する．さらには，ソフトウェアの開発を支援するためにツール化が不可欠である．ゆえに，それらツールを連携させるツールチェーンや，インターフェイスの標準化，新技術へツールベンダが対応しやすいリファレンスデザインの公開が望まれている．欧州ではそれら要素技術間の標準化による相互接続性確保に向けて，各種コンソーシアムや研究機関が連携している．残念ながら日本では，この種のオープン・イノベーションを推進する活動はいくつかの例外を除いて存在しない．

　モデリング技術などの基盤面にとともに，ツールチェーンやインターフェイスの標準化，オープンソース活動など実用面においても，欧州の活動は先んじている．この現状に，今後真剣に対応する必要があると考える．

注

1）現在は，改良されたプロセスCMMI（Capability Maturity Model for Integration）である．

参考文献

INTERESTED Project.(2009)"Press Release: EU's INTERESTED project to target the rapid design, prototyping and code generation of complex embedded systems and software," 23 rd February 2009.
http://www.interested-ip.eu/Press-Releases/2009/EUs-INTERESTED-project.html

ITEA-2.(2008)"ITEA-2 Project Profile MODELISAR," ITEA.
http://www.itea 2.org/public/project_leaflets/MODELISAR_profile_oct-08.pdf

Modelica project.(2009)"ModelicaR—A Unified Object-Oriented Language for Physical Systems Modeling Language Specification Version 3.1," May 27, 2009.

MODELISAR Project.(2010)"Functional Mock-up Interface for Model ExchangeMODELISAR(07006)Document version: 1.0," January 26, 2010.

鈴村延保・香月伸一(2009)「車載組み込み技術開発の欧州全体俯瞰と動向」『IPS J SIG EMB』Information Processing Society of Japan 第14回研究発表会, EMB-14, No. 9, pp. 1-12.

第7章

ネットワークの標準化および認証機関の動向
——欧州主導で進められる標準化と認証規定の策定——

後 藤 正 博

　本章のテーマは2つある．1つ目は，欧州における車載ネットワークの標準化の最新動向をおさえることである．2つ目は，日本よりも一歩先を行く欧州の認証機関の取り組みを考察することである．車載ネットワークについては，これまでCANやLINといった通信プロトコルが欧州において開発されデファクト・スタンダードとなってきた．本章の前半では，これら通信プロトコルが標準となった背景に言及したうえで，欧州が標準化に取り組んでいる代表的な通信プロトコル，FlexRay，MOSTの現状について述べる．本章の後半では，認証に関わる規定策定も車載ネットワークの標準化と同様に，欧州が主導的な役割を果たしていることを指摘する．そして，ホット・イシューであるAUTOSARおよびISO 26262の認証について欧州の動向を考察する．

1 車載ネットワークの標準化

1-1 自動車のネットワーク化

　かつて自動車の通信システムは，操作系など集中配置されたスイッチ群と，そのスイッチ信号を受け取って集中制御を行うECU間のローカルな"point to pointシステム"であった．スイッチ群とECU間にはハーネス結線部がLAN化され，低速のシリアル通信やカスタム通信プロトコルなどが使用されていた．ECUにより集中制御されたローカルな通信システムでは，制御範囲がシステム内で完結していた．そのため，1つのECUの故障がシステム全体に影響することはなかった．

　それらローカルな通信システムは，次第に複数のECUが1つの通信回線（通信バス）に接続される電装系ネットワーク・システムに発展していく．これらの車載LAN通信プロトコルは，自動車メーカごとにオリジナルのプロトコルとして開発され，大規模な電子システムが実現化されていった．その後

2000年頃から，主に基幹車載LANに業界標準のCAN（Controller Area Network）を使用した制御システムにとって代わられるようになってきた．この変化により，自動車の走行性・安全性・快適性の向上に向けて，増大するECUをネットワーク化し分散協調制御することが可能になってきたのである．

たとえば自動車のブレーキシステムであれば，自動車の基本機能である「止まる」機能の性能向上に加えて，より安全で快適な高機能ブレーキシステムへと進化しておりさらに「走る」「曲がる」機能と連動しながら，走行安全性を向上させている．

このような分散した個別機能の協調制御の実例として，2004年発売のクラウンマジェスタにはじめて搭載されたトヨタのVDIM（Vehicle Dynamics Integrated Management：アクティブステアリング統合制御）がある．VDIMはエンジン，ブレーキ（ABS, EBC：電子制動力配分制御，ブレーキアシスト），ステアリング（ESC, EPS：電動パワーステアリング）などそれぞれの分野で発達してきた安全支援装置を協調制御し，運転者の意思にそって車両の安定性を高めるシステムである．また，ホンダがインスパイアやオデッセイに装備しているレーダ・クルーズは，車速制御装置と車間距離測定装置，パワートレインECU，ブレーキECUの協調制御が必要であった．図7-1が表すように，システミック・イノベーション（systemic innovation）を要する，より高次の機能を発揮する新しいアプリケーションの開発にとって，個別の機能を担うECUの高機能化・高度化をはかるだけでなく，各々のECUをネットワーク化した協調制御が自動車

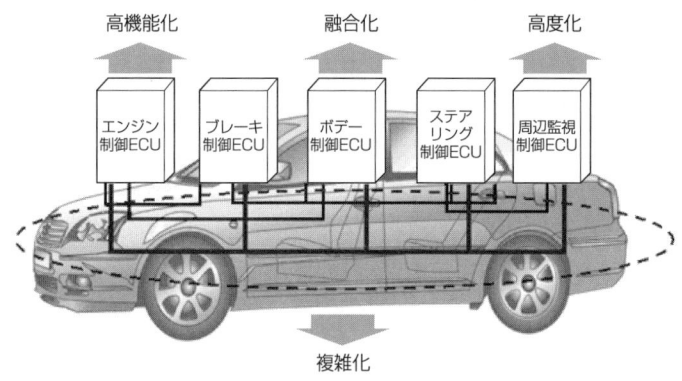

図7-1　ネットワーク化するECU

出所）JasPar HP.

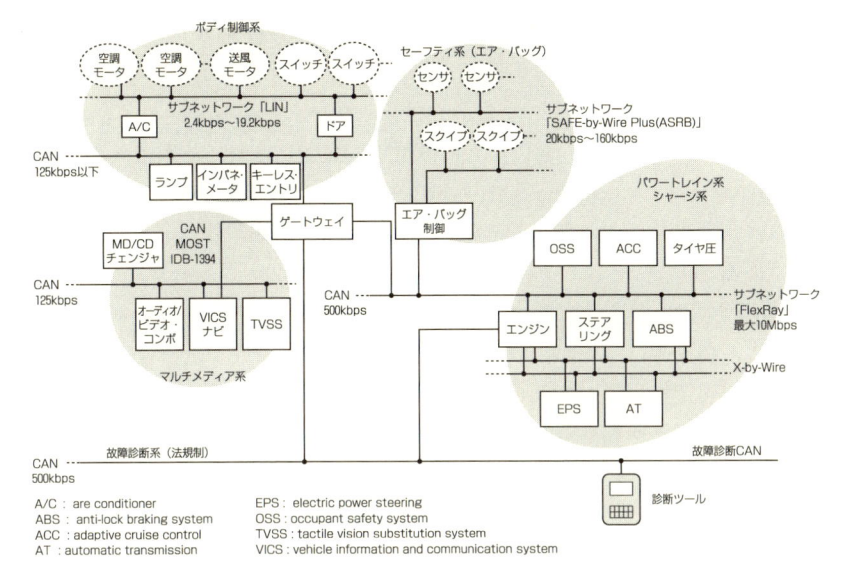

第 7 章　ネットワークの標準化および認証機関の動向　231

図 7-2　車載 LAN の構成

出所）　古谷（2005）.

に求められるようになってきているのである（徳田編，2008）．

　図 7-2 は，将来の車載ネットワーク・システムを構想したものである．ボディ系，パワートレイン系，シャーシ系，安全系，情報通信系，故障診断系など，通信速度や通信方式などそれぞれの制御対象に合わせて，最適なネットワーク・システムを敷設するという車載 LAN の構成になっている．

　ドアや電動シート，インテリジェント・キー，エアコンなど，ボディ系システムは CAN で，その下位システムは LIN（Local Interconnect Network）で接続する．エンジンやパワーステアリング，ブレーキ，自動変速機など高速かつ信頼性の高い通信システムが求められるパワートレイン系システムについては FlexRay で接続する．また，エアバックシステムに代表される安全系システムでは ASRB（Safe-by-Wire Plus）などのプロトコルを，情報通信系システムでは MOST や IDB 1394 などを用い，それぞれの制御システム間はゲートウェイを介して相互接続され，自動車全体での分散協調制御の実現が目指されることになる．

1-2 車載ネットワークの標準化への歩み：独自仕様から標準仕様へ

エレクトロニクス化に伴う自動車の制御用途は，大きくボディ系（車載機器）制御，情報通信系制御，パワートレイン系（駆動走行）制御，シャーシ系（保安装置：安全系・エアバック系）制御などに分類階層構造化され，それぞれの階層が車載 LAN プロトコルを使ってネットワーク化されている（表 7-1）．階層化されるのは，要求レベルの異なるものを同一のプロトコルで扱うことが非効率だからである．

SAE（Society of Automotive Engineers）の報告によれば，ワイヤレス通信も含めると，自動車には用途に合わせて 8 つの分野でネットワークが必要になる（Lupini, 2003）．そして，それぞれのネットワークでは，車載 LAN プロトコルの標準化をめぐり熾烈な競争が展開されてきた．たとえば，ボディ制御のプロトコルでは，10 以上の規格が乱立していたが，現在 LIN がデファクト標準になっている．（表 7-2 参照）．

1980 年初頭にプロトコル技術が自動車に導入されて以来，多くの自動車メ

表 7-1　各用途に適した車載 LAN プロトコルの特徴

用途	ボディ系	安全系	パワートレイン系	情報系
主なアプリケーション	ドア，シート，エアコン，照明	エアバッグ．衝突センサ	エンジン，ブレーキ，ABS，トランスミッション	カーナビ，カーオーディオ
通信速度	低速 LAN (125 kbps 以下)	中速 LAN (数 10 kbps〜500 kbps)	中速〜高速 LAN (500 kbps〜10 Mbps 程度)	高速 LAN (数 Mbps〜数 100 Mbps)
特徴	・低コスト ・銅線通信	・タイムスロット通信 ・高信頼性 ・2 重系	・タイムスロット通信 ・高信頼性 ・2 重系 ・光通信（高速 LAN の場合）	・リアルタイムデータ通信 ・映像情報通信は光通信必須
車載 LAN プロトコル	・CAN（低速） ・BEAN ・LIN	・CAN（中・高速） ・safe-by Wire ・BST	・CAN（高速） ・FlexRay	・CAN（中速） ・D2B/Optical ・IEBus ・MOST ・IEEE1394 ・MOST II

出所）http://www.renesas.com/jpn/products/mpumcu/specific/can_lin_mcu/carintro.html

表7-2 ボディ制御車載 LAN プロトコルの規格間競争

NAME	USER	USAGE	MODEL YEARS
UART	GM	Many	1985-2005+
Sinebus	GM	Audio	2000+
E & C	GM	Audio/HVAC	1987-2002+
I²C	Renault	HVAC	2000+
J1708/J1587/J1922	T & B	General	1985-2002+
CCD	Chrysler	HVAC, audio, etc.	1985-2002+
ACP	Ford	Audio	1985-2002+
BEAN	Toyota	Body	1995+
UBP	Ford	Rear backup	2000+
LIN	many OEMs	Smart Connector	2003+

出所）SAE（2003）．

ーカがそれぞれ独自にバスシステムを開発してきた．その変遷を図7-3で確認しておこう．

　車載 LAN の自動車への導入は，ボディ系制御システムから始まった．しかし，それらは光ファイバを用いた制御システムであったため，コストやメンテナンスの面に課題があり普及には至らなかった．本格的に LAN が導入され始めたのは，クライスラーの「C2D」，GM の「J1850 VPW」など，1980年代後半以降である．1990年代に入ると，ダイムラーは「CAN」，BMW は「I-BUS」「K-BUS」，クライスラーは「J1850 VPW」，フォードは「J1850 PWM」，トヨタは「BEAN」，ホンダは「MPCS」，日産は「IVMS」など，各社独自のボディ制御系車載 LAN プロトコルを採用していた．

　しかし，欧米を中心にプロトコルの標準化が進展していく．1990年代に米国では GM，フォード，クライスラーが米自動車技術会（SAE）の認定した J1850 を採用するようになった．欧州ではダイムラーベンツが CAN（Controller Area Network）を採用して以降，BMW やアウディ，ボルボが CAN を採用することになった．2000年以降には，CAN が SAE J1850 よりも通信速度が速いという利点や SAE が CAN を標準として認定したことから，SAE でも CAN の標準化が進められた．そして，2000年に SAE J2411（低速），2002年に SAE J11898（高速）として CAN が米国でも標準化されたこれにより，米国自動車メーカーも CAN の採用を開始している．

　そもそも CAN は，1980年代にボッシュによって開発されたプロトコルである．1983年にダイムラーベンツからの依頼に応じて開発に着手し，1986年

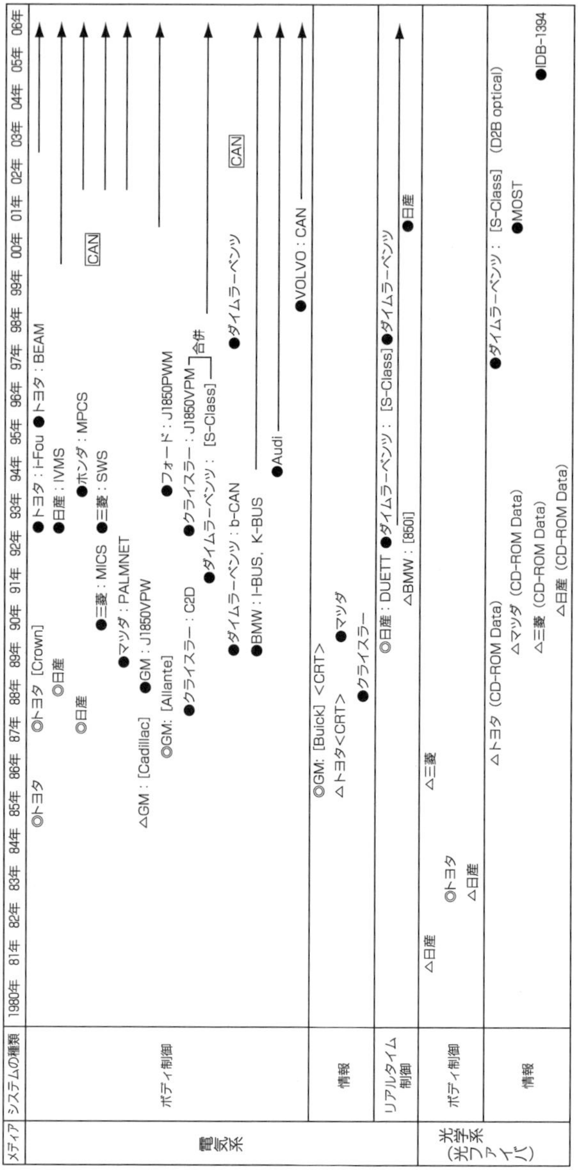

図 7-3 自動車メーカーの車載 LAN プロトコルの変遷

注) △：ポイント・ツー・ポイントシステム、◎：集中制御システム、●：分散制御システム、
[ ] 内は車種を示している。→は CAN の採用時期を指すが、各社車種により異なるため、採用時期は厳密ではない。
出所) 後藤・秋山 (2001).

2月のSAE年次総会にてCANを発表，1992年にメルセデス・ベンツのSクラスで実用化された．1992年には，CANの標準化を推進するCAN in Automation（CiA）がドイツにて設立され，1993年にISO 11898（高速），1994年にISO 11519-2（低速）として承認され，国際デジュール標準となった．これにより，欧州メーカーがボディ系と一部パワートレイン系のプロトコルとしてCANが広く採用されるようになった（後藤・秋山，2001；徳田編，2008）．

2　FlexRayの標準化

　車両運動制御のために，現在の車両ではCANを主として500 kbpsで使用し，多数のECUを接続している．しかし，電子制御の急速な進展により現在では通信速度やノード数などの点で限界が近く，多数のCANネットワークをゲートウェイによって接続し制御を成立させているのが現状である．FlexRayは，高速（最高10 Mbps，CANの実質20倍）・高信頼（2重系をサポート，決定論的な送信権の割り当て）の通信を可能とするCANを代替する制御系ネットワーク規格であり，2000年からFlexRayコンソーシアムによって規格化が進められてきた．FlexRayコンソーシアムにおけるオープン・イノベーションの取り組みの詳細は別書（Tokuda, 2008）に譲り，本節以下では，FlexRayの動向（FlexRay version 3.0）を紹介する．

2-1　基本的な特徴と標準化の動向

FlexRayの基本的な特徴は以下の3つである．
① TDMA（Time Division Multiple Access）方式によるシステムに接続されたECU全体の時間同期が可能
② 接続されたECUへ時間に基づく送信権（確実に送信ができる）を付与する"Static Segment"と優先順に基づく送信権調停がなされる（優先度の高いものが送信され低いものは送信されない場合がある，CANと同様の特徴）"Dynamic Segment"が設定可能
③ 物理層（トランシーバ，通信線）の仕様も規定される

　2002年にv 1.0が策定されて以来，FlexRayは継続的に改良が進められてきた．2005年末には，v 2.1 Aが発表された．FlexRayは，すでにBMWとAudiが量産車両に採用している．2009年末にはv 3.0が確定し，この発行を

もってFlexRayコンソーシアムの活動は実質的に終了している．2011年以降は，FlexRayコンソーシアムの知的財産権の処理をめぐるメンバー企業間の調整や，デジュール標準の策定に向けた公的標準化機関での活動が進められることになる．

2-2　最新仕様FlexRay v3.0の変更点

最新の仕様であるv3.0の変更点を以下に示す．基本となる通信プロトコルの変更はないが，より使用しやすいように規格内容を追加・変更している．

（1）コントローラ・ホスト・インタフェースの変更

FlexRayの通信をつかさどる機能をコントローラと呼び，この機能とホスト（通信を使用するマイコン）間のインタフェースを規定している部分の変更がある．

- Slot Multiplexing（sharing of static communication slots between multiple nodes）
- FIFO Buffer
- Cycle Counter
- Timers
- CHI Commands
- Network Management Vector

（2）プロトコルの変更

大きな変更点として，時間同期方法の追加がなされた．

① 通信速度（Bit Rate）：10 Mbpsに加えて，5 Mbps，2.5 Mbpsが正式に追加された．

② Dynamic Segmentのノイズ対策の強化：ノイズ対策が施され，短い対称ノイズや非対称ノイズが混入した場合やフレームの後にノイズが混入した場合に，スロット・カウンタの同期がずれないように仕様変更される（図7-4）．

③ 時間同期方式の追加：2つの同期方式が新たに追加された．追加された同期方式は，TT-L（Time-Triggered Local Master Synchronization）とTT-E（Time-Triggered External Synchronization）である．v2.1Aで規定されているTT-D（Time-Triggered Distributed）方式ではネットワーク・クラスタ内に最低2つの同期ノードが必要であるが，TT-L方式ではクラスタ内に1

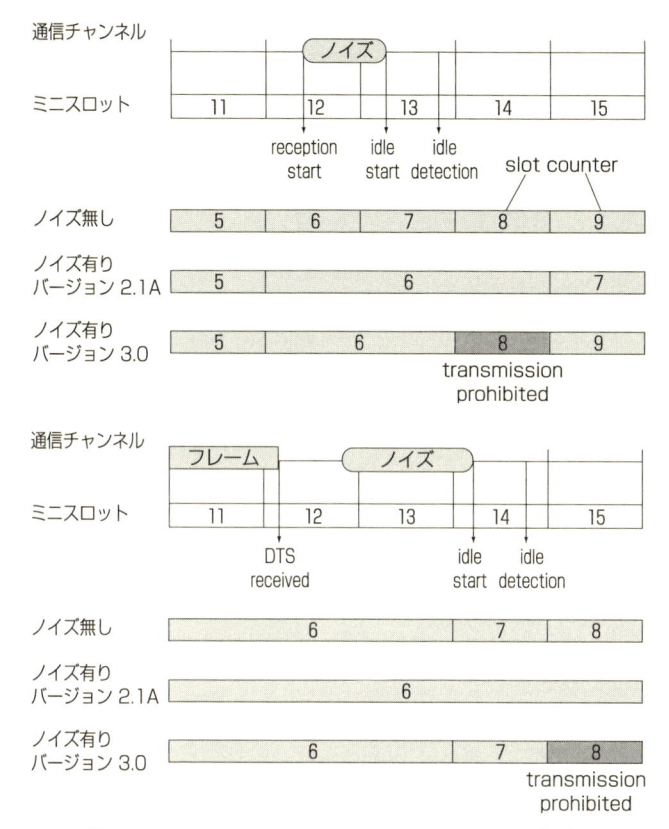

図 7-4　v3.0 での Dynamic Segment のノイズ対策
出所）　HANSAR（2009）より筆者作成．

つ存在する TT-L cold-start node が唯一の同期ノードとして機能する（図 7-5）．TT-L 方式は，高速な起動と精度向上を狙ったものとされる．
TT-E 方式は，TT-D 方式のネットワーク・クラスタとゲートウェイで結び同期信号をもらう方式である（図 7-6）．開発途中では，TT-M（Time-triggered Master）方式と呼ばれていた．独自の同期ノードを持たないため，ゲートウェイが故障した場合，TT-E クラスタは停止する（機能しない）．ゲートウェイを冗長化することは可能である．TT-E 方式は，信頼性を確保するためなどの理由で分割した2つのクラスタを同期させたい場合などに採用されるものと考えられる．

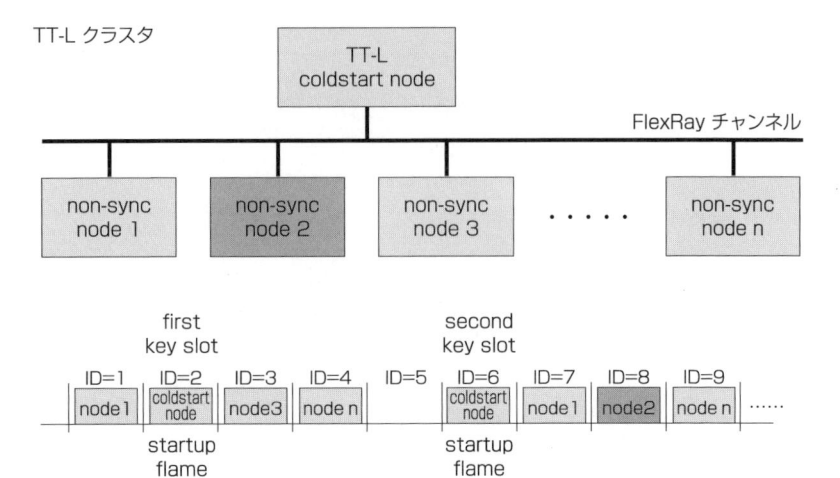

図 7-5　**TT-L（Time-Triggered Local Master Synchronization）**
出所）　HANSAR（2009）より筆者作成．

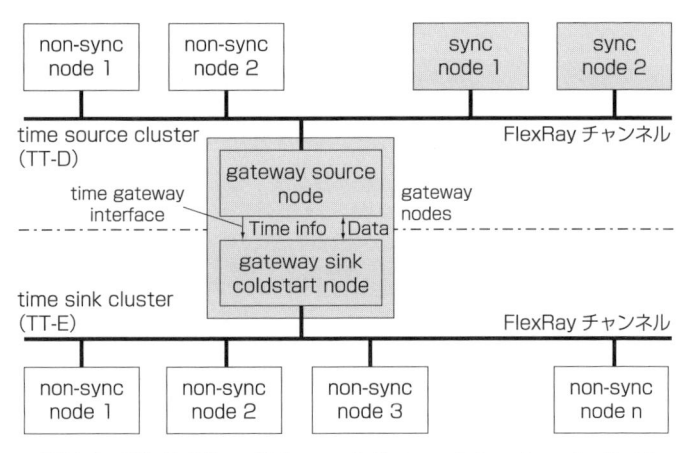

図 7-6　**TT-E（Time-Triggered External Synchronization）**
出所）　HANSAR（2009）．

④ Wakeup への機能追加：WakeUp During Operation（WUDO）Process が規定される．Wakeup は，コントローラのスタートアップ前に行われるプロセスである．ready 状態でないノードをネットワークに復帰させるためには，v2.1A では，バスを再起動するか，Wakeup Pattern Emulation を用いる必要があった．これに対し，v3.0 ではネットワーク作動中

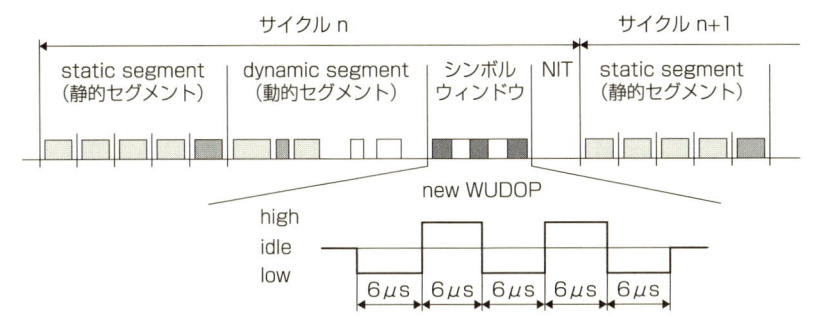

図 7-7 WakeUp During Operation (WUDO) プロセス
出所) HANSAR (2009) より筆者作成.

表 7-2 物理層の規定変更概要

Bit rates	▶ Support for 2.5 MBit/s, 5 MBit/s and 10 MBit/s
Transmitter voltages	▶ Optional: increased bus-level (min 900 mV i.s.o. min 600 mV)
Signal Integrity	▶ Mask-tests introduced into the specification ▶ Eye-diagram and "SI voting" in application note as measures for assessment of differential bus signal quality
Interfaces	▶ Interfaces between CC-BD/AS, BD/AS-BD/AS fully specified (timings, thresholds, load conditions, etc.)
Systemtimings	▶ Timing specifications covering all components and interfaces between the transmitting and receiving protocol engine
Network topologies	▶ Detailed consideration of ringing effects ▶ Restrictions on cable length and cable properties removed
Active Star	▶ New feature: interface to CC and host ▶ Complete description of error handling (failure confinement on branches) ▶ Distinguishing between monolithic and non-monolithic implementations ▶ Timing correlations introduced to facilitate protocol constraints
Wakeup	▶ Wakeup with "wakeup frames"@10 MBit/s defined

出所) HANSAR (2009).

でもシンボルウィンドウに信号を送出することによりノードをネットワークに参加させることができるようになる (図7-7).

この機能は,「ネットワーク作動中にエラー等の理由でリセットされたノードを復帰させる」「省電力のため待機状態にあるECUを覚醒させる」などの用途が考えられる.

本機能は，Wakeup側の機能であり，FlexRayではSleep（待機状態）側の手順などについては規定されていない．それにもかかわらず機能が追加されたのは，AUTOSARで規定されている待機状態にする機能の使用を考慮したものと考えられる．
⑤ 物理層の規定変更：信頼性向上，EMC対策などのため通信線上の波形や電圧などに関する規定が厳密になった一方で，トポロジに関する制約はほぼなくなった（表7-2）．

2-3　FlexRayの採用動向

すでに述べたように，BMW，AudiではすでにFlexRayを量産車両に適用している．その他のドイツ自動車メーカーでも採用を前提とした活動が盛んに行われている．

VWでは，より効率の良い通信帯域の使用方法を検討している．これは，FlexRayで通信するECUをそれぞれの間で通信するデータの頻度により，頻度の高いECUグループごとにサブネットワークに分割しその間にスイッチ（Switch）を設け，サブネットを跨ぐ通信をスイッチによって制御することで，サブネット毎に独立したスケジューリング（多次元スケジューリング）を可能とするものである．このメカニズムによって，実効通信帯域をより有効に利用することができる（図7-8）．VWの提案は，FlexRayの通信を採用するに当たって，その高速性を十分に活用しながら効率よく通信ができる仕組みを導入することで，コスト増を抑制し，かつネットワーク構成の複雑化も回避しようとするものであると考えられる．

FlexRayの使用目的の中でも重視されている安全分野に対して，機能安全に対応した通信ソフトウェアの準備も着々と進められている．Audiの機能安全要求に対し，TTTechがAUTOSARのソフトウェア・モジュールに用件を追加したSafeCOMを開発し，そのモジュールに対して，機能安全の規格であるIEC 61508のSIL-3認証をTÜV NORDより取得している（図7-9）．

3章のバリューネットワーク・レベルのオープン・イノベーションのところで考慮されたように，AUTOSARの活動はFlexRayと協調したものとなっている．AUTOSAR 4.0では，ECUステート・マネージャー（State Manager），通信マネージャー（Communication Manager），FlexRayネットワーク・マネージメント（Network Management），FlexRayステート・マネージャー

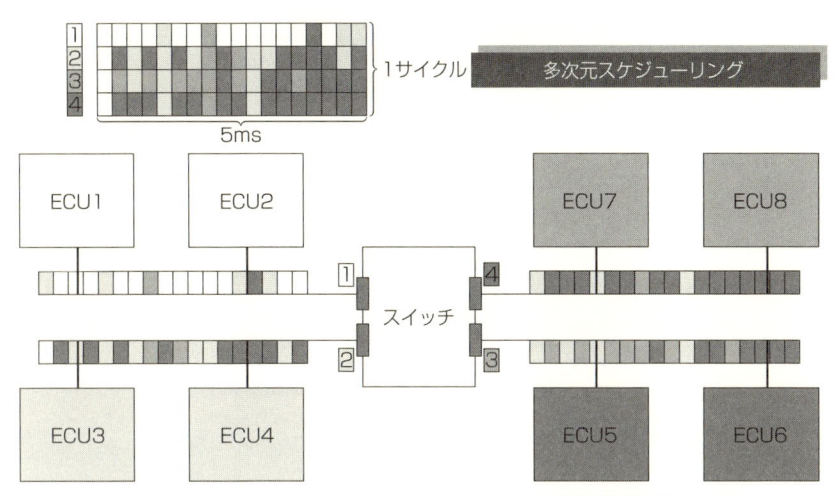

図 7-8 FlexRay スイッチの導入による実効通信帯域利用幅の向上
出所) HANSAR (2009) より筆者作成.

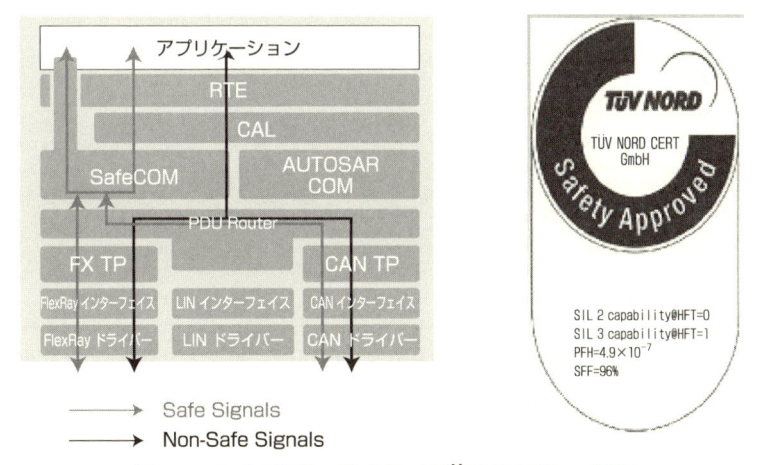

図 7-9 SafeCOM の構成及び TÜV NORD の認証
出所) HANSAR (2009) より筆者作成.

(State Manager) などノードのウェイク・アップや起動, 停止に関する機能, 診断やエラー・ハンドリングの機能が強化され, AUTOSAR 基本ソフトウェア (Basic Software) サービス層 (Services Layer) に配置される (図7-10). このように欧州では, FlexRay を使用するための開発が, さまざまな欧州発の活

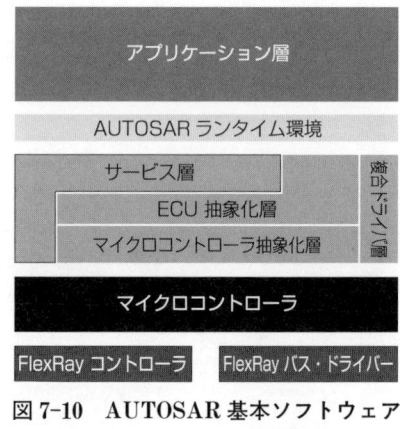

図 7-10 AUTOSAR 基本ソフトウェアでの FlexRay 管理機能

出所) HANSAR (2009) より筆者作成.

動と協調して実施されている．

　日本からJASPARの活動を通じて，FlexRayコンソーシアムと協調してきた成果として，2.5 Mbps，5 Mbpsの通信速度が正式に採用された．その他詳細なパラメータに関しても，最新のFlexRay 3.0に反映されている．このように日本の自動車メーカ，サプライヤが実使用環境を考慮して提案した内容がFlexRay 3.0に採用されたが，日本の自動車メーカが量産車両へ適用した事例は未だない．

3　MOSTの標準化

3-1　MOSTの特徴と標準化の動向

　MOST（Media Oriented System Transport）は，主に，カーオーディオやカーマルチメディアシステムなどの車載エンターテインメント・システムを構築する際に利用される通信プロトコルである．欧州で開発が始まり，現在ではMOST Cooperationによって標準化が推進されている．MOST Cooperationのメンバは，初期からのコア・パートナーであるAudi，BMW，Daimler，Harman/Becker，SMSCと，世界中の主要自動車メーカ，サプライヤで構成されるアソシエイト・パートナーからなる（図7-11）．

　他のCAN，LINやFlexRayと異なり，MOSTではOSI（Open System Inter-

Partners
Audi, BMW, Daimler, Harman/Becker, SMSC

Associated Partners: Carmakers
Aston Martin, Ford, General Motors, Honda, Hyundai/Kia, Jaguar, Land Rover, Nissan, Porsche, PSA, Toyota, Volvo, VW

Associated Partners: Suppliers
Alpine, ALPS Electric, Altera, Analog Devices, ASK Industries, Audiovox Electronics, Avago Technologies, AWTCE, Bosch, Bose, c&s group, Clarion, Condalo, Continental Automotive Systems, D&M PSS, Delphi Delco, Dension Audio, DENSO, Dietz, Elektrobit Automotive, FCA Software, Fiberdyne Systems, Firecomms, Freescale Semiconductors, Fujitsu TEN, Furukawa, GADV, GÖPEL electronic, GT Trading, Hamamatsu, Hirschmann, Hosiden, Hyundai Autonet, HYUNDAI MOBIS, IAV, IDT, Iriso, Johnson Controls, K2L, Lear, LeCroy, LINEAS Automotive, Marvell Semiconductors, Matsushita Electric Works, Melexis, Mitsubishi Electric, Mitsubishi Rayon, Mitsumi Newtec, Mocean Laboratories, Movimento, Murata Manufacturing, Nanotech Semiconductor, NAV-TV, novero, NXP Semiconductors, Ontorix, OPTITAS, Panasonic Automotive Systems, paragon finesse, Pioneer, RELNETyX, Renesas Technology, RUETZ SYSTEM SOLUTIONS, S1nn, Sanyo, SHARP, Softing, STMicroelectronics, Tata Consultancy Services, Telemotive, TYCO AMP, Vector, Ventura Technology, Visteon, Xilinx, Yamaichi Electronics, Yazaki

図 7-11　MOST Cooperation のメンバー

出所）　MOST Cooperation (2008).

Specifications
- MOST Specification
- MOST High Protocol
- MOST Physical Layer
- MOST Electrical Physical Layer
- MOST Advanced Optical Physical Layer
- MOST Dynamic Specification
- MOST Specification for Stream Transmission
- MOST Content Security Specification
- MOST Content Protection Scheme DTCP Implementation
- FIBEX – Fieldbus Exchange Format
- MOST Editor Manual
- MOST FCAT DTD
- MOST Catalog DTD Description
- MOST MSC Cookbook
- MOST DTCP Test Recommendation
- MOST Application Note Optical Physical Layer

Compliance
- MOST Compliance Requirements
- MOST Compliance Verification Procedure Physical Layer
- MOST Compliance Test of Physical Layer
- MOST ePHY Compliance
- MOST Core Compliance
- MOST Profile Compliance Test
- MOST Profile Connection Master Compliance
- MOST Profile Aux In Compliance

FBlocks
- General FBlock / GeneralPlayer
- NetBlock
- NetworkMaster
- ConnectionMaster
- Vehicle
- Diagnosis
- EnhancedTestability
- AudioAmplifier
- AUXIN
- MicrophoneInput
- AudioTapePlayer
- AudioDiskPlayer
- DVDVideoPlayer
- Am/FmTuner
- TMCTuner
- TVTuner
- DABTuner
- SDARS
- Telephone
- GeneralPhoneBook
- NavigationSystem

4000 Pages

図 7-12　MOST の膨大な仕様書

出所）　MOST Cooperation (2008).

connection，ISO によって制定されたコンピュータの持つべき通信機能を階層化して定義したもの：ISO 7498）7 層のすべてが標準化されている（図 7-12）．これに対し，たとえばボッシュ社が最初に策定した CAN の規格は，OSI 7 層のうち DLL（Data Link Layer）のみが定義され，その後，ISO 1189 の制定に伴い物理層（トランシーバの電気的特性など）やネットワーク・マネジメントが追加されている．そのため，MOST の規格量は膨大なものになっている（図 7-12）．

3-2 最新規格 MOST150

MOST には，既に量産車に採用されている MOST 25 と MOST 50 がある．最初に規格化された MOST 25 は，通信速度が 25 Mbps である POF（Plastic Optical Fiber：プラスチック光ファイバ）によりリング型ネットワーク接続を行い，欧州の自動車メーカーを中心に広く採用されている．2 番目に規格化された MOST 50 は，通信速度が 50 Mbps である．一般的なツイストペア・ケーブルにより，ネットワーク接続を行う．日本では，トヨタ自動車が MOST 50 を採用している．

MOST 150 は現在策定中の規格で，通信速度は 150 Mbps と，従来のものより 3 倍速くなる．通信には POF を使用し，静止画でなく動画の伝送やインターネットとの接続が可能である．動画などの Isochronous channel（ストリーミング・データ用のチャンネル）と Ethernet Channel（イーサネット・フレームを直接取

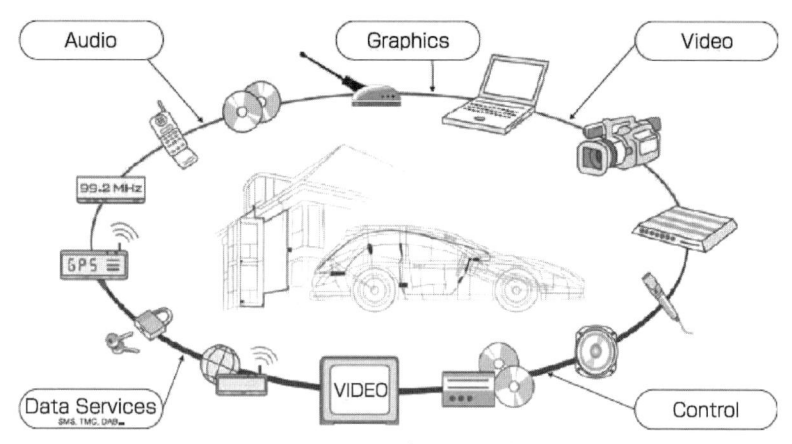

図 7-13　MOST のネットワークトポロジーと主として対象とする機器
出所）MOST Cooperation (2008)．

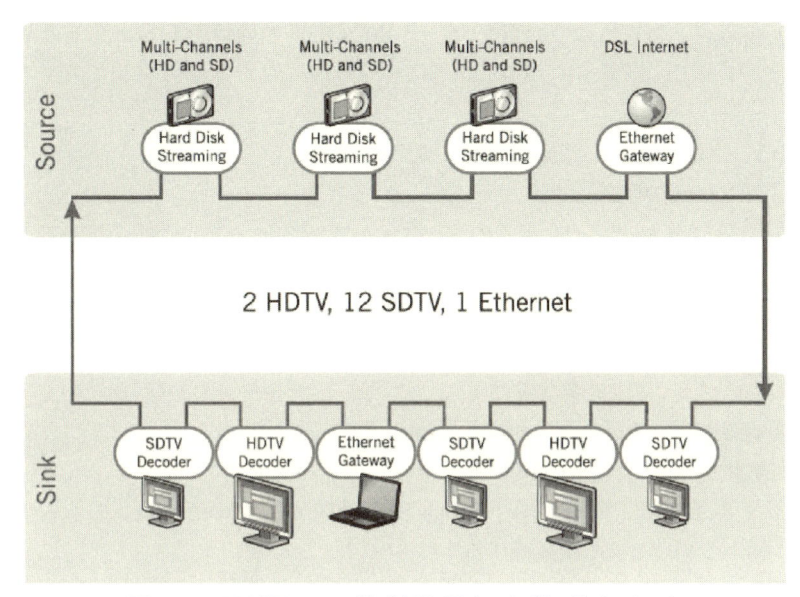

図7-14 MOST 150の構成例と同時に伝送可能なデータ
出所) MOST Cooperation (2008).

り扱うことができるチャンネル) を同時に備えている (図7-14).

規格の策定はすでに最終段階に入っており，2010年には完了，2011年からMOST Cooperationを牽引しているVWグループとダイムラー社によって，量産車両に搭載予定である．

このように，主要自動車メーカが規格策定を牽引しているため，マルチメディア系の主要プロトコルになる可能性は高い．しかし他方で，イーサネット (Ethernet) がこの分野 (画像伝送など) へも導入され始めており，コンシューマ機器との接続性を武器に広がりを見せる可能もある．

4 認証機関

標準が規定された場合，ある製品がその標準に準拠していることを保証するために「認証 (Certification)」を必要とする場合がある．ISO 9000などの認証が一般的に実施されているが，AUTOSARにおいても認証のプロセスが規定されている．また，2011年に策定されるISO 26262に関しても，さまざまな

認証機関がその規格のひな形となったIEC 61508の経験をもとに認証の準備を行っている．以下，AUTOSARおよびISO 26262の認証に関して説明する．

4-1　AUTOSAR認証

（1）メンバーの規定

AUTOSARコンソーシアムのコンフォーマンス・テスト活動において，認証に係る仕様が策定されている．認証にかかわるメンバーは，以下のように規定されている．

① ソフトウェア製造者（Product Supplier: PS）：AUTSOARの仕様に基づいたソフトウェアを製造するもの
② 認証機関（Conformance Test Agency: CTA）：認証テスト仕様に基づき認証試験を行い，合否を判定するもの
③ 認証認定機関（Accreditation Body）：認証機関（CTA）が，認証する資格を満たしていることを監査するもの

また，コンフォーマンス・テスト仕様に従って試験を行う装置（Conformance Test Suit: CTS）を用いて試験を実施することが規定されている．認証のプロセスはコンソーシアムで既に定義されており，コンフォーマンス・テスト仕様が徐々に公開されつつある段階である（図7-15）．

（2）認証取得パス

認証を取得するための方法として下記4種類のパスが規定されている（図7-16）．

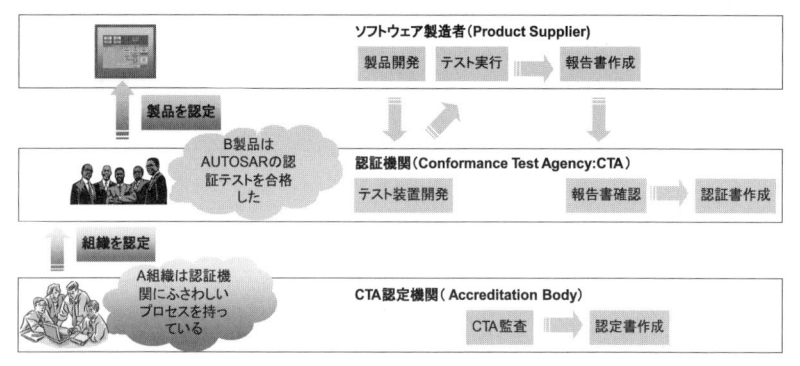

図7-15　AUTOSARの認証の仕組み

出所）筆者作成．

第7章 ネットワークの標準化および認証機関の動向

```
                    Product Supplier (PS)
                    ┌─────────────────────┐
                    │ Product under Test  │
                    └─────────────────────┘
                         with CTA      without CTA
      Path A      Path B      Path C      Path D
      ┌─────Conformance Test Agency (CTA)─────┐
      │ Third party │ First party │ First party │   Product
      │    CTA      │    CTA      │    CTA      │   Supplier
      │             │ with        │ with own    │
      │             │ purchased   │ CTS         │   own test
      │             │ CTS         │             │   procedure
      │─────────────┼─────────────┼─────────────┼─────────────│
      │ Third party │   Self-     │   Self-     │   Self-     │
      │ Attestation │ Attestation │ Attestation │ Declaration │
      └─────────────┴─────────────┴─────────────┴─────────────┘
                          AUTOSAR Release x.y
```

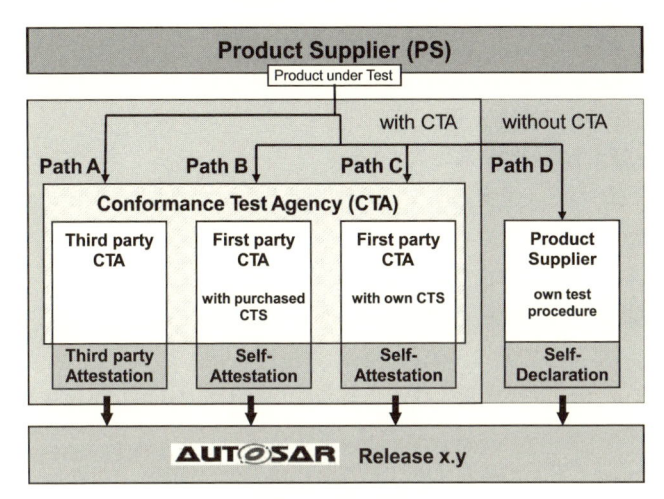

図 7-16 認証を獲得するためのパス

出所) AUTOSAR (2008).

① Path A：このパスでは，ソフトウェア製造者は外部の認証機関に認証のすべてのプロセスを依頼する．これを "Third party CTA" と呼ぶ．
② Path B：このパスでは，ソフトウェア製造者が認証機関としての資格を取得し，外部から購入したCTSを用いて試験を実施する．そして，その結果をソフトウェア製造者自らが判断・認証を獲得する．これを，"First party CTA" と呼ぶ．
③ Path C：このパスでは，ソフトウェア製造者が認証機関としての資格を取得し，ソフトウェア製造者自らが作成したCTSを用いて試験を実施する．そして，その結果をソフトウェア製造者自らが判断・認証を獲得する．これも，"First party CTA" と呼ぶ
④ Path D：このパスでは，ソフトウェア製造者がAUTOSARのソフトウェア仕様に従って自ら試験仕様を作成し試験を実施・AUTOSAR準拠であることを宣言するものである．AUTOSARコンソーシアムによって，認証関連の規定が完全に公開され，CTSが準備されるまでの期間に限って，このパスの使用が許されている．現在市場で入手可能な製品は，すべてこの手法を用いている．AUTOSARリリース4.0において認証関連の規定のうち，認証のパスに関する説明，認証テストを進めるためのプロセス，TTCN-3のテスト環境，ISO/IEC 17025, Guid 65に対する説明，

CTAの認証プロセスが公開されており，今後テスト仕様が公開される予定である．依然としてこのPath-Dが残っているが，今後いつまでこのパスが許容されるかを見極める必要がある．

（3）認証・認定実施機関が満たすべき条件

AUTOSARの認証を実施するために，それぞれの機関が満たすべき条件に関しても規定されている．

① 認証機関（CTA）が満たすべき規格

CTAが満たすべき規格に関しては，CTAの種類（Third part CTAかFirst part CTAか）によって異なる規格が要求されている．

- Third party CTAが満たすべき規格：ISO/IEC Guid 65（証明プロセスに関する規格）
- First part CTAが満たすべき規格：ISO/IEC 17025（試験実行に係る規格）

② CTA認定機関（Accreditation Body）が満たすべき規格

ISO/IEC 17011に準拠することを証明する必要がある．

4-2 ISO26262認証

ISO 26262（自動車の機能安全にかかわる規格）は，安全設計の信頼性向上を目的としたものである．欧州自動車メーカでは，すでに調達条件にそのレベルを明示している企業もある．安全のレベル（ASIL-A, -B, -C, -D）に設計が適合し，その製品のライフサイクルに対して対応がなされているかが認証されなければならない．

比較的軽度の安全レベル（ASIL-A, -B）では，自動車メーカとサプライヤ間で合意が取れれば正式な第3者による認証は実施されない可能性が高いが，重度の安全レベル（ASIL-C, -D）に関しては，第3者認証を要求する場合もあると思われる．ISO 26262の正式発行は2011年の年内が予定されている．それに備えて，ISO 26262の元となったIEC 61508規格の認証機関が主に認証の準備を行っている．認証の概要はISO 26262とIEC 61508で大きな違いはないため，本節では，IEC 61508の認証について述べる．

図7-17に，IEC 61508の認証手順を示した．図にあるように，認証の手順には4つの段階があるが，その実務的手順は大きく"Concept Phase"と"Inspection Phase"に分かれている．Concept Phaseでは，安全のための設計が正しくなされており，その設計がライフサイクルにわたって管理されてい

Functional Safety Certification Process for Products and Systems

Contact Phase
- Contact TÜV Rheinland
- Initial Meeting Training (optional)

Concept Phase
Development Activities
- Safety Requirement Specification (SRS)
- Safety Concept (SC)
- Functional Safety Management Plan
- Verification and Validation Plan

Submit SRS, SC etc.
- Review SRS & SC and related documents
- Issue Concept Report
- Issue Quote for completion of concept phase and main inspection

Main Inspection Phase
- Issue Test plan for EMC*, Electrical Safety, Environmental, HW FIT**, SW inspection
- Test (EMC, FIT etc.) and further assessment of FSM*** aspects at customer site or TÜV Rheinland laboratory
- Review and final assessment of all results

*EMC: Electromagnetic Compatibility
**FIT: Fault-Insertion Testing
***FSM: Functional Safety Management

Certification Phase
TÜV FS Type Approval — Issue Functional Safety Certification — Issue Test Report

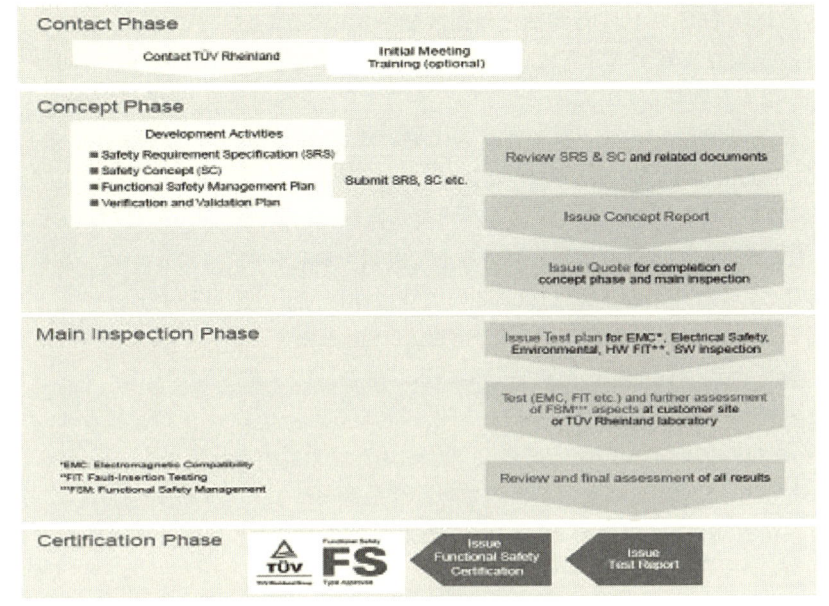

図 7-17　IEC61508 の認証プロセス

出所）TÜV Rheinland（2008）.

表 7-3　IEC61508 の認証機関

機関名	備　考
TÜV NORD Mobilitat GmbH & Co. KG	認証機関
TÜV SÜD Automotive GmbH	認証機関
Exida.com	コンサルティング
HSE（Health and Safety Executive）	規制機関
Adelard	コンサルティング
Virkonnen	コンサルティング

出所）筆者作成.

ることを確認する段階である．Inspection Phase は，設計された製品が設計時に想定された動作を必要な環境下で実行するかどうかを検証する段階である．これらの段階を通じて，認証に必要なエビデンスに関するコンサルティングとともに認証が実施される．

この認証を実施するためには，以下の規定を満たす必要がある．
① ISO/IEC ガイド 65 に沿った運営を行っていること
② 試験を実施する部署或いは契約による外部試験所は，ISO/IEC 17025 に沿った運営を行っていること
③ 工場調査を実施する部署或いは契約による外部工場調査機関は，ISO/IEC 17020 に沿った運営を行っていること

AUTOSAR と同じく，ここでも欧州発の標準化された規定が利用されている．

IEC 61508 の認証を実施している主な機関・企業を表 7-3 に示した．このうち TÜV 系や Exida は ISO 26262 の認証に向けてドイツ自動車メーカとともに先行で試行しており，TÜV SÜD Automotive GmbH などは，ISO 26262 の DIS に基づいた認証を開始している．また，ISO 26262 の内のソフトウェア・プロセスに関しては，ISO 15504（SPICE: Software Process Improvement and Capability dEtermination）と同様なプロセス管理を求められている．ISO 26262 の監査と SPICE の監査をその両方の資格を持ったアセッサが実施すれば，同時に監査できる．そのため，SPICE の取得が事実上の要件となる可能性が高い．

5　欧州主導で進む標準化の影響

以上，車載ネットワークおよび認証機関の欧州の動向を概観してきた．通信の標準化については，FlexRay，MOST を始めとして，欧州で提案され欧州主導で進められてきた．今後，ISO での規格化を目指すものもあるが，この議論も欧州主導で進められることになる．

欧州企業は標準化を戦略的に使っている．標準化活動が開始され，参加可能になった時点ではすでに標準化の大枠は決まっている．ゆえに，後から参加する企業は，詳細に肉付けを行う作業のみに終始し，本質的な議論には入れない．この方法を欧州企業は繰り返し実施している．このような状況では，欧州企業の使用条件を第 1 に考え，または，欧州ですでに導入しているシステムをもとに規格に関する議論が進められる可能性が高い．このため，設計手法やシステム構成も欧州の考え方に近いものになって行くことになり，日本が得意としてきた「すり合わせ型の業務プロセス」に整合させるために労力を要することになる．

もしも標準化に対して立ち遅れた場合でも,「標準化の活動を公にアナウンスし,参加者を募る」ことを行うことによって巻き返しを図ろうとするケースもある.たとえば,エアバッグ用の通信バスとしてDSI (Distributed System Interface: TRW, FreeScale, デンソーが仕様を作り上げ製品に適用した通信バス)が,現在すでに広く使用されている.これに対して,欧州では,2005年にPSI 5 (Peripheral Sensor Interface 5) コンソーシアムをボッシュ,オートリブ,コンチネンタルが立ち上げ,仕様策定を実施している.現在の製品数ではDSIが大多数を占めているものの,今後PSI 5のチップがリリースされた後の勢力争いが激化する可能性がある.また,FreeScaleとTRWは,PSI 5にも正式に参加しており,負担は大きいが欧州での標準化活動の影響の大きさを鑑みていると考えられる.

基幹となる車載通信プロトコルは,ほぼすべての領域で欧州によって標準化がなされている.今後サブシステム内部(例:上記のエアバッグや,ガソリンエンジンに搭載されるアクチュエータ,センサのバスなど)の通信方式を標準化するのか,自社専用のバスとして運用するのかを戦略的に判断してゆく必要がある.

他方,認証機関については,AUTOSARコンフォーマンス・テストプロセスを概説したように,AUTOSARの認証に係る規格はISO/IECが用いられ,また,コンフォーマンス・テスト仕様はTTCN-3という欧州電気通信標準化機構(ETSI)や国際電気通信連合(ITU)で通信プロトコルのテストに広く使われている言語を用いて記述されている.現在,AUTOSARの認証を実施する候補として名乗りを上げているのは,欧州,とりわけドイツの認証機関や企業である.これに対して,米国や日本では具体的に名乗りを上げている候補は少ない.ソフトウェアのみならず,その認証にも欧州が影響を与え,競争力を確保しようとしているといえる.ISO 26262についても,認証機関及びその候補はほとんどが欧州の機関や企業であり,これまでの経験を生かして認証の範囲を広げている.特に,SPICEの認証機関がISO 26262の認証を同時に行うモデルも考えられている.

認証機関の現状を鑑みると,欧州は「規格を用いてビジネスを創出している」といっても過言ではない.これに対して日本には,この分野に対応する機関や企業がない.言語の壁が存在するので,提出資料の翻訳から始まり,ヒアリング時の通訳が必要となる場合もある.また,「すり合わせ型の業務プロセス」で品質を確保してきた方法は,海外認証機関には理解しにくい場合が多い.

そのため，言葉の壁がより説明を困難にする傾向がある．日本に根ざした認証機関が日本の認証を支援する土壌を作り上げて行かない限り，経験が得られず，いつまでも欧州の機関に依頼しなければならない状況が繰り返されることになる．日本企業の競争力に影響するのではないかと懸念される．

参考文献

AUTOSAR. (2008) "Conformance Test Process Definition Path D," R 3.1.
HANSER. (2009) *FrexRay Product Days 2009*, presentation materials.
Lupini, C. A. (2003) "Multiplex Bus Progression 2003," *SAE Technical Paper Series*, SAE International.
MOST Cooperation. (2008) *Most Cooperation tech brochure Screen 2008*.
SAE. (2003) *Technical Paper Series*, SAE, 2003-01-0111.
Tokuda, A. (2008) "Coopetition of the Standard Setting Consortia in Automotive High-Speed Safety Bus System," ATZautotechnology (ed.), *FISITA World Automotive Congress 2008: Congress Proceedings: Electronic*, pp. 207-218.
TÜV Rheinland. (2008) *Functional Safety Manager Seminar materials*.
古谷壽章（2005）「自動車のセーフティ機能の多様化に対応するセンサ・ネットワーク」『Design Wave Magazine』October, pp. 40-49.
後藤正博・秋山進（2001）「自動車用ネットワーク技術の動向」『デンソーテクニカルレビュー』Vol. 6, No. 1, pp. 82-89.
徳田昭雄編（2008）『自動車のエレクトロニクス化と標準化』晃洋書房．

結びにかえて

立 本 博 文

　本書の終わりに，本調査研究から得られた洞察と今後の課題について3項にわたってまとめたいと思う．第1項の「自動車産業と複雑性問題」では，欧州自動車産業でのオープン・イノベーションの事例から得られる洞察を自動車産業関係者を対象にして整理し，「複雑性問題」「グローバル化」に対応するために，企業ネットワークの戦略的活用の重要性が高まっている点を指摘した．

　第2項の「イノベーション政策と国際競争力」では，イノベーション政策立案に関する洞察をまとめた．オープン・イノベーションを基とした競争では，従来型の地域クラスター政策では不十分である点を指摘し，「共同研究政策」や「標準化政策」など企業間調整メカニズムを積極的に取り込んだ新しいイノベーション・システムのモデル構築が必須である点を強調した．

　第3項の「企業の国際競争力の構築」では，企業の国際競争構築を念頭に，本書のようなイノベーション・システム研究がどのような意味を持っているのかを説明した．グローバル化を背景に，先進国企業は国際競争力の再構築を求められている．このなかでオープン・イノベーションが持つ意味について企業ネットワークの戦略的マネジメントの視点から説明した．

　各項は特定のテーマに関して書かれた洞察であるものの，すべての項を通読していただければ，重層的なオープン・イノベーションから我々がなにを学ばなければいけないかが理解していただけると思う．

1　自動車産業と複雑性問題

1-1　欧州自動車産業の複雑化への対応

　「欧州自動車産業の複雑化への対応」について，本書の各章で十分に説明し，最新のトピックまで含めることができた．Part I では，欧州が「共同研究」と「標準化」を特徴とする欧州型オープン・イノベーション・システムを作り出

した事を紹介した．欧州自動車産業は「欧州型オープン・イノベーション・システム」を利用して，電子システムの複雑化問題を解決しようとしている．これらの活動が最終的に欧州発標準のグローバル・スタンダード化を目指している点に注意が必要である．

Part II では，車載組込みシステムの複雑化問題に対応するために，欧州が構築しているイノベーション・システムの各要素を紹介した．要素技術研究（形式手法やモデリング技術），開発ツールの整備，標準化活動や認証制度などは，明らかに日本よりも欧州の方が進んでいる．これらの分野については欧州を無視することができなくなり，日本の自動車産業（部品産業を含む）は，欧州の産業エコシステムとつきあわざるを得ないだろう．

欧州との関係が補完的関係（Win-Win）となれば日本自動車産業にとっては望ましいが，だれかが一人勝ちする関係（Winner-Take-All）になる可能性も否定できない．特に標準化は一人勝ちの状況を作り出しやすいので注意が必要である．

一般に標準化は産業に刺激と流動性を与える．標準を使った競争が始まると「開発生産性や規模の経済等の生産活動に関わる戦略が，ありきたりで退屈にさえ思えてくる」ほどの激変を産業に与える（Shapiro and Varian, 1998, 邦訳 p. 37, 強調筆者）．車載組込みシステムの標準化の影響は，今後10年ほどの間に現れると思われる．すでに，その兆候が出ている分野もある．たとえば，欧州のシステム・サプライヤに合併・統合が起こったり，ツール産業に合従連衡が起こったりしている．本書では扱わなかったが，カーナビゲーションやインフォテイメント，車車間通信や電気自動車の分野でも，標準化の影響は大きい．

第3-4章で示したように，車載組込みシステムについてAUTOSAR標準以外にも様々な欧州発の標準が誕生している．これら欧州発標準の影響範囲が，欧州域の非関税障壁にとどまるのか，それとも，グローバル・スタンダードとして各国に受け入れられ，グローバル市場全体に影響するようになるのかは，未だ不明である．しかしながら，標準は競争力に強く影響する点に留意する必要があるだろう．

7章で指摘したように，欧州企業は標準化を戦略ツールの1つとして使っており，欧州発の標準規格をグローバル・スタンダードにしようとする意志が明確に存在する．新興国産業にとっても，この標準規格を採用することにメリットがある場合がある．たとえば「自動車（部品も含む）輸出が容易になる」など

は大きなメリットである．また，技術蓄積が小さい新興国の自動車企業にとって，標準化によって最新機能が簡単で安価に利用できるのは望ましいことである．このため，欧州発の標準が予想外に早くグローバル・スタンダードになる可能性がある．その場合には，日本自動車産業（特に部品産業）は深刻な対処が必要になる．

いままで日本企業の組織能力構築は，もっぱら製品開発や生産性向上などの生産活動を中心に行われてきた．しかし，標準を使った競争には，これとは全く異なる次元の能力が必要となる．

標準を使った競争では「標準に準拠した製品の善し悪し」ではなく，「標準を他の企業がどう思うのか」という点が最も重要となる．多くの企業は勝ち馬になる標準を選択したがるので，常に他の企業がどの標準を採用するのかに気を配る．そして，すこしでもある標準が有利だと思うと，雪崩のように業界全体がその標準を採用する．このように標準化は短期間のうちに産業構造・市場構造に激変をもたらす性質があるので，トップ・マネジメントが常に注視し，短期間のうちに大きな意思決定をする必要がある．ブレーキとトップギアしかついていない自動車を乗りこなすようなものであるが，それが標準の世界の競争のやり方である．

自動車が複雑な人工物になってしまった今となっては，何らかの標準化は避けられない．標準の戦略的活用の意義は，以前にも増して大きくなっている．残念ながら，多くの日本企業は標準を主導するための組織構造もなければ，標準競争が引き起こす市場環境の激変に対処する組織能力も持っていない．標準を主導することの競争戦略的意義について理解が不足しているので，人材育成も遅れている．これらの点は今後の課題となるであろう．

1-2　複雑性問題と企業ネットワークの戦略的マネジメント

本調査研究では「複雑性問題に対処するためにどうすれば良いのか」という観点から，オープン・イノベーションについて実態を探るため，重層的な分析を行った．オープン・イノベーションに関しては様々な観点からの検討が必要であり，「複雑性に対処するためには，外部イノベーション・ソースを活用すればよい」「皆が一致団結して協力すれば複雑性を飼い慣らすことができる」といったような単純な見解では不十分である．

実際にオープン・イノベーションをドライブしているのは，個々の独立した

企業である．3章で紹介した「コンセンサス標準」にしても，実態は「コンセンサス（合意）」という語幹からイメージされるものではない．そこでは「情報の出し渋り」「戦略的な妥協」が日常茶飯事である．欧州企業がコンセンサス標準化を頻繁に利用するのは，もっぱら自社の利益獲得のためである（立本・小川・新宅，2010）．

　企業は自社に利益があるようにしか行動しないが，自社の利益のためには競争よりも協調をした方が良い場合もある．このため，企業は競争をしながらも，産業標準を設定しようとしたり，ツール環境を整備しようとしたりする協調が行われる．コンソーシアムを使った標準化（コンセンサス標準化）が，柔軟な「縦横の調整」を実現するのは，参加企業が自社の利益にかなうように自由に連携を行うためである．柔軟な連携がオープン・イノベーションのダイナミズムに繋がっている．

　大規模な企業協調がオープン・イノベーションで可能であるのは，異なる選好を持った企業が同一のイノベーション・プロセスに参加するからである．自動車メーカは標準化を推進して電子システムをホワイト・ボックス化し，「より高度なシステム」を「より低価格」で調達することを目論んでいる．サプライヤは「同一のシステム」を「多数の自動車メーカー」に納入して，規模の経済を得ることを目論んでいる．ツール企業は，この機会に乗じてツール・チェーンの分野でデファクト・スタンダードを完成させ，自社のビジネス・チャンスを最大限利用しようとしている．ある意味では同床異夢の状態であるが，これがオープン・イノベーションの現実である．自らの利益を最大にしようと思うから，活発なイノベーション活動が行われるのだ．

　この議論を延長すれば，同じような選好をもつ日本企業だけでコンソーシアムを作り，「日の丸」プロジェクトを行うことには，ほとんど成功の余地がないと思われる．それは系列ネットワークの延長に過ぎず，コンソーシアムを形成する意味がない．それならば，むしろ既存の系列ネットワークの方が複雑性をうまく処理できる．コンソーシアムを基盤として複雑性を解決するのであれば，オープン・イノベーション的なアプローチを学ぶ必要がある．

　オープン・イノベーションの源泉は，各企業の異質性（異なる選好）であり，既存の境界を越えた参加者が絶対的に必要である．欧州では，欧州統合によって国境を越えた企業活動が可能となった．さらに，欧州委員会レベルの様々なイノベーション政策によって，既存の産業分類を越えた企業のネットワーク化

が進んでいる．第三国から新興国企業を自らのネットワークに参加させることにも熱心である．これらの取り組みによって，異質性をもった企業が，同一のイノベーション・プロセスに参加することが助長されている．

異なる選好をもった同床異夢の企業がベクトルを一致させるには，新市場創造の期待形成が必要不可欠である．本書 Part I で触れたとおり，欧州のオープン・イノベーションの活動が，その目標として産業標準（さらにはグローバル・スタンダード）を指向しやすく，最終的にグローバル市場での競争力拡大を目的としているのは，このような性格を持つからである．

「はじめに」で紹介したように，代表的な企業ネットワークとしてオープン・ネットワークと系列ネットワークがあり，2つの企業ネットワークは激しい競争を行っている．グローバル化の影響で，とくに新興国市場での競争が厳しくなってきている．中国やインドといった新興国自動車産業を俯瞰してみると，部品レベルでいえば，電子システムではオープン・ネットワーク的アプローチが優勢であるように思える．一方，メカニカル・システムでは，系列ネットワーク的なアプローチが優勢であるようにみえる．完成車レベルでみると，2つのアプローチは激しい競争を行っており，どちらが有利かの判断は難しい．このような状況の中で，本書で紹介した欧州発標準はオープン・ネットワーク側に有利な状況を作り出していくだろう．

欧州の活動に対して，もし日本自動車産業がこれを上回るような効率性を持って複雑性に対処しようと思うならば，新しい参加者を積極的に受け入れるような（たとえばアジア諸国の企業の参加を積極的に支援するような）オープン・ネットワーク的な手法を取り入れるか，もしくは，より進化した系列ネットワーク的な手法が必要だと思われる．

本調査研究や既存研究からわかるように，複雑性問題を解く鍵が企業ネットワークの戦略的マネジメントにある事は間違いない．企業ネットワークの視点で競争戦略を考えた場合，戦略上，大きな自由度がある．欧州自動車産業（部品産業を含む）と積極的に連携することで，ビジネスを拡大する日本企業も出てくるかもしれない．先進国自動車企業が中心となっている企業ネットワークに新興国企業が参加し，重要な役割を果たすようになるかもしれない．このように，企業ネットワークの戦略的マネジメントでは「競争」だけでなく「協調」も考慮しなければならず，企業の競争戦略は格段に複雑になる．この問題を簡単に解く方法はないが，「イノベーションの受益者は自動車を購入する消費者

（おそらく最大の受益者は新興国市場の消費者）である」という発想から始めることが，正解にたどり着く近道である．

2 イノベーション政策と国際競争力

2-1 ナショナル・イノベーション・システム研究について

　国際競争力構築のためには，イノベーションを促進する制度の整備が欠かせない．ではナショナル・イノベーション・システムとして，どのような制度を目指したら良いのだろうか．この問いに答えるためには，「他国がどのような制度を持っているのかを知ること」自体が重要だと思われる．これは，ナショナル・イノベーション・システム研究の歴史が示唆するところでもある．

　たとえば，1980年代，アメリカは独禁法の緩和を行い，企業共同を奨励するイノベーション政策をとった．これが現在のアメリカのオープン・イノベーションの源泉である（立本・小川・新宅, 2010）．そして，この政策は，当時アメリカ経済を猛烈にキャッチアップしていた日本経済から，産業組織研究者が学んだ成果をイノベーション政策として実現したものであった．具体的には，日本の鉱工業技術研究組合法（1961年）を念頭に，非常に厳しかったアメリカの独禁法を緩和して，国家共同研究法（1984年）を制定したのである．同法によって，多くのリサーチ・ジョイントベンチャー（企業間の共同研究契約）が誕生し，共同研究や標準化活動が活発化した．これがアメリカのオープン・イノベーションの制度的な起源である（立本, 2011）．

　日本の鉱工業技術組合法は，アメリカのイノベーション政策や企業行動に大きな影響を及ぼしたが，驚くべきことに，実は日本オリジナルの制度ではない．鉱工業技術組合法は，イギリスのリサーチ・アソシエイション制度（RA制度）を真似してつくられた制度である（宮田, 1997）．第一次世界大戦前夜，イギリスは自国産業がドイツからの輸入品に依存している状況を危惧し，自国産業の底上げを目論んで企業の共同研究への助成を行った．機械試験所（現機械技術研究所）の所長（1953年当時）であった杉本正雄氏がRA制度を高く評価し，通産省に導入を強く勧めて制度化されたものが「鉱工業研究組合法」である（鉱工業研究組合懇談会, 1991）．つまり，日本もまた，イギリスのイノベーション政策から学んでいたわけである．

　イギリス，日本，アメリカの共同研究制度は学びあいの最中に，決して少な

くない誤解を含みつつ，学習元の企業共同制度とは少しずつ異なる制度として各国に定着していった．そして現在，欧州は，日本の共同研究制度や，アメリカのオープン・イノベーションを念頭に置きながら，それらを欧州の現状に適合するように少しずつ変更し，欧州型オープン・イノベーション・システムとして自らのものにしようとしている．このような相互学習の歴史は「まず各国のイノベーション制度を知ること」がいかに重要であるかを示している．

2-2 FP 7 の中間評価と次期イノベーション政策

各国のイノベーション・システムを比較するためには，モデル化が必須である．本書では欧州型オープン・イノベーション・システムが機能するメカニズムをモデル化して説明した．このモデルの実効性を理解するために，欧州型オープン・イノベーション・システムへの評価を紹介する．

現在，欧州型オープン・イノベーションで中心的な役割を果たしているフレームワーク・プログラム (FP) について，FP 7 の中間評価と次期 FP についての議論が，欧州委員会を中心に始まっている (Expert Group on the Interim Evaluation of the Seventh Framework Programme [EG], 2010; European Commission [COM], 2011)．また，われわれのフィールド調査でも，FP 7 について評価・批判を聞くことができた．欧州型オープン・イノベーション・システムのパフォーマンスを理解するために，これらの評価・批判を紹介する．

専門家グループによる中間評価によれば，FP 7 は以下のような評価がなされている (EG, 2010)．

- 欧州リサーチエリア構想 (ERA) に対して，FP 7 はポジティブな結果をもたらしている．境界を越えるような共同研究が促進されている（ただし未だその途上である）．
- FP が欧州の優れた研究プロジェクトを促進していることは明らかである．ただし，その基金や手続きに関しては，とくに産業界や中小企業から，複雑すぎると批判がある．
- FP を推進する上で基本的な手続きは予想通りに機能しているが，いくつかのものに関しては，整然としておらず，トラブルが絶えなかった．
- 女性の研究者の参加が増加した（ただしさらなる改善が必要）．ある特定の参加国からの研究者の参加が少なかった．EU 域内の研究者の参加率増加に

進展を認めるものの，第三国からの参加率はまだ十分ではない．
- FP 7 は競争前領域に集中すると考えられていたが，実際には，協力プログラムや JTI などで，明らかに競争力に直結する部分を行っている．リサーチとイノベーションの連携は重要であるが，教育にももっと力を入れるべきである．
- FP 6 からの懸案であり，未だにもっとも言われることとして，FP 7 への参加の手続きが複雑すぎる点が挙げられる．とくに研究者や産業界からこの批判が多い．改善するべきである．
- 欧州の科学が（過去も含めて）FP によって高められたことは確かである．一方，その商用的利用はまだ不十分である．よって，成果の産業化について，さらに注意を払うことを要する．

われわれのフィールド調査によれば，欧州委員会のイノベーション政策を高く評価する意見が多かったが，現場感覚に即した批判も聞くことができた．次のような無視できない批判があった．

- プログラムを開始するまでの手続きが煩雑でとても時間がかかる．市場変化が激しい分野に向けて技術開発を行うには，手続きの簡素化が必須である．
- 欧州委員会は巨大な官僚組織であり，組織特性として規制を作ることを指向しやすい．このような規制が今後のイノベーションを阻害する可能性がある．
- 欧州委員会のプログラム評価は公平であるが，既存研究の延長のプログラムしか認められない傾向がある．先進的・画期的なイノベーションは生まれない危険性がある．

批判点の中には，すでに中間評価委員会の調査で指摘されているものもある (EG, 2010)．これらの批判点を乗り越えることができるかは，欧州委員会の挑戦となる．

専門家の中間評価やパブリック・コメントを受けて，欧州委員会では次期イノベーション政策の議論を開始した (COM, 2011, 48)．その要点は，次のようなものである．

- 現行の FP の枠組みは小さすぎる．次期 FP は単なる FP の延長では十分

でない．いままで分断されていた複数のイノベーション政策を包括的に統合するような共通の戦略的枠組み (common strategic framework) の下で行われるべきである．
・科学技術的な研究を支援する FP 以外にも，地域経済振興的 (地域クラスター振興的) な Cohesion Policy など，いくつかのイノベーション政策がばらばらに運用されている．これらを統合し，共通枠組みで運用することを検討すべきである．

議論は現在進行中であり，最終的にどのような形になるかはわからない．ただし，FP は，より大きく包括的なイノベーション政策の色彩を強くする可能性が高い．従来から行われている共同研究や標準化活動支援もさらに強化されるだろう．クラスター政策予算なども統合すれば，より産業に近い段階のプロジェクトも支援対象となる．これらの方向性は，本書で描いた欧州型オープン・イノベーション・システムのイメージと重なるものであり，それを強化する方向で次期イノベーション政策が策定される可能性を示している．

一方で，中間評価やフィールド調査で指摘された問題点の中には，本質的に解決することが難しいものも含まれている．「成果の産業化が不十分」「規制を作りたがる」といった点は，欧州委員会自体の組織特性 (巨大な官僚組織であること) が根本問題である．これらの問題点は，欧州委員会だけで解決することはできず，産業資金で運営されているコンソーシアム等が解決していくことになる．欧州委員会資金の共同研究プログラムと，産業資金のオープン・コンソーシアムは補完的な関係にあり，両者は関係を深めながら拡大していくだろう．

2-3 ナショナル・イノベーション・システムの新モデル構築に向けて

本書のような各国のイノベーション・システムの研究 (ナショナル・イノベーション・システム研究) は，1980 年代以降，盛んに進められた (Lundvall, 1992; Nelson, 1987; Porter, 1990)．その背景には，第二次世界大戦後にアメリカ一国が超大国として存在した状況から，日本やドイツ，あるいは欧州経済が復活し，さらに 1990 年代以降，新興国産業がグローバル市場でプレゼンスを見せるようになったことが挙げられる．ナショナル・イノベーション・システムの研究は，国際競争力の構築と深く関わりのあるものである．

イノベーション政策から見たときに，国際競争力の構築とは，もっぱらナシ

ョナル・イノベーション・システムの整備を意味する．国は自動車を生産するわけではないので，国家同士が自動車生産で競争しているわけではない．しかし，優れたナショナル・イノベーション・システムを用意し，魅力的な産業環境を用意することによって，産業エコシステムの成長を助けることができる．このような産業環境は，「立地優位性」や「国家特殊優位」となり，企業の国際競争力の一部となる（Dunning, 1979; Rugman et al., 1985）．

従来のイノベーション・システムの整備では，「立地優位性」や「国家特殊優位」を構築するために，系列ネットワーク型の濃密なコミュニケーションに基づく企業間の調整メカニズムが重視されていた．代表的なナショナル・イノベーション・システムのモデルであるダイアモンド・モデルでは，ナショナル・イノベーション・システムのすべての要素を特定地域内に立地しようとする政策，いわゆる産業クラスター（地域クラスター）政策が推奨されている．既存の「立地優位性」や「国家特殊性」の研究の多くは，産業クラスターを分析することに集中している（Porter, 1990）．

しかし，本調査研究で紹介した「欧州型オープン・イノベーション・システム」のように，近年の「立地優位性」「国家特殊優位」は，地域クラスターの整備から，企業の共同行為に関する制度整備に重心が移ってきている．

企業共同の制度とは，具体的には「共同研究制度」「独禁法」「標準化政策」などである．欧州型オープン・イノベーションが基盤とするオープン・コンソーシアムは，これらの制度の上に作られた企業ネットワークである．オープン・イノベーションの興隆は，複雑性問題が直接的な契機であるものの，その土壌としてこれらの企業共同の制度整備が深く関係している．

オープン・イノベーションでは，「共同研究」や「標準化」などの新しい企業調整メカニズムによって大規模な企業間調整が行われており，この調整メカニズムを戦略的に活用することが企業戦略の基本となっている．オープン・イノベーションでは産業標準（デファクト標準やコンセンサス標準など）が産業エコシステムの基盤であり，ネットワーク外部性が産業進化の方向を決める最も重要な要素である．

企業間調整のメカニズムが異なるため，ダイアモンド・モデルとオープン・イノベーション・モデルとでは，特定地域の国際競争力の拡大メカニズムが異なる．ダイアモンド・モデルでは，濃密なコミュニケーションを基盤としており，スピルオーバー（研究開発などの技術成果等）が特定地域にとどまることが暗

黙に仮定されている．ここから地域クラスター政策が正当化される．
　これに対して，オープン・イノベーションは，標準による大規模な企業間調整を基盤としており，標準を基盤とした産業エコシステムが形成される．産業標準は情報アクセス・コストを極端に小さくするため，技術成果が特定地域にとどまることを当然視できない．オープン・イノベーションで特定地域の国際競争力が拡大するのは，産業標準から生まれるネットワーク外部性（技術ロックイン効果）によるものである．産業標準（最終的にはグローバル・スタンダード）を生み出す力が，オープン・イノベーションでの「立地優位性」「国家特殊優位」の源泉なのである．このためオープン・イノベーション・システムでは，イノベーション政策に標準化政策を積極的に取り込む必要がある．
　標準化を取り込んだイノベーション政策としては，①「標準の早期確立支援」としていち早く産業標準化を行ってクリティカル・マスを実現できるような産業環境を支援すること，②「標準採用の範囲拡大支援」として標準の採用国や採用企業など標準を採用する範囲を広げるように支援すること，の2つの支援方法があるだろう．両者は同じロードマップ上で，同時に行う必要がある．例えば「標準の早期確立支援」だけを行えば，いわゆるガラパゴス問題（日本国内だけで通用するローカルな産業標準）を助長してしまう．
　①「産業標準の早期確立支援」の具体的な例として，「目的基礎研究」を通じて早期から産業標準化を支援すること（5章），地域標準活動の支援（1章）さらには政府調達基準に民間の産業標準を用いる（例えばアメリカのNTTAA法（1995年））ことなどが挙げられるだろう．②「標準採用の範囲拡大支援」の具体的な例として，欧州のERA構想（1章）や産業コンソーシアム活動の支援（4章，6章，7章），国際標準化活動支援（3章）が挙げられるだろう．
　このようなイノベーション政策は，従来の枠組みから立案することが難しいため，新しい組織体制が必要かもしれない．ナショナル・イノベーション・システムの整備という広い観点から，さらなる深い議論と検討が必要だろうが，新しい競争のルールに対応するためには必須の取り組みである．

3　企業の国際競争力の構築

3-1　産業環境としてのナショナル・イノベーション・システム
　最後に，本書のようなイノベーション・システム研究が，企業の国際競争力

の構築にどのような意味があるのかを説明したい．

　ナショナル・イノベーション・システムの議論は，国際競争力を考えたときに，その真価を発揮する．国内で競争を行うような場合，その競争に参加している企業は，同一のナショナル・イノベーション・システムを利用している．よりよいイノベーションの方法を追求すれば，多くの場合，最適なイノベーション・プロセスを見つけることができる．国内競争力だけを考えた場合，ナショナル・イノベーション・システムが何であるのかを意識しなくてもよい．国内競争力に問題が生じた場合，自社の企業戦略や組織構造を見直すだけでも十分に機能する．

　ところが，国際競争力を考えた場合は，これとはまったく異なる．国際競争力は，企業独自の競争力（企業特殊優位：Firm-Specific Advantage）と，企業が置かれている各国の制度由来の競争力（国家特殊優位：Country-Specific Advantage）の２つで決まる．両者は相互に作用する（Rugman et al., 1985）．だから，国際競争力を議論するときには，企業独自の競争力だけを見ていてはいけないのである．

　国際競争力に問題が生じた時には，国内競争力の場合のように自社の企業戦略や組織構造の見直しだけでは不十分である．そればかりか，自社内部にのみ原因を求めようとするやり方は，現実を正視する機会を失わせてしまう危険性すらある．もしかすると，本当に競争力に影響しているのは，ナショナル・イノベーション・システムという産業環境であるかもしれないからだ．その場合，「どの地域のナショナル・イノベーション・システムを選ぶのか」「どうやってナショナル・イノベーション・システムを活用するのか」というように，外部環境と内部組織の適合を再考することが必要なのだ．

　誤解を恐れずに言えば，たとえ成功している時ですら，企業は無数の問題を抱えているものである．完全な企業戦略や組織構造など存在しない．だから，自らの内部組織のみに焦点を当て内省していけば，いくらでも欠点は見つかる．しかし，それは問題の本質から外れた行為なのである．本当にやらなくてはいけないのは，外部環境（この場合はナショナル・イノベーション・システム）を正確に知り，その外部環境をうまく活用するように内部組織を変更していくことである．単なる内省によって，企業は外部環境に対して盲目的になり，答えのないパズルを解くことになる．国際競争力を念頭に置いた場合，単なる内省からは，真の競争力構築は望めない．

企業の競争力は，まず外部環境を知り，次に内部組織を統制することで作られる．ナショナル・イノベーション・システムは，企業にとって最も大きな外部環境である．だから，企業が国際競争力を獲得するためには，ナショナル・イノベーション・システムの理解が欠かせないのである．

3-2　企業ネットワークと国際競争力

つぎに企業ネットワークとしての国際競争力について述べたい．複雑な製品が短期間に世界中に普及するのは，ネットワーク指向の新しいイノベーションが可能になったからである．本書で取りあげたオープン・イノベーションもネットワーク指向のイノベーションの1つである．企業ネットワーク指向のイノベーションは複雑性問題を解く有力な選択肢であり，今後の競争力構築の鍵である．

国際競争力構築の観点から企業ネットワーク指向のイノベーションを再考した場合，重要な論点がある．それは「グローバル化の影響をどのように企業ネットワークに取り込んでいくか」という点である．

グローバル化の影響として先進国企業がもっとも懸念していることが，新興国企業の台頭である．多くの先進国産業は，先進国企業中心であった企業ネットワークの中に新興国産業を取り込み，グローバル化を利用して経済成長を達成しようとしている．もしも新興国企業が既存の企業ネットワークに参加することができなかった場合，先進国企業は新興国企業と正面競争を行うことになる．1980年代以降のグローバル化の歴史を見れば，正面競争を行って勝ち残った先進国企業は例外的である．むしろ新興国企業を企業ネットワークに取り込み，新しい分業関係を構築する方が現実的なアプローチである．問題は「どのような参加方法を作り出すか」という点である．

本書冒頭の「はしがき」で述べたように，代表的な企業ネットワークのモデルとして，オープン・ネットワークと系列ネットワークがある．オープン・ネットワークは，オープン・イノベーションを支える企業ネットワークで，産業標準が企業連結の基盤となる．系列ネットワークは，高い能力をもった企業が信頼に基づいて形成したネットワークで，濃密なコミュニケーションや関係特殊的資産が企業連結の基盤となる．

ネットワークの生成原理が異なるため，2つのネットワークは異なる「新興国企業の企業ネットワーク参加」のメカニズムを持っている．オープン・ネッ

トワークでは，（デファクト標準にしろコンセンサス標準にしろ）標準化によって新規参加が可能になっている．標準化は，簡明なインターフェースを与える事によって，新規参加を容易にする．標準化によって情報アクセスが低くなることは，技術蓄積が浅い企業にとって絶好のビジネスチャンスとなる．

先進国企業にとっては，標準化プロセスを主導することによって，自社が特化したい領域を標準化対象外にし，新興国企業と分業を行いたい領域をもっぱら標準化することができる．これが標準化の戦略的な活用方法である．7章で指摘したように，標準化を用いた戦略で最も重要な点は，「どの領域を標準化するのか（すなわち，どの分野の技術情報を共有するのか）」という意思決定である．この意志決定を自社に有利に進めるために，標準化プロセスを主導することに戦略的な意味があるのである（立本・高梨，2010）．

一方，系列ネットワークでは，濃密なコミュニケーションが企業連結の基盤である．新興国企業の企業ネットワーク参加を促進するためには，コミュニケーションの機会を積極的に作る必要があるだろう．このためには，相当大規模に設計能力の現地化を行わなくてはならない．具体的には新興国に大規模なR&D拠点をつくったり，技術移転のためのジョイント・ベンチャーを拡大することになるだろう．このような投資負担に先進国企業が耐えられるのか，そもそも，このような投資が事業として見合うものなのかどうかは，今後精査されていくことになると思われる．

系列ネットワーク側としては，部分的にオープン・ネットワーク的なアプローチを取り入れることも必要になってくるだろう．加えて，系列ネットワークの長所を生かすのであれば，さらに大規模な設計能力の現地化も必要になるだろう．理論的には，オープン・ネットワークの設計現地化の投資よりも，系列ネットワークの設計現地化の投資の方が，過大になるはずである．設計現地化の投資規模は，この2種類の企業ネットワーク間の競争の勝敗を決める決定要因になるはずである．設計現地化の投資問題は，現場からのボトムアップで解決できる問題ではない．トップ・マネジメントが積極的に関与しないと解決できないと思われる．

4　最後に

私個人としては「オープン・イノベーション」と言う言葉は好きではない．

「はしがき」で書いたように，あるいは序論で検討されているように，「オープン・イノベーション」は明確に定義された言葉ではなく，「1社で全てを行うような『純粋なリニア・イノベーション』ではないイノベーション・パターン」として定義されているに過ぎないからだ．

リニア・イノベーションが問題を抱えていることは，経済学や経営学では1980年代から繰り返し指摘されており，企業ネットワーク指向のイノベーションが盛んに研究された（Abernathy and Utterback, 1978; Klein and Rosenberg, 1986; von Hippel, 1988; Henderson and Clark, 1990; Langlois and Robertson, 1992; Baldwin and Clark, 2000）．しかし「オープン・イノベーション」は，そのような議論を全く踏まえていない（現在，過去の研究との関連性が整理されている最中である）．

この状況は産業界に大きな誤解をもたらしているように思う．オープン・イノベーションの実態を踏まえず，曖昧な定義のまま学界で議論が先行してしまったために，産業界に混乱をもたらしている．オープン・イノベーションを「1社でイノベーションを完結するのではない」「複数社で問題解決を行う」とする素朴な理解のレベルは，実務の要求に応えていない．もしそれが本当にオープン・イノベーションであるならば，日本自動車産業は「系列ネットワーク」に基づいた世界でもっとも成功した「オープン・イノベーションの例」のはずである．しかし，日本自動車産業をオープン・イノベーションの例であると考える人はいない．それは欧州自動車産業と比較してみれば明らかである．

ある意味で「オープン・イノベーション」は，看板だけで中身のないバズ・ワードである．しかし，それにもかかわらず，産業界のオープン・イノベーションへの関心は高い．その背景には「製品の複雑性が高まり1社で問題解決することは困難なこと」「グローバル化により新興国企業を企業ネットワークに取り込む必然性が発生したこと」という環境変化の中で，「それでも国際競争力を高めたい」という強い動機があるからである．この要請に研究者が応えるのは当然の責務であると思う．

企業がオープン・イノベーションを必要とする本質的な原因は，「複雑性問題」と「グローバル化」である．この2つの状況変化に対応しながら国際競争力を構築するために，1980年代以降の試行錯誤によって生まれたイノベーション・システムが「オープン・イノベーション・システム」である．ここでは産業標準が企業間調整の重要なメカニズムであり，企業の競争戦略にも大きく

影響する.標準を使った競争戦略は,生産活動に関する戦略とは全く異なるものであり,競争のルールが変わる危険性がある.このメカニズムを,本書では欧州の自動車産業を事例として説明した.

本書は,車載組込みシステムの複雑性問題への対応という特定ケースを題材としているものの,ここから明らかになった知見の応用可能性は大きい.当然,自動車産業へ適用できるだろうし,他産業への転用もできるだろう.イノベーション政策としての知見も多く含まれている.

各章で扱ったトピックは,すでに結果が明らかになっているものもあるし,現在進行中のものもある.オープン・イノベーションの実態を正確に紹介するために,フィールド調査から明らかになった事実について可能な限り丁寧に記述した.看板だけの「オープン・イノベーション」に中身を入れようとしたのである.本書は第一歩に過ぎず,今後さらなる研究が必要だろう.

この調査過程は非常に困難であった.その理由はオープン・イノベーションの性質それ自体にあるように思う.オープン・イノベーションのプロセスには,異なる選好を持った企業が参加しているため,企業毎に物事の見え方が大きく異なる.企業の立場によって評価が大きく異なるのである.本調査では,欧州型オープン・イノベーションを包括的に理解できるように,立場が異なる企業や政策関係者を対象に多くのインタビュー調査を行った.文献資料も多用した.これらの見解を統一的に理解できるように,できるだけロジカルに説明したつもりである.本書で明らかにした知見が,読者にとって少しでも役に立つことができれば幸いである.

参考文献

Abernathy, W. J. and Utterback, J. M. (1978) "Patterns of Industrial Innovation," *Technology Review*, vol. 50. No. 7 (June-July, 1978).

Baldwin, C. Y. and Clark, K. B. (2000) *Design Rules: The Power of Modularity*, The MIT Press.(邦訳 安藤晴彦『デザイン・ルール——モジュール化パワー』東洋経済新報社).

Dunning, J. H. (1979) "Explaining changing patterns of International Production: In Defense of The Eclectic Theory," *Oxford Bulletin of Economics and Statistics*, Vo. 41, pp. 269-96.

European Commission [COM] (2011) 48, (*Green Paper*) *From challenges to opportunities: Towards a Common strategic framework for EU research and innovation funding*, European Commission, Brussels.(Download from http://ec.europa.eu/research/csfri/pdf/com_2011_0048_csf_green_paper_en.pdf).

Expert Group on the Interim Evaluation of the Seventh Framework Programme [EG] (2010) Interim evaluation of the seventh framework programme: Report of the expert group (Final Report 12 November 2010). (Retrieved from the European Commission (Download from http://ec.europa.eu/research/evaluations/index_en.cfm?pg=fp 7).

Henderson, R. and Clark, K. (1990) "Architectural innovation: the reconfiguration of existing product technologies and the failure of established firms," *Administrative Science Quarterly*, 35, pp. 9-31.

Kline, S. J. and Rosenberg, N. (1986) *An Overview of Innovation, in National Academy of Engineering*, The National Academy Press.

Langlois, R. N. and Robertson, P. L. (1992) "Networks and innovation in a modular system: Lessons from the microcomputer and stereo component industries," *Research Policy*, Vol. 21, pp. 297-313.

Lundvall, B. A. (1992) *National systems of innovation*, London: Pinter.

Nelson, R. R. (1987) *Understanding technical change as an evolutionary process*, Amsterdam: North Holland.

Porter, M. (1990) *The competitive advantage of nations*, Free Press.(邦訳 土岐 坤・小野寺 武夫・中辻 万治・戸成 富美子『国の競争優位（上）（下）』ダイアモンド社）.

Rugman, A. M., Lecraw, D. J. and Booth, L. D. (1985) *International Business*, McGraw-Hill, Inc., New York.（邦訳 安室憲一・中島潤・江夏健一・多国籍企業研究会 『インターナショナルビジネス―企業と環境 上・下』マグロウヒルブック).

Shapiro, C. and Varian, H. R. (1998) *Information Rules: A Strategic Guide to the Network Economy*, Harvard Business Press.（邦訳 千本倖生・宮本喜一『ネットワーク経済の法則』IDGコミュニケーションズ).

von Hippel, E. (1988) *The Source of Innovation*, Oxford University Press.

鉱工業技術研究組合懇談会編（1991）『鉱工業技術研究組合30年の歩み』日本工業技術振興協会.

立本博文（2011）「競争戦略としてのコンセンサス標準化」東京大学ものづくり経営研究センター，No. 346.

立本博文・高梨千賀子（2010）「標準規格をめぐる競争戦略：コンセンサス標準の確立と利益獲得を目指して」『日本経営システム学会誌』Vol. 26, No. 2, pp. 67-81.

立本博文・小川紘一・新宅純二郎（2010）「オープン・イノベーションとプラットフォーム・ビジネス」『研究　技術　計画』Vol. 25, No. 1, pp. 78-91.
宮田由紀夫（1997）『共同研究開発と産業政策』勁草書房.

Appendix 1

形式手法概説

中島　震

1　高い信頼性

1-1　信頼性への総合的なアプローチ

　形式手法はシステムに求められる信頼性達成への技術アプローチである．入門的な解説記事や教科書では数理論理に基づくという側面が強調される．数理論理（あるいはロジック）が重要な技術要素であることは事実である．しかし，実際は，図 A1-1 に示すように設計方法論やドメイン知識を含む総合的な技術と考えるべきである（中島，2007）．設計方法論は，ソフトウェア開発の上流工程で行う要求分析や設計といった作業を系統的に行う技術である．また，ドメイン知識は開発対象システムに関わる知識の総体とする．単に，ロジックに基づく記述を得ることだけが形式手法ではないことを表している．

　図 A1-1 では，形式手法が，形式仕様言語，検証法，ツールという 3 つの

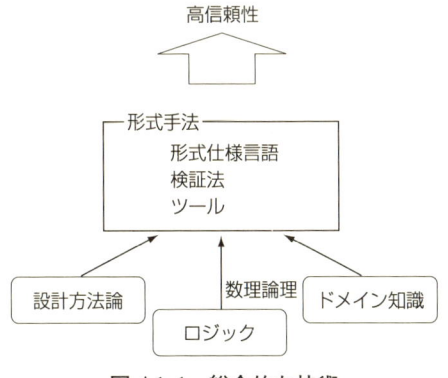

図 A1-1　総合的な技術
出所）　筆者作成．

技術要素からなることを示す．形式仕様言語は開発対象システムの諸側面を表現する記述形式である．言語の構文ならびに意味定義がロジックを基にすることで厳密に定められている．検証法は形式仕様言語を用いて作成したシステム記述が何らかの観点から正しいか否かを調べる方法である．さらに，形式手法がソフトウェア工学の道具として使えるためには，前述の形式仕様言語ならびに検証法に関わる支援ツールが必須となる．

形式仕様言語と検証法は，ロジックを基本とする形式体系であり，学術的な理論研究テーマとなる．作成したシステム記述を原理的に自動検証可能であるか否か，などの研究がある．このような理論研究は，19世紀終わり，形式手法を含むソフトウェア科学以前から数理論理学の分野で活発に行われてきた．論理式の充足可能性判定という問題が基本であり，自動検査できる場合に決定可能と云う．たとえば，命題論理は決定可能であるが，1階述語論理は決定不能である．形式手法をロジックの技術と同一視する従来の誤解は，このような理論研究が全てであるという思いから生じたと考えられる．

形式手法が工学的な技術であるためには，ソフトウェア技術者が用いる支援ツールが必須である．C言語等のプログラミング言語を用いたプログラム開発を行う場合を考えてみても，支援ツールが重要であることは容易に理解できる．技術者にとっては，エディタ，コンパイラ，デバッグ支援機能，などを統合した開発環境が重要である．

形式仕様言語を用いる場合であっても，何かの記述を作成するという点で，プログラミングと変わらない．しかし，形式手法の場合には，エディタや文書整形ツールに加えて，記述の検証作業を支援するツールが大切である．たとえば，決定可能であることがわかっている命題論理の場合であっても，与えられた論理式の充足判定にかかる計算時間，性能はツールの作り方に大きく依存する．高速な検証ツールの開発は最も重要な研究テーマの1つである．高度な支援ツールなくして形式手法は工学的な道具になりえない．

1-2　正しさの基準

形式手法の中核は形式仕様言語であり，プログラミング言語と対比させることができる．対象システムの記述を作成することを目的とした記述の形式を提供するという点で両者は同じであるが，記述を作成する目的が異なる．プログラミング言語の場合，すなわち，プログラムの場合，実行して計算結果を得る

ことが目的である．

　一方，形式仕様言語の場合，開発上流工程での成果物（要求仕様や設計仕様）を作成し，その「正しさ」をプログラム開発に先だって事前に確認する．計算結果を得ることではなく，作成したシステム記述が期待通りの性質を持つか否かを調べることが目的である．なお，プログラムの場合はテストデータを与えてのプログラム実行が性質確認の唯一の手段である．正しさの確認に対する考え方が大きく異なる．

　形式手法の重要な技術要素である検証法は，記述が正しいか否かを解析する方法である．一般的に絶対的な正しさの基準は存在しない．常に相対的であり，別途，正しさの基準を決める必要がある．さらに，正しさの基準は多様であり，形式仕様言語が決める基準から，対象システムごとに与えるべき性質まである．

　形式手法を適用する際の難しさの1つは，正しさの基準を明確に意識しなければならない点にある．実際，何をもって正しいかを決めることは想像以上に難しい．対象システムの性質に熟知する必要がある．逆に，形式手法を使うことによって，対象システムの本質があぶり出される．すなわち，理解を深めることができる．

　形式仕様言語は「言語」であることから，プログラミング言語と同様に，書き方の規則（文法規則）を厳密に決めている．その結果，文法規則は構文的な正しさの基準を与える．さらに，多くの記述体系は，タイプあるいは型の概念を持ち，タイプ整合性も良い基準となる．たとえば，図形オブジェクトを参照する変数 aGraphic に整数値 10 を加える，という式 aGraphic ＋10 は，文法的には正しいがタイプ整合性の観点では誤りである．構文的な正しさやタイプ整合性は記述体系（形式仕様言語）の言語仕様から決まる基準である．

　形式仕様言語はロジックに基づく記述体系なので，論理式が充足可能であるかが，記述の整合性の良い基準となる．たとえば簡単な命題論理の式 $(a \land \lnot (b \lor c)) \lor (\lnot a \land \lnot b)$ が充足可能であるか，すなわち，この式全体を true とするような命題変数の割り当てがあるかを調べる問題である．この例では，命題変数 $\{a, b, c\}$ ＝ $\{false, false, true\}$ とすればよい．このような割り当てを自動的に見つけるアルゴリズムが存在するか否かが，先に述べた決定可能性に関する議論である．

　命題論理の場合は充足可能性の判定アルゴリズムが存在する．すなわち，命題論理の場合，記述の整合性を正しさの基準として，これを自動検査すること

が可能である．したがって，仮にシステムの記述ならびに要求性質を命題論理で表現することができれば，自動検証が実現できることになる．しかし，命題論理は表現力が小さすぎ，興味あるシステムの表現が不可能であると考えられている．一方，命題論理よりも表現力が大きい述語論理でも，よく使うソフトウェアのデザインを表現することができない．たとえば，有名なデザインパターンの1つであるCompositeパターンの構造的な関係の一般的な性質は述語論理でも表現することができない．そのような述語論理であっても自動検査ができないことがわかっている．

構文的な正しさ，タイプ整合性，記述の整合性は，基本的な正しさの基準であり，技術者が別途情報を与えなくても形式仕様言語の支援ツールが検査機能を提供することができる．同様に支援ツールが標準的に検査する，一般にサニティと呼ぶ正しさの基準も考えることができる．たとえば，C言語の場合，配列参照時の不正インデックス値，Nullポインタ参照，0による除算式，など，計算結果が確定しない，あるいは無効となるような記述を対象とする．並行システムでは処理が進行しないデッドロックなどもサニティと考えることがある．

サニティ検査の対象項目は記述体系（形式仕様言語）の言語仕様から決まる場合があり，これらについては先の基本的な正しさの基準と同様に支援ツールが検査機能を提供することが多い．ツール利用者からみると，基本的な正しさの基準とサニティ検査とが区別つかないこともある．支援ツールが自動解析可能なためには，これらの正しさの基準は決定可能でなくてはならない．決定可能でない場合であっても，ヒューリスティックスを利用して可能な限り自動検査できるように工夫する．このような工夫は自動検証技術の重要な研究テーマとなっている．

一方，システムを検査するという立場からは，対象システム固有の性質が成り立つかを調べたいことが多い．サニティ検査に対してアプリケーション性質検査と呼ぶ．たとえば，データ構造と手続きの関係に注目する構造化設計では，オペレーション定義がデータ定義に関わる不変量を壊していないことを確認したい．オペレーションやデータ構造は対象システムに対して定義した固有な記述である．不変量保存に関わる正しさの基準はアプリケーション性質として与えなければならない．

また，並行システムの場合，デッドロックに陥らない（デッドロックフリー）ことがわかっても全く無意味なシステムも存在する．無限ループなどによって，

それ以外の処理が全く進まないシステムはデッドロックに陥らない．システムが有用であるためには，期待される処理，あるいは好ましい処理が実行されるという進行性を満たす必要がある．何が期待される処理かはシステムに依存するので，進行性は個々のシステムに対して定義するアプリケーション性質である．

対象システムごとに期待する要求性質が異なることから，アプリケーション性質を検査するためには，別途，この正しさの基準を表現する性質仕様表現言語が必要となる．形式手法では，性質仕様の表現にロジックの考え方を導入し，システムに期待される性質を満たすか否かの検査法をロジックに基礎をおく技術として厳密に定義する．厳密さとは，検査の方法自身の正しさが原理的に証明できるという意味である．すなわち，システム記述と性質仕様とが正しくても，その検査の方法が誤っていれば何を正しいとするかの根拠が不確かになる．検査方法の正しさがロジックを基礎とすることで明確になっているという点が形式手法の大きな特徴である．まさにこの点のおかげで，形式手法が客観的な信頼性向上の方法であるといわれる．

個々の検査アプリケーション性質はプログラムテスト技術におけるテスト項目に相当する．検査性質の抽出法は形式手法の対象外であることに注意されたい．一方，一般に，アプリケーション性質をいくつかの基本的な性質に分類することができる．常に成り立つ安全性あるいは不変量保存，先に述べた進行性，などがある．対象システムごとに，これらの性質を発見，整理することがノウハウとして重要である．

以上，形式手法はシステムの正しさを検査することを目的とするが，正しさの基準は絶対的ではなく多様であること，また，個々のシステムに対して与えるべきものであることを述べた．なお，いくつかの検査（サニティ検査ならびにアプリケーション性質検査）は先に述べた充足可能性判定の問題として表すことができる．充足可能性判定を効率よく行うことが自動検証の基本となっている．

2　形式手法の発展

2-1　夢から現実へ

形式手法の研究は 1970 年代初頭に欧州ではじまった．約 40 年の歴史がある技術分野である．長い歴史の中で数多くの研究成果が蓄積され，多様な形式手法が提案された[1]．そのすべてを網羅的に解説することは不可能に近い．

```
Rigorous Formal Methods ──→ Formal Methods Light
         ②実用化に向けた変化      Light-weight Formal Methods
   1970         1980         1990         2000
```

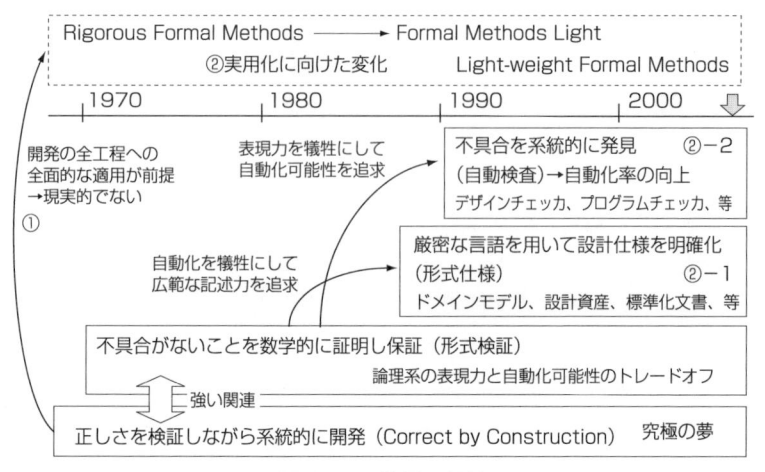

図A1-2 発展の経緯

出所） 筆者作成．

図A1-2は，形式手法発展の経緯を概観する図である．当初の思いに比べて形式手法の産業界での適用が進まなかった．これへの反省により，1980年代終わり頃から，研究者自身が形式手法に対する見方を変化させた．数多くの研究蓄積，多様な手法の提案，形式手法自身の変化，などの要因が絡み合い，形式手法の全体像を把握することが難しい．

黎明期の形式手法に対する期待は次のE. W. Dijkstraによる言葉に表されている．

プログラムテスト技術はバグの存在を示すために使うことができるが，バグがないことを示すことは決してできない

「バグがないことを示す」を達成する技術アプローチが「構築からの正しさ (Correct by Construction)」の考え方を具体化したリファインメントという技術である．初期仕様から出発し，段階的な詳細化の方法で少しずつ仕様を具体化，詳細化していく．その詳細化ステップごとに変更の正しさを検証する．プログラミング言語で表現可能な記述レベルに達した段階で詳細化過程を終了し，最終的な記述からプログラムを構文変換によって自動的に得る．正しい初期仕様から出発し，正しさを確認しながら詳細化を進めてプログラムを得る，という方法である．その過程でバグが混入することがないことを確認できる．

リファインメントに基づく開発法はいくつかの問題があり，産業界に広まることが難しかった．第1にどのようにして初期仕様に対する正しさの基準を与え検証するか，第2に各ステップでの検証を自動化できるか否か，第3に既存のソフトウェア開発方法論とどのように融合させるか，である．理想的なリファインメントの方法は従来のソフトウェア開発方法論を全く置き換えるものであり，現実的な方法ではなかった．

一方，理論的な観点からの基礎研究は進み，リファインメントとは何か，詳細化ステップで検証可能な正しさの基準は何か，などの理解が進んだ．その後，Bメソッドがリファインメントの考え方を産業界に適用する努力を継続し，いくつかの成功事例につながった．記述の対象をオペレーション仕様とデータ定義に限定し，逐次型プログラムの手続きとデータ構造の導出に限定したことが成功のポイントである．

1980年代後半から，VDMのコミュニティを中心に，実用化を目指した形式手法の研究に変化が見られた．ソフトウェア開発工程への全面的な適用ではなく，利用可能な適用の方法をうまくみつけて部分的に適用することからはじめる，という考え方である．これを，Formal Methods Light（形式手法の気軽な使い方）と呼び，それ以前を，Rigorous Formal Methods（形式手法の厳格な使い方）として対比させた．実際には，図A1-2のように，各々の形式手法が2つのうちのいずれかに力点を置くような形で発展していった．

最初の方向は，形式仕様の作成そのものに重心をおく考え方である（図A1-2の2-①）．形式仕様言語がロジックに基づく厳密な，すなわち曖昧さのない意味定義を持つことを利用して，明確な曖昧さのないシステム仕様記述を得ることを目的とする．記述したいソフトウェアの性質は多様であり，これを記述・表現するためには，記述力の大きなロジックに基礎をおく形式仕様言語が必要となる．一般に，記述力の大きなロジックは充足可能性判定などの検査を自動化することができない．自動化を諦めて表現力を得る，という決断である．

ところで，検査を自動化できないことが検証不可能ということではない．自動検証が不可能であっても，技術者が正しさを証明することはできる．アプリケーション性質を定理と考え，その定理が成り立つことを演繹的に証明するのである．この証明過程でもいくつかのツール支援を実現することは可能であり，対話的証明ツール，等と呼ばれている．当然のことであるが，証明を行うためには，用いているロジックに対する深い知識が必要となる．形式手法に対する

一般のアレルギーの原因であろう.

2つめの方向は，記述対象を限定することで自動検証の技術を活用するという考え方で，Light-weight Formal Methods（軽量形式手法）と呼ぶことがある（図A1-2の2-②）．アルゴリズムに基づく検証（Algorithmic Verification）であり，自動検証ツールを前提とする形式手法である．その代表が，最近話題になっているロジック・モデル検査（Logic Model-Checking）である．また，先に述べたVDMの後継であるVDM++は実行可能仕様言語という考え方を採用し，軽量形式手法の1つと考えられている．なお，実行可能仕様言語は，半形式的な（Semi-formal）技術と呼ばれることもある．

ロジック・モデル検査は2007年ACMチューリング賞の受賞対象研究である．検査対象のシステムが有限状態空間で構成する状態遷移系で表現できる場合，安全性や進行性などの処理経過に関わるアプリケーション性質（時相的な性質）を時相論理で表現し，その性質が成り立つか否かを自動検査する方法である．システム記述から抽出した状態遷移の基本構造をM，検査したい時相的な性質を表す時相論理式をPとすると，PがMに対して成り立つことを，$M \models P$と書く．$M \models P$が成り立つか否かを調べることをモデル検査と呼んだ．蛇足であるが，モデル検査の「モデル」はUMLなどのモデリング言語で用いる「モデル」という用語と全く独立に定義された言葉であることに注意されたし（中島，2008）．

ロジック・モデル検査は，当初は，自動検証の方法として研究が進められた．しかし，実用的なシステムを構成する状態空間は広大であり，自動検証ツールからみた場合に取り扱いが難しいことが多い．これを状態爆発の問題と呼ぶ．この問題への対応を研究する過程で，正しいことを確認する検証ではなく，系統的なデバッグとでもいうべき不具合発見を目的としてモデル検査ツールを利用するという発想が出てきた．最近では，不具合発見の道具としての使い方が重要になってきている．

ロジック・モデル検査でアプリケーション性質を表現する仕様言語は命題時相論理と呼ばれる．すなわち，ロジック・モデル検査が成功した理由は，検査対象を有限状態空間に限定すると命題時相論理が決定可能であるという点にある．最近，自動検査の研究分野では，命題時相論理よりも表現力が高く，ソフトウェアの性質を表現することができ，かつ決定可能であるような論理の体系を整理し自動検証ツールを開発する試みが活発に進められている．

自動検証可能な体系を積み重ねることで，図A1-2に関して説明した2つの方向が合流する可能性を持つことがわかる．数理論理学の研究成果で論じられる理論的な限界は，ある論理系を決めた場合，その論理系で表現可能な全ての論理式に対する性質を論じている．一方，ソフトウェアの性質を表現するという観点に立てば，任意の論理式を対象とした自動検査を考える必要がない．表現したいソフトウェアの性質を効率よく検証するソフトウェア向けヒューリスティックスの発見が重要な課題となっている．

2-2 設計方法論と形式手法

形式手法の技術は，プログラムテスト技術との対比によって，開発上流工程から信頼性を達成する方法と考えることが多い．一方，開発上流工程を支援する技術として，形式手法とは独立した技術分野，ソフトウェア工学の分野，において多様な設計方法論が論じられている．両者は互いに関連する．実際，新しい形式手法を考案する際，暗黙のうちに何らかの設計方法論を念頭においていることが多い．どのような設計方法論を前提とするかによって，形式仕様言語に盛り込む機能，特徴が変わってくる．

形式手法の黎明期である1970年代では，ソフトウェアの設計とはプログラム設計のことであり，データ構造とアルゴリズムの設計が中心課題であった．この頃の関心事は，プログラムが果たすべき機能を宣言的に表現した仕様が正しさの基準であって，これをプログラムが満たすことの検証であった．Hoareロジック，Dijkstraの最弱事前条件，などの基礎的な研究が進んだ．その後に整理された構造化設計は，プログラムの単位である手続きや複合データを系統的に設計する方法である．この頃に提案された形式手法（VDM，Z記法，Bメソッド，等）は，手続きの仕様であるオペレーションやデータ不変量などの概念を中心としていた．

その後，分散アルゴリズムや通信プロトコルならびにリアクティブシステムなどが開発対象ソフトウェアとして取り扱われるにしたがって，状態遷移マシンの考え方や，多数の実行実体が通信することで処理が進むインタラクション中心の考え方が設計方法論に取り込まれた．ここでは，オペレーションやデータ構造よりも，システム全体の制御の流れ，あるいは振る舞い仕様が関心の中心となる．先に述べたロジック・モデル検査やプロセス代数といった技術に基づく形式手法が対応する．

1990年代になって，当初はプログラミング技術から登場したオブジェクト指向の考え方が，開発上流工程の規範となり，OMGから公開されたUMLがモデリング言語という新しい技術の分野を切り拓いた．UMLはダイアグラムベースの設計記法を提供する．実際は，複数の記法からなるファミリ言語である．各々のダイアグラム記法は，対象システムの特定の側面を表現することを目的とする．代表的な図式であるクラス図はクラスを単位とする情報の静的な関係を明示し，状態遷移の考え方を採用したステート図は制御に着目した処理の進行という動的な側面に関わる．さらに，クラスが持つメソッドは従来のオペレーションに相当し，その機能仕様を表す記法としてOCLを用いることができる．

UMLの登場によって，本質的に複雑で様々な側面を持つシステムを表現するためには，多様な記法を使い分ける必要があるという考え方が一般に広まった．モデリングの目的は，システムをいくつかの観点に抽象化することで，その本質を描き出そうとするものである．モデリングにおける抽象化とは関心のない側面を捨象することであり，どのような観点に着目するかによって，記述の道具となるダイアグラムが異なる．さらに，あるダイアグラム（たとえばクラス図）を選ぶことは他の観点（たとえば動的な振る舞い）を捨象することと同じである．

形式手法をモデリングの道具として用いる際にもUMLでのダイアグラム選択の注意点が当てはまる．各々の形式手法は表現と解析に向き不向きがあり，モデリングの道具という条件で考える限り万能の記述形式はない．たとえば，ロジック・モデル検査はUMLステート図と同様な観点に適しているが，クラス図の表現と検証には不向きである．形式手法を適材適所で使う知識とノウハウが不可欠である．

2-3 実用化の2つの方向

形式手法は，形式仕様言語と形式検証の互いに密接な関係にある2つの技術からなり，その成果を多面的に展開することができる．特に，形式検証の技術とプログラム静的解析技術の最新成果とを組み合わせることで，プログラム自動検査の技術として活用する研究も進んでいる．この状況を模式的に示したのが図A1-3である．

第1に，開発上流工程では，先に説明したように，「構築からの正しさ（Cor-

Appendix 1 形式手法概説

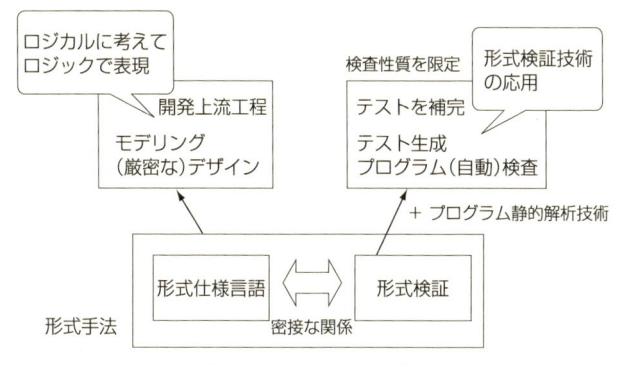

図A1-3 2つの役割

（図中のテキスト）
- ロジカルに考えてロジックで表現
- 開発上流工程
- モデリング（厳密な）デザイン
- 検査性質を限定
- テストを補完
- テスト生成 プログラム（自動）検査
- 形式検証技術の応用
- ＋プログラム静的解析技術
- 形式手法
- 形式仕様言語 ⇔ 形式検証
- 密接な関係

出所）筆者作成.

rect by Construction)」を実現する技術基盤となる．一般に，開発上流工程での分析・設計等の作業は，対象システムのモデリングという属人的な要素が大きく絡む．そこで，「ロジカルに考えてロジック（形式仕様言語）で表現」する手段の提供が形式手法の目的と考えられる．作成した記述を多面的に解析するためには，洗練された形式検証アルゴリズムを持つ支援ツールが重要な役割を果たす．

　第2に，形式検証アルゴリズムをプログラム検査に適用する方法が考えられる．上記が構築からの正しさの実現を目的とするのに対して，開発済みプログラムの検証であることから，「事後検証（a posteriori verification）」と呼ばれる．一般にプログラム自動検証は理論的に不可能であることがわかっている．このような自動化ツールを考える場合，原理的な限界があることに注意する必要がある．どのような制限を考えるかは当該ツール開発者の決断による．検査対象プログラムの書き方を制限する，検査対象性質をサニティ検査のいくつかに制限する，あるいは，検証は諦めて不具合発見に特化した系統的デバッグツールとして用いる，などが考えられる．また，検証や不具合発見ではなく，プログラムのテストデータ自動生成（仕様ベース・テスト生成，モデルベース・テスト生成）の基本エンジンとして応用されることもある．

　事後検証の場合，自動検証ツールが前提とする解析可能なプログラムの条件と手元にある解析対象プログラムの相性が大切である．目的に合致するツールであれば，直ちに適用できる半面，ツールの前提条件を見たさなければ全く使い物にならないであろう．

一方,構築からの正しさはモデリングという属人的な要素が絡むことに注意すべきである.誰でも使えるというわけにはいかない.正しさの基準を明確に意識したモデリングが不可欠であり,そのためには,形式手法で重要となる考え方の規範(抽象化,不変量,模倣関係,等)に慣れる必要がある.図A1-1に関連して説明したように,対象システムならびにソフトウェアの技術に習熟しなければならない.

注

1) http://formalmethods.wikia.com/wiki/Formal_methods

参考文献

FM Wiki. http://formalmethods.wikia.com/wiki/Formal_methods.

A. R. Bradley and Z. Manna. (2007) *The Calculus of Computation—Decision Procedures with Applications to Verification*, Springer.

M. R. Garey and D. S. Johnson. (1979) *Computers and Intractability—A Guide to the Theory of NP-Completeness*, Freeman.

中島震(2007)「ソフトウェア工学の道具としての形式手法」『NII TR』2007-007 J,国立情報学研究所.

中島震(2008)『SPIN モデル検査——検証モデリング技法』近代科学社.

Appendix 2

ARTEMIS における研究課題の優先順位

日本自動車研究所　ITS 研究部

　Appendix 2 では，EU における超国家レベルのオープン・イノベーション ARTEMIS について，産業横断的な共通技術の優先研究課題がどのようなプロセスを経て決定されていくのかを説明する．ここでは，ARTEMIS の 3 つの共通技術のうち「リファレンス設計とアーキテクチャ（Reference Designs and Architectures）」に焦点を当てる．3 章（3-1）で見てきたように，戦略的研究課題（SRA）ワーキング・グループで提示された優先研究課題は，エクスパート・グループへのインプットとして技術ロードマップに織り込まれ，最終的に ARTEMIS 研究プロジェクトの公募課題（Call）が提示される．

1　「リファレンス設計とアーキテクチャ」の研究課題

　「リファレンス設計とアーキテクチャ」に関する専門家は，ARTEMIS プラットフォーム構想に対する主要な研究課題として表 A 2-1 に示す 7 課題を特定している．

2　EU 産業界の研究優先順位評価

　EU 産業界〔Automotive（自動車），Industrial（工業），Consumer（家電など）〕が上記の 7 課題に関連する 156 項目の研究の優先順位評価を行っている．それらの評価結果を表 A 2-2～表 A 2-9 に示す（優先順位は 1 が最も高く，5 が低い．産業を横断して比較的優先順位の高い項目を網掛けで示す．出所は全て ARTEMIS (2006) より筆者作成）．表から明らかなように，産業または企業によって研究課題の優先度が異なっている．

　① Automotive（自動車）は，組込み性，ネットワーキングとセキュリティ，
　　ロバスト性などの課題で優先評価の高い 1 としている項目が多い．自己組

表 A2-1　ARTEMIS プラットフォーム構想の研究課題

No.	課題	内容
1	組込み性	汎用プラットフォームから得られるアーキテクチャは無制御な挙動なく，コンポーネント（サブシステム）から大型システムの構築をサポートする．
2	ネットワーキングとセキュリティ	コンポーネントは悪環境条件下でも信頼性等を遵守し，無線，有線手段で多重通信（チップ上〜ローカルエリア〜広域ネットワーク）を行う．
3	ロバスト性	システムは，ハードウェアのフォルト，設計上のフォルト，偶発的なフォルトなどが発生しても許容できるサービスを提供する．
4	診断とメンテナンス	汎用プラットフォームから得られる実例はコンポーネントの機能，性能のモニタリングを行い，故障したサブシステムを割り出す．
5	統合されたリソースマネジメント	将来の組込みシステムにおける電力や効率などのリソースマネジメント．
6	進化可能性	汎用プラットフォームから得られる実例は，新たなユーザ要求事項や新技術を組込む必要性や社会的な制約条件への適応をサポートする．
7	自己組織化	高度の目標を自立的に達成できるように，組込みノードのアセンブリは，環境や内部状況を考慮して内部構成を適応させ，行動計画をサポートする．

出所）ARTEMIS (2006) より筆者作成．

織化を除く 6 課題について全体的に評価は高い傾向がみられる．

② Industrial（工業）は，全 7 課題で優先評価の低い 4 としている項目が多く，全体的に評価は低い傾向がみられる．しかし，企業や項目によっては評価の高いものもある．たとえば，組込み性のサポートや規格のフォロー，ネットワーキングのアプリケーションやネットワーキングをサポートするアーキテクチャ，ロバスト性の電磁性，診断のモニタリングやデバッグ，リーソース・マネジメントの動的な再構成，進化可能性の技術の独立性やプラグアンドプレイなどである．

③ Consumer（家電など）の業界は，全体的には組込み性，リーソース・マネジメントや進化可能性の分野で優先評価の高い傾向がみられる．また，各会社によって評価が異なっている．

参考文献

ARTEMIS (2006) *Strategic research agenda: Reference designs and architecture-constraints and requirements*, ARTEMIS research agenda working group, ARTEMIS office.

表 A2-2 EU産業界の組込み性に関する優先順位評価

No.	項目	概要・研究課題	Automotive				Industrial							Consumer									
			A1	A2	A3	A4	I1	I2	I3	I4	I5	I6	I7	C1	C2	C3	C4	C5	C6	C7	C8	C9	C10
1.1	組込み性	組込み性の達成に関連する問題点を特定することおよび組込み性をサポートするフレームワークを作成すること。	1	1	1	1	1	2	2	3	4	1	3	1	1	1	1	1	1	1	3	1	1
1.2	確立した規格のフォロー	既存の標準のフレームワーク内で問題解決能力を導入する。レガシーアプリケーションの逆方向互換性をサポートするように既存の標準を改善する。	1	1	1	1	2	2	2	3	4	2	3	1	1	1	1	1	2	2	4	3	3
1.3	リンクインタフェース仕様 (LIF)	最低限の性能劣化という制約条件下においてコンポーネントのデカップリングをサポートする時間領域と価値領域におけるコンポーネントインタフェース仕様。	1	1	1	2	3	4	3	4	4	4	3	2	4	4	1	1	2	2	4	3	4
1.4	最小化	意図するサービスの出現のために必要なオブジェクトと機能のみがLIFで見えなければならない。	3	3	3	3	3	4	4	4	4	4	4	4	3	4	2	2	3	3	4	1	4
1.5	操作仕様	LIFの時間特性を正確に限定するためのメソドロジー。	2	2	2	2	3	3	3	4	4	3	3	4	4	4	2	2	2	3	1	1	4
1.6	メタレベル仕様	メタレベルのデータを表現するためのメソドロジーと形式論。	2	2	2	2	3	3	3	4	4	2	2	4	4	4	1	2	2	1	1	1	4
1.7	形式メタデータ	メタデータを生成することができるツールとデータを表現するための形式論の開発。	2	2	2	3	1	3	4	4	3	2	2	4	4	1	2	3	3	2	2	2	4
1.8	ミート・イン・ザ・ミドル	トップダウンとボトムアップという設計手法が組み合わされた設計メソドロジーが可能なアーキテクチャ。	1	2	2	2	4	4	4	4	4	4	4	4	2	2	2	2	2	2	2	1	4
1.9	ソフトウェアモジュールの知的財産	以前に作成されたソフトウェアモジュールの統合をサポートするアーキテクチャ。	1	1	1	3	4	4	4	4	1	3	4	4	2	3	3	2	2	2	2	2	4
1.10	定義済みの実行環境	ある特定の実行環境において実行されるソフトウェアモジュールの時間的挙動についての推定が可能になるように、APIとリソースインタフェースを定義しなければならない。	1	1	1	1	2	4	4	4	4	3	4	4	4	2	2	2	2	2	1	2	3
1.11	SW仕様のためのメタモデル集	ソフトウェアコンセプトと実装の能力を容易に再利用するためのプロセスの開発。	2	1	1	2	3	2	4	4	4	2	4	3	3	3	2	1	2	3	3	1	4
1.12	透明的配分	信頼性と性能についての要求事項に関して、明白なハードウェアエレメントに対するソフトウェアモジュールのツールメソッドの選択が割当をサポートするアーキテクチャ。	1	3	1	1	2	3	3	3	3	3	4	4	3	3	2	2	2	2	3	1	1
1.13	時間的領域の組込み性	時間的領域における組込み性をサポートするアーキテクチャ。	1	1	1	1	3	3	3	4	4	4	4	4	2	3	1	2	2	2	2	2	1
1.14	マルチベンダー環境	複数のベンダーからのIPブロックの統合を行うことができる複数の基準(例えば、プロトコル、インタフェース)をサポートする能力を持っているアーキテクチャ。	2	2	2	2	2	2	2	3	3	3	3	2	1	2	2	2	2	2	2	1	4
1.15	異種性	異なる技術にて実現されたサブシステムの結合をサポートするアーキテクチャ。	2	2	2	3	3	3	2	3	3	3	3	3	2	2	2	1	2	3	4	1	1
1.16	優先サービスの持続性	過渡的な性能ペナルティなしに統合後のすべての意図しない副作用を除去するアップグレードの定義。	2	2	2	2	3	3	3	4	3	3	3	3	2	2	2	2	1	2	2	3	4
1.17	成長およびスケーラビリティ	コンポーネント間の相互接続構造は、待ち時間とジッタメトリに関する制御不可能な負荷によるサービスの低下を示さなければならない。	2	2	2	3	3	4	4	4	4	3	3	2	2	2	1	2	2	1	3	3	1

Appendix 2　ARTEMIS における研究課題の優先順位　287

No.	課題	説明														
1.18	領域間での再利用可能性	領域間でのIPの再利用を可能にするためには、IPモジュール・インタフェースの共通の基準が必要である。	3	1	3	3	3	4	4	4	3	2	2	2	1	4
1.19	マーケットへの時間減少	効率的な設計の簡素化を可能にするような抽象化レベルで再利用可能なコアの特性を記述する共通の情報モデルが必要である。	3	2	2	1	4	4	4	4	4	2	2	1	3	4
1.20	プロトタイプの早期開発	設計サイクルの早期段階における実現可能な仕様のための設計メソドロジーとフレキシブルな設計環境。	2	2	1	3	3	4	4	3	2	4	3	2	2	1
1.21	プロトタイプ製品	妥当な努力を払ったプロトタイプ製品の設計。	3	3	2	3	2	2	4	1	4	4	2	3	2	1
1.22	半導体の臨時同時エンジニアリングコスト	数多くの異なるアプリケーション領域に配置することができるFPGAサブシステムを使用したか少量のプレキシブルな汎用SoC0開発。適切なツールフェーズにおけるSoCのアプリケーションの開発のサポート。異種の再構成可能性を利用するブラットフォームの導入。	3	4	3	4	4	3	4	3	1	3	2	2	3	4	3
1.23	プラットフォームの独立認証	プラットフォームおよびアプリケーションの独立認証を可能にするアーキテクチャ。	2	2	2	4	4	4	4	3	4	3	2	2	3	4	4
1.24	サブシステムのモジュール認証	あるシステムのサブシステムのモジュール認証をサポートするアーキテクチャ。	2	2	2	4	4	4	4	4	3	3	2	3	4	4
1.25	ミックスクリティカリティ・サブシステム	異なる重要性のレベルをサポートするサブシステムの認証をサポートするアーキテクチャ。	3	3	2	4	4	4	4	2	4	3	2	2	2	4	4
1.26	一般的なツールベースの構成	すべての基本的なソフトウェアモジュールの一般的なツールベースの構成をサポートするアーキテクチャ。	2	1	2	3	2	3	3	4	3	3	2	3	4	2	4
1.27	マルチ・インスタンスエーション／データ・ハンドリング	1本の実行スレッドの停止または2番目の独立して実行するスレッドからの命令を実行するための機能として使用する高度の概念の開発。	3	3	3	2	4	3	4	4	3	1	3	3	2	1	3
1.28	同種及び異種の多重処理	異種のコアでのマルチコアネットワーキング。	3	3	2	4	4	4	4	4	3	3	3	2	1	3	3
1.29	FPGAサブシステムの統合	CPU上, FPGA上, カスタム・チップ上で実施するかどうかに関係ない形態でアルゴリズムを示す。	2	2	2	4	1	4	4	3	1	3	2	4	3	3	4
1.30	分散サービス	確立された基準を通過する分散するサービス（例えば、ウェブサービス）の統合をサポートするアーキテクチャ。	2	3	3	3	3	3	4	3	3	1	3	3	2	2	3
1.31	マン・マシン・インタフェース・デカップリング	2つのインタフェースのデカップリングにより、単一の汎用マン・マシン・インタフェースに対して複数の特定のマン・マシン・インタフェースを提供。	2	3	3	2	4	4	4	4	4	5	3	3	3	4	4

凡例:
1 Essential
2 Very Desirable
3 Desirable
4 Don't Care
5 Forbidden

出所）ARTEMIS（2006）より筆者作成。

表 A2-3 EU 産業界のネットワーキングとセキュリティに関する優先順位評価

No.	項目	概要・研究課題	Automotive A1	A2	A3	A4	Industrial I1	I2	I3	I4	I5	I6	I7	Consumer C1	C2	C3	C4	C5	C6	C7	C8	C9	C10
2.1	制御ループ	ネットワークレベルで制御ループを含むアプリケーションをサポートするアーキテクチャ.	1	1	1	1	1	4	4	4	4	4	4	4	4	3	2	3	4	2	4	1	1
2.2	グローバルタイムサービス	精密で正確かつ妥当なコストのフォールトトレラント(障害許容)なグローバル時間基準の提供.	1	1	1	1	2	4	4	4	4	4	4	4	4	4	2		4	3	2	1	4
2.3	リアルタイムのメッセージ転送	異なるシステムレベル(例えば、オンチップネットワーク)での実現可能なソリューションの開発.	1	1	1	1	2	3	3	3	4	4	3	4	4	3	2	2	3	3	2	1	3
2.4	リアルタイムデータフュージョン	データ融合のための同期化とアルゴリズム.	2	3	2	1	2	2	1	3	4	3	4	4	4	3	2	1	3	1	4	3	1
2.5	異なったレベルの信頼性	アプリケーションのパラメータに応じて、アーキテクチャは信頼性のレベルが異なる通信サービスを提供しなければならない.	3	2	3	2	2	2	3	4	4	4	4	4	4	3	1		3	5	3	2	2
2.6	遵運/切断の許容性ネットワーク	運運/切断の許容性ネットワークをサポートするアーキテクチャ.	4	3	3	1	4	4	3	4	2	4	4	4	4	3	1	2	3	2	2	1	1
2.7	ストリーミング・メディア	ストリーミングメディアをサポートするアーキテクチャ.	3	4	3	4	3	4	4	4	4	4	4	4	4	2	1		1	2	1	1	2
2.8	ストリーミング・メディアのための保証	ストリーミングメディアの待ち時間および帯域幅の保証を提供するアーキテクチャ.	4	3	3	2	2	4	2	2	2	4	4	4	1	3	1	1	1	1	2	1	2
2.9	イベントトリガーによるメッセージ転送	イベントトリガーにより起動されるメッセージ転送の帯域幅の保証を提供するアーキテクチャ.	1	1	1	2	4	4	4	4	4	2	4	4	2	3	1	2	2	2	3	2	4
2.10	Eth伝送のための保証	Eth伝送により起動される通信の待ち時間と帯域幅の保証を提供するアーキテクチャ.	3	2	2	1	1	2	3	4	4	2	4	4	4	4	1	1	2	4	2	3	2
2.11	共有の情報通信基盤	複数のサブシステム間で同じ物理通信インフラを共有.	3	3	2	1	2	2	2	3	4	4	4	4	1	3	1	1	3	2	2	2	2
2.12	通信リソース保証	複数のサブシステムが同じ物理通信インフラを共有する場合であっても、通信帯域幅の下限および上限のあるサブシステムへのメッセージの待ち時間とジッタの上限を保証.	2	2	2	1	2	2	2	3	4	4	4	4	3	3	3	2	2	1	1	2	2
2.13	セパレートホームスペース	複数のサブシステムが同じ物理通信インフラを共有するシステム専用のネーム空間を提供.	3	2	2	1	2	2	3	4	4	4	4	4	3	3	3	2	2	3	3	1	4
2.14	確立したプロトコル準拠のフォロー	市場において確立されているプロトコル基準を遵守するアーキテクチャ.	1	1	1	2	1	1	1	2	4	2	4	3	4	4	2	2	2	1	1	1	3
2.15	ネットワークアドレス/リンク環境のインテグリティ	認証がリンクの確立およびリンクの変更およびリンクの変更の際に行われるようになっていなければならない、ネットワークアドレスの変更およびリンクの変更を検出するアーキテクチャ.	4	3	4	1	2	3	3	3	4	4	4	4	3	4	2	2	2	2	1	2	4
2.16	ネーミング	サブシステムのユニークなIDを保守するアーキテクチャ.	3	2	3	1	2	2	2	3	4	4	2	4	3	3	2	1	3	2	3	4	4
2.17	秘密性	許可されていない人または外部はシステムに対する情報の開示を防止するメカニズムを提供するアーキテクチャ.	3	4	3	2	4	4	4	4	4	4	4	4	3	2	2	1	1	1	1	2	1
2.18	知的所有権保護	様々な異なる抽象化レベルでの知的所有権の開示を防止するメカニズムを提供するアーキテクチャ.	1	2	2	1	4	4	4	4	4	4	4	3	4	2	2	2	1	1	2	1	4

Appendix 2　ARTEMIS における研究課題の優先順位　289

		説明																
2.19	完全性	許可を得ていない人物またはシステムによるハードウェアまたはソフトウェアの検出されない変更を防止するためのメカニズムを提供するアーキテクチャ.		2	1	3	4	4	4	4	3	3	1	2	3	1	2	4
2.20	オンチップ・フラッシュメモリのチューニング保護	各フラッシュセクタの保護のための保護オプション付きのパスワード保護メカニズムとフラッシュメモリのチューニング保護をサポート.	3	3	2	3	4	4	4	4	4	3	4	3	1	3	3	4
2.21	利用可能性	許可を得ていない人やシステムから、許可を得た、許可を得ている人々へのサービスアクセスを打ち消さないようにするためのメカニズムを提供するアーキテクチャ.	4	3	4	2	1	2	4	4	4	3	4	3	1	3	3	4
2.22	認証	あるシステムまたはユーザの真のアイデンティティを確認するためのメカニズムを提供するアーキテクチャ.	3	3	3	2	2	3	4	4	4	3	4	3	1	2	3	4
2.23	認可	ユーザやシステムがある特定のサービスにアクセスする許可を得てその特定のサービスにアクセスするのを防止するためのメカニズムを提供するアーキテクチャ.	2	3	1	2	2	3	4	4	4	3	4	3	1	2	2	4
2.24	ノンリプディアビリティ（非拒絶性）	「たとえ行為が惚けしい場合であっても、システム内で特定の行動を開始したサーバ・パーティの保証できない論拠を提供するメカニズムを提供するアーキテクチャ.	4	4	3	4	4	4	4	4	4	3	4	3	2	4	3	4
2.25	デジタル権利のマネジメント — DRM	コンテンツを特定のライセンスに拘束し、そのライセンスに明記されている使用制限事項を行使するためのメカニズムを提供するアーキテクチャ.	4	3	2	3	4	4	4	3	1	3	3	1	2	1	2	4
2.26	ストリーミング・メディアのコピープロテクション	ストリーミングメディアで交換されるコンテンティングのコピー防止.	4	4	3	4	4	4	4	4	3	4	3	2	1	2	2	4
2.27	外部ネットワーク上の新しいソフトウェアモジュールおよび既存のソフトウェアのアップグレード	外部ネットワーク上で新しいソフトウェアモジュールおよび既存のソフトウェアのインストールをサポートするアーキテクチャ.	3	5	2	3	2	4	4	4	4	1	3	3	2	2	2	4
2.28	コスト計算	公正で追跡可能なコスト計算方針の実施を単純化するメカニズムをサポートするアーキテクチャ.	3	3	3	2	2	4	4	4	2	2	3	3	2	3	4	4
2.29	ライアビリティ（義務）	義務をサポートするためにそれぞれの仕様に違反してサブシステムを確実に識別するメカニズムを提供するアーキテクチャ.	1	1	1	2	3	4	3	4	2	3	3	1	3	3	3	4

凡例：
1	Essential
2	Very Desirable
3	Desirable
4	Don't Care
5	Forbidden

出所）ARTEMIS（2006）より筆者作成.

表 A2-4 EU 産業界のロバスト性に関する優先順位評価

No.	項目	概要・研究課題	Automotive				Industial							Consumer									
			A1	A2	A3	A4	I1	I2	I3	I4	I5	I6	I7	C1	C2	C3	C4	C5	C6	C7	C8	C9	C10
3.1	信頼性の無いコンポーネント	経済的制約条件を考慮して、信頼の置けないコンポーネントから信頼性の高いシステムをどのように構築するのか？	1	1	1	1	3	3	2	4	4	2	2	3	3	3	1	1	3	1	4	1	1
3.2	過渡的故障率の増大	半ガスケールのSoCの過渡的故障率の増大を処理するためのメカニズムとモジュールレベルで提供するアーキテクチャ。	3	2	3	2	4	4	3	4	4	4	4	3	4	3	2	2	3	4	3	1	4
3.3	信頼性変化の取り扱い	システムの寿命中、サブシステムの信頼性の変化に適切なサポートトレランスを行う(障害許容性)メカニズムをサポートするアーキテクチャ。	3	2	2	3	3	4	3	4	4	4	4	3	4	3	2		4	4	2	3	2
3.4	不正確な規格	規格が別様に解釈された場合でも、ロバストであり繰り返げるソリューションを見付け出せなければならない。	3	1	2	3	3	3	4	4	4	2	4	4	3	3	2	1	4	4	4	1	4
3.5	フォルト仮説	システムが対処することを求められるフォルトのタイプと頻度に関する想定を定するフォルトの仮説に基づくアーキテクチャ。	2	1	1	2	3	3	3	4	4	3	4	3	4	3	1		2	2	4	4	1
3.6	エラー抑制	既知のエラー抑制率を持つエラー抑制領域を確立することができるエラー抑制サービスを提供するアーキテクチャ。	1	1	1	1	3	3	3	4	4	3	4	3	4	3	2	1	2	2	4	4	1
3.7	最下限2つのフォルト抑制領域	もしひとつのフォルト抑制領域の故障が強制によらない場合は、ひとつのエラー抑制領域が少なくとも2つのフォルト抑制領域を持くする。	3	2	2	3	3	3	3	4	4	4	4	3	4	3	2		2	2	4	4	4
3.8	一貫したメンバーシップサブサービス	境界内の既知の特性時間をつこの定義されたサブシステムとサブシステム内のすべての他のサブセットの健全状態を常にこの定義済みサブシステムのサブセットに知らせるメンバーシップサービスを提供するアーキテクチャ。	2	2	2	3	3	3	3	4	4	2	4	3	4	4	3	4	2	2	4	4	2
3.9	複製	複製と異常系メカニズムにより、エラー検出とエラーマスキングをサポートするアーキテクチャ。	3	2	2	2	3	3	3	4	4	3	4	3	4	4	2	4	4	4	2	4	4
3.10	レプリカ決定論	複製コンポーネントのレプリカ決定論を保証するアーキテクチャ。	3	2	2	2	3	3	4	4	4	2	4	3	4	3	3	1	4	2	2	4	4
3.11	時間的オーダー	あるシステムのすべてのサブシステムが同じ順にイベントのシーケンスを見ることを保証するアーキテクチャ。	2	2	2	3	3	4	3	4	4	4	4	3	4	4	2	1	4	3	4	3	3
3.12	一般フォルトトレランス・レイヤ	基本的実行環境がフォルトトレランスかどうかにはAPI依存なく、アプリケーションにAPIを提供するアーキテクチャ。	3	2	2	3	2	3	2	4	4	2	4	2	4	4	2	3	3	3	3	4	2
3.13	ソフトウェアエラーの許容性	ソフトウェアのエラーを処理できる保護メカニズムを提供するアーキテクチャ。	2	2	2	1	2	2	2	4	4	2	4	2	4	4	2	1	3	1	4	1	1
3.14	良への電磁放射	チップレベル、パッケージ内RFフィルタ、制御されたクロックダクト、拡張可能なパッドドライバなどの適切なハードウェア対策の開発に特に注力しなければならない。	2	1	2	2	2	2	2	4	4	3	4	2	3	3	1	1	2	2	2	4	4
3.15	十分な電磁イミュニティ	電磁イミュニティを確保するためには、重要な機能モジュールの冗長および信号と電源バスシミュレーションが可能でなければならない。	1	1	1	2	1	2	1	2	2	2	4	2	4	3	2	2	1	1	2	1	4
3.16	モデリングとシミュレーション	この検出には回路の複雑さを処理するため、ノイズの放出とイミュニティのシミュレーションが必要である。これらのモデルは、様々なシステムレベルの階層的シミュレーションが可能でなければならず、従って明確なデータタイミングのインターフェースが必要である。	2	2	1	2	2	2	2	4	4	2	4	2	4	3	2		2	2	1	2	4

Appendix 2　ARTEMISにおける研究課題の優先順位

3.18 シミュレーション・イン・ザ・ループ	時間的に正確なシミュレーションに必要なものは、実際の環境と同じものを使用してテストケースを生成し、それを試験中のサブシステムに伝達する能力である。
3.19 プレシリコンファームウェア検証	プレシリコンレベルでファームウェアの100%完全安全性を検証し、保証する手段を提供するアーキテクチャ。
3.20 検証のための共通設計フロー	ディジタルサブシステムおよび混合信号サブシステムに関しては、あるシステムの検証のための一般的なアプリケーションに依存しない手順を提供。
3.21 形成手法認定	形成手法の適用をサポートするアーキテクチャ。
3.22 形式仕様サポート	形式仕様の適用をサポートするアーキテクチャ。
3.23 モデル検査サポート	そのアーキテクチャ特性の形式検査を目的としたモデルチェッキング技術の適用をサポートするアーキテクチャ。
3.24 分割と抑制	ある特性を個々のモデルチェッキング実行の合計により確認できるように、構造化モデルチェッキング検査をサポートするアーキテクチャ。
3.25 定理の検査サポート	そのアーキテクチャの特性の形式検査を目的とした定理証明技術の適用をサポートするアーキテクチャ。
3.26 アプリケーション検査インタフェース	アプリケーションに対して形式的な方法で検査できる特性を提供するアーキテクチャ。
3.27 コンストラクションによる正当性	検証の難しさを単純化するまたは回避する予測可能な技術的手法をサポートするアーキテクチャ。
3.28 既存の形式基盤へのアプローチ	既存の設計メソッドに適用できる形式手法を開発。
3.29 決定語と静的割り付け	一連の定義済みアプリケーションについては、アーキテクチャは時間、スペースおよび入力の割当が決定的になるように必要に応じて内部ハードウェアおよびソフトウェア管理メソッドを含むなければならない。
3.30 物理的な具体化の証明	サブシステムの物理実装のインストールを確立。
3.31 制約条件によって推進される高性能処理	ある制約内で有益な部分的結果を出すデュアルアルゴリズムの開発。
3.32 メモリにおけるビットエラー修正	・すべてのシングルビットエラーの修正（例えば、ECC、誤り訂正符号） ・すべてのダブルビットエラーの検出 ・数多くのトリブル以上のビットエラーの検出
3.33 規定された以外の使用の防止	単一のコンポーネント（例えば、マイクロコントローラ）の規定された以外の使用を防止するアーキテクチャ。
3.34 境界外での始動/再始動時間	起動のために回避されなければならない状態の特定、自動リセット時間、セットアップ時間および自己診断時間の低減。

凡例：

1	Essential
2	Very Desirable
3	Desirable
4	Don't Care
5	Forbidden

出所）ARTEMIS (2006) より筆者作成.

表 A2-5　EU 産業界の診断とメンテナンスに関する優先順位評価

No.	項目	概要／研究課題	Automotive				Industrial							Consumer									
			A1	A2	A3	A4	I1	I2	I3	I4	I5	I6	I7	C1	C2	C3	C4	C5	C6	C7	C8	C9	C10
4.1	システムヘルス・モニタリング	ある特定の経済的制約内で、高いエラー検出率を持つ診断サービスをモニタリングに組み込む方法。	2	1	1	3	3	2	3	2	2	3	3	2	3	3	1	2	2	2	4	3	1
4.2	ライフ・サイクル・コスト	トレードオフを分析できるように全体的なライフサイクルについてのコストモデルの開発。	1	1	1	2	3	2	4	3	1	3	4	3	1	2	1	2	2	2	3	1	4
4.3	ソフトウェアモジュールの適合性チェック	ソフトウェアモジュールのツールアプシスト適合性チェックをサポートするアーキテクチャ。	2	2	1	2	3	4	4	4	4	2	4	3	4	3	2	3	2	2	3	1	4
4.4	診断サービス	故障サブシステムを特定するメンテナンス優先診断サービスを提供するアーキテクチャ。	1	1	1	1	2	2	4	4	4	4	4	3	4	4	1	2	2	2	3	1	2
4.5	修正されたフェイリア検出	診断サービスは、修正された故障および異常を検出するためにシステムの全体像の作成をサポートする。	2	2	2	2	2	2	3	2	1	4	4	2	4	4	3	2	3	2	4	1	2
4.6	フロー影響無し	診断サービスは、診断しなければならないサブシステムの作動に干渉してはならない。	2	2	2	2	2	3	4	3	4	4	4	3	4	4	2	2	2	1	4	1	1
4.7	変更無し	検出メカニズムを展開するために、既存のソフトウェアモジュールの変更が必要であってはならない。	3	3	3	1	3	4	4	4	4	4	4	4	4	4	3	2	2	3	4	1	4
4.8	系統的な診断法	診断サービスは、アプリケーションとは独立した故障モードを検出するために系統的な診断メソッドを提供しなければならない。	2	2	2	3	3	3	4	3	1	3	4	3	4	4	2	2	3	1	4	1	4
4.9	アプリケーション特有の診断法	診断サービスは、アプリケーション固有の故障モードを検出するためにパラメータで設定できる診断サービスを提供しなければならない。	2	2	2	3	3	3	3	3	1	3	4	3	4	4	2	2	2	3	4	1	1
4.10	定期メンテナンスへのシフト	必要に応じてメンテナンスから定期メンテナンスにシフト可能なアーキテクチャ。	3	3	3	2	4	5	4	4	4	4	4	4	4	4	1	2	4	2	4	1	4
4.11	予知メンテナンス	近い将来に故障する可能性のあるコンポーネントの識別子をサポートするテクノロジー。	2	2	2	2	4	2	2	2	4	4	4	4	4	4	3	2	4	2	4	1	4
4.12	フォルトの分類	過渡的フォルトと永続的フォルトを見分けるエラー検出メカニズムを提供するアーキテクチャ。	2	2	1	2	3	3	2	4	4	4	4	3	4	4	3	3	4	1	4	1	2
4.13	システム全体のキャリブレーション	センサーノードに関するシステム全体の較正メソッドを提供するアーキテクチャ。	3	2	3	2	3	2	2	4	4	4	4	3	4	4	2	4	3	1	4	3	4
4.14	試験のしやすさのためのデザイン	設計試験、システムインテグレーション試験、製造試験および（サンプリング）試験などの試験性のための設計をサポートするアーキテクチャ。	1	1	2	3	2	4	4	3	4	4	4	3	3	2	1	2	1	2	2	1	1
4.15	デバッグ	デバッグの目的で試験モードにおいて、各単一サブシステムがすでにシステムに統合された条件が満足されたときに、システムまたはサブシステム(IPコア)の入力メッセージを生成し、その出力メッセージを観察することができなければならない。	2	3	2	1	3	3	3	3	3	1	4	2	1	3	2	2	2	1	2	2	4
4.16	個々のアクセス	ある特定の試験モードにおいて、各サブシステムがすでにシステムに統合されている場合であっても、そのサブシステム(IPコア)への入力メッセージを生成し、その出力メッセージを観察することができなければならない。	3	3	2	4	4	3	3	4	4	4	4	4	4	3	2	2	3	2	2	1	4

Appendix 2 ARTEMISにおける研究課題の優先順位　293

4.17	標準化されたテストインタフェース	コンポーネントの試験用に標準化インタフェースを提供するアーキテクチャ.	3	3	2	4	4	2	4	4	2	4	3	2	3	1	2	4
4.18	状態の強制	ある特定の試験モードにおいて,あるサブシステムの履歴状態を設定することができなければならない.	3	3	3	4	4	4	4	4	4	4	3	3	3	2	3	4
4.19	内蔵の自己診断(BIST)	SoCのビルトインセルフテスト(BIST)技術をサポートするアーキテクチャ.	3	2	2	4	3	4	4	2	4	4	3	2	1	1	3	4
4.20	フレキシブルなレイヤリング／冗長性	SWおよび/またはHWにおける冗長データ処理,適切な票決メカニズム,冗長ユニットの規定された起動をサポートするためのメカニズムを提供するアーキテクチャ.	3	2	3	3	4	4	4	4	4	4	3	2	4	2	3	4
4.21	ダイナミックに再構成可能なBIST	起動の時間枠を満たすための動的に再構成可能なビルトインセルフテスト(BIST)の導入.	3	2	3	4	3	4	4	2	4	4	3	3	3	2	3	4
4.22	フラッシュとEEPROMの早期故障検出(BIST)	試験中のフラッシュの感度を高める(切り換える)ことにより,チャージロスに起因するフォルト検出をサポートするアーキテクチャ.	3	2	2	4	3	3	3	3	4	4	3	3	1	1	3	4
4.23	フリップフロップにおける過渡的エラー	過渡的エラーが発生しているフリップフロップの位置の推定,こうしたエラーを防止するための適切な戦略の作成.	3	2	2	4	4	4	4	4	4	3	3	2	3	1	3	4
4.24	自動テストパターン生成(ATPG)	自動テストパターン生成(ATPG)をサポートするアーキテクチャ.	3	3	3	4	4	4	4	4	4	4	4	2	1	2	3	4

凡例：
1 Essential
2 Very Desirable
3 Desirable
4 Don't Care
5 Forbidden

出所）ARTEMIS (2006)より筆者作成.

表 A2-6　EU 産業界の統合リソースマネジメントに関する優先順位評価

No.	項目	概要/研究課題	Automotive				Industrial							Consumer									
			A1	A2	A3	A4	I1	I2	I3	I4	I5	I6	I7	C1	C2	C3	C4	C5	C6	C7	C8	C9	C10
5.1	ダイナミックな再構成	意図するサービスの混乱なしにあるアプリケーションの動的な再構成を可能にするためには、古い場所の状態を新しい構成に移動しなければならない。こうした状態の移動のための一般的なサービスを開発しなければならない。	2	2	1	3	2	1	1	2	4	4	2	3	3	3	1	3	3	2	1	4	1
5.2	並列処理	システムレベル設計の将来の目標は、最大利用性能を最大限に実装にマップすることである。	2	2	2	2	3	3	3	4	4	1	4	4	4	4	1	1	2	3	1	1	1
5.3	Siの面積と消費電力が効率的なアーキテクチャ	Siの面積と消費電力を最小限に抑えるように、SiレベルでRTLに関する技術的ソリューションを実施しなければならない。	2	2	2	1	4	4	4	4	4	1	4	2	2	2	1	2	1	2	2	1	4
5.4	システムレベルパワーマネジメント	ミッションドリブンのアプローチ方法を含めた、システムレベルの電力管理を可能にする戦略、例えば、ピーク、ドレインなどを含めた、資源/電力消費物の使用が制御される方法の影響の理解。	1	1	1	3	3	3	3	3	3	4	4	3	3	2	2	2	2	2	1	1	4
5.5	周波数アイランド	同じチップによる異なるクロック領域において動作するサブシステムの統合をサポートするアーキテクチャ。	3	3	3	3	4	4	4	4	4	4	3	2	2	1	3	2	2	2	1	2	2
5.6	エネルギー管理	バッテリ、誘導、UHFフィールド（無線周波数の識別-RFID）または地上環境から得たエネルギー、エナジースカベンジングのいずれが作動するか場合の利用可能なそれぞれのエネルギー状態の実際のレベルに対する電力のエネルギー管理をサポートするアーキテクチャ。	2	2	2	2	3	3	3	3	4	2	4	3	3	3	2	1	1	1	3	4	4
5.7	待機時消費電力	アーキテクチャでの消費電量を最小限でなければならない。	2	2	3	2	3	2	2	4	4	4	4	3	3	2	2	2	1	1	1	1	4
5.8	ダイナミックな帯域幅割当	アーキテクチャでの信頼性や組み込みなどの特性を損なわない動的帯域幅割当での提供が重要な問題のひとつである。	4	2	3	2	3	4	4	4	4	4	4	3	4	2	1	3	3	1	2	2	2
5.9	ダイナミックなスケーラブルパフォーマンス	システム全体の消費電力比放熱を制御するために、ハードウェア資源（例えば、処理エレメント、通信インフラ）の性能、またはあるハードウェア資源の機能部分のスイッチを切ることにより、動的に拡張縮小が可能でなければならない。	3	3	3	3	4	4	4	3	4	2	4	4	4	2	1	2	2	1	2	2	1
5.10	コンピュータのリソースのための保証	どうしたらも予測不可能なコンポーネントから予測可能なシステムを構築できるのか？（深いサブクロン効果に対応しなければならなくなる。）エンドツーエンド遅延は、サブクロン遅延が変化した場合でも維持しなければならない。	2	3	3	1	1	2	3	3	3	3	3	3	3	3	2	4	3	3	2	1	2
5.11	先制的リソース配分	共用通信資源に関するすべての規定された要求事項は、サブシステムの協力的な動きに依存してはならない。アーキテクチャによって実施されなければならない。	2	2	2	2	2	3	3	3	3	2	4	4	4	2	1	5	3	2	2	1	3
5.12	最悪ケースの実行時間分析	WCETの厳格な上限の計算を実行可能な努力で行うことができるソフトウェアモジュールの開発をサポートするアーキテクチャ。	2	2	2	1	2	3	3	3	2	4	4	3	3	4	2	2	3	2	2	1	1

凡例：
1 Essential
2 Very Desirable
3 Desirable
4 Don't Care
5 Forbidden

出所）ARTEMIS (2006) より筆者作成。

Appendix 2　ARTEMISにおける研究課題の優先順位　　295

表A2-7　EU産業界の進化可能性に関する優先順位評価

No.	項目	概要／研究課題	Automotive				Industrial							Consumer									
			A1	A2	A3	A4	I1	I2	I3	I4	I5	I6	I7	C1	C2	C3	C4	C5	C6	C7	C8	C9	C10
6.1	不確実性	組込みシステムの将来の景観は、アプリケーション特性に関する不確実性と技術的能力に関するDesirableを特徴とする。短期間内でか妥当な努力で新しい製品を市場に出すことができなければならない。	2	2	2	3	2	3	3	3	3	1	4	4	3	1	1	1	1	1	2	1	4
6.2	技術の独立性	表現のあいまいさ無しに、プラットフォームの十分な抽象化レベルを見出す必要があり、さらに、プラットフォームに依存しないモデルを技術固有のモデルにマッピングするためのメソドロジーとツールを提供しなければならない。	2	3	1	2	1	3	1	1	1	1	2	2	3	3	1	1	2	1	1	1	1
6.3	製品種類	すべてのサブシステムの種類のすべての組み合わせで必要性を回避するために、あるサブシステムの正しさを単一のサブシステムの正しさから推論できるようなアーキテクチャを策定しなければならない。	2	2	2	2	2	3	1	1	1	2	3	2	1	1	1	1	1	1	2	2	1
6.4	実装の独立性	ある設計の単一のサブシステムを最小限の努力で別の（より新しい）技術で実現されたサブシステムと置き換えをサポートするアーキテクチャ。	2	3	3	3	3	4	4	4	3	4	3	3	2	2	2	2	2	2	1	1	4
6.5	プラットホームから独立している実行コード	決定的時間的事象をモデル化することをサブシステム開発で生きるような、プラットフォームに依存しない言語および仮想マシン用のAPIを定義しなければならない。	3	3	3	3	3	3	1	1	1	3	4	3	2	2	1	2	3	3	3	1	4
6.6	時期を得た商品開発	ボトムアップ設計シナリオにおける統合の問題を解決すること。	3	3	3	2	4	4	4	4	4	2	4	4	3	3	2	2	2	1	2	1	2
6.7	レガシー統合	レガシーサブシステムの統合システムへの組み込みをサポートするアーキテクチャ。	1	3	2	2	2	2	2	4	1	4	4	4	2	1	2	1	1	2	4	3	2
6.8	逆レガシー統合	新しいアーキテクチャに基づく新しい組込みサブシステム／サブシステムを古いレガシー環境に統合するための駆動態を作成。	1	2	2	4	4	3	4	4	4	4	4	4	4	2	2	2	2	3	2	2	2
6.9	自動統合	設計段階においてシステムデザイナーによって追加されたサブシステムを自動的に検出し、組み込むことができるメカニズムを提供するアーキテクチャ。	3	2	2	2	4	3	3	4	4	2	2	4	2	3	2	3	3	3	4	3	4
6.10	テスト再利用	再利用可能なアブシステム利用の試験再利用をサポートするアーキテクチャ。	3	2	2	3	3	3	4	4	4	4	4	4	4	3	3	2	2	3	4	2	4
6.11	検証再利用	様々な高度な抽象化レベルのサブシステムと基準を検証するために、検証シーンおよび検証環境の再利用をサポートしなければならない。	2	3	2	3	4	4	4	4	4	4	4	4	2	2	2	2	2	2	1	1	4
6.12	プラグアンドプレイ	サブシステムの識別に自動構成のメカニズムを基礎立しなければならない。これらのメカニズムは、未経験のユーザにより誤操作で改悪しないロバストなものでなければならない。	3	3	3	2	2	1	3	4	4	2	1	3	2	2	2	2	1	1	3	1	4
6.13	フィールドでのアップデート ソフトウェア	ソフトウェアモジュールの現場アップグレードをサポートするアーキテクチャ。	1	1	1	1	2	2	2	2	1	2	2	4	4	3	2	2	4	2	4	2	4
6.14	フィールドでのアップデート ハードウェア	ハードウェアコンポーネントの現場アップデートをサポートするアーキテクチャ。	1	1	1	1	2	4	4	4	4	2	4	4	4	4	2	2	2	2	4	1	4

凡例：
1	Essential
2	Very Desirable
3	Desirable
4	Don't Care
5	Forbidden

出所）ARTEMIS（2006）より筆者作成。

表 A2-8 EU 産業界の自己組織化に関する優先順位評価

No.	項目	概要/研究課題	Automotive				Industrial							Consumer									
			A1	A2	A3	A4	I1	I2	I3	I4	I5	I6	I7	C1	C2	C3	C4	C5	C6	C7	C8	C9	C10
7.1	ユビキタス・セキュアー・コネクティビティ	ユビキタスな確実な接続性をサポートするアーキテクチャ	3	3	1	2	4	4	4	4	4	4	4	4	1	2	1	1	3	2	2	2	1	4
7.2	モバイル・アドホック・ネットワーク	モバイルアドホックネットワーク(MANET)をサポートするアーキテクチャ	3	2	1	2	2	1	4	1	1	4	3	4	1	3	1	2	2	2	2	2	1	4

凡例:
1 Essential
2 Very Desirable
3 Desirable
4 Don't Care
5 Forbidden

出所) ARTEMIS (2006) より筆者作成.

表 A2-9 EU 産業界のその他に関する優先順位評価

No.	項目	概要/研究課題	Automotive				Industrial							Consumer									
			A1	A2	A3	A4	I1	I2	I3	I4	I5	I6	I7	C1	C2	C3	C4	C5	C6	C7	C8	C9	C10
8.1	Pollacks ルール	ポラックの法則を凌駕したアーキテクチャー	3	2	2	2	4	4	4	4	4	4	4	4	4	3	3	2	3	4	4	3	3	4
8.2	プログラミングモデル	アーキテクチャのすべてのその他の望ましい特性を保持する適切なプログラミングモデルを提供すること(例えば、時間的組込み性)	4	4	2	2	2	3	2	3	4	1	3	2	2	1	3	1	1	1	3	2	1	3
8.3	半導体コストパターン	数量の小さなアプリケーションの要求事項に適応できる主要製品に基づく汎用ソリューションの開発。	2	2	2	3	4	4	2	4	4	4	4	3	1	3	2	2	2	2	4	2	2	4
8.4	シリコンマスク再利用	シリコンマスクのコストおよび製造設備のコストを最小限に抑えなければならない。	3	1	2	4	4	4	4	4	4	3	4	4	1	3	3	3	3	2	2	4	4	4
8.5	異なったスケーリング	技術ごとにスケーリングが異なる事実を考慮したアーキテクチャ	3	2	2	3	4	4	4	4	4	4	4	4	3	2	2	2	2	2	4	3	1	4
8.6	適応能力	マンマシンインタフェースのサブシステムは、ユーザ固有の挙動に適応する能力を持っていなければならない。	2	2	2	3	4	2	3	4	4	4	4	3	4	4	1	5	2	3	1	4	3	4
8.7	高いボリュームのマーケット	技術により実現した大量市場から出現した発明/技術/システムは、それぞれの分野以外では完全に不適当である場合がある。	2	2	2	3	4	4	4	4	4	1	2	2	1	3	3	2	2	2	3	4	3	2
8.8	実行不可能なバーンイン(テスト)	試験は、加速寿命試験に依存してはならない。	2	2	2	2	4	4	4	4	4	4	4	4	4	3	4	2	2	3	5	3	4	4
8.9	少ないピン数	試験にのみ必要なチップのピン数は、少なくなければならない。	2	2	2	2	4	4	4	4	4	3	4	4	4	3	3	3	2	4	2	3	4	4
8.10	汎用マンマシンインタフェース	様々な異なるアプリケーション領域に使用できるマンマシンインタフェースの一般基準を開発しなければならない。	5	5	3	4	2	4	3	1	4	4	4	3	4	5	2	5	2	2	1	4	3	4

凡例:
1 Essential
2 Very Desirable
3 Desirable
4 Don't Care
5 Forbidden

出所) ARTEMIS (2006) より筆者作成.

索　引

〈アルファベット〉

ADA　220
ARTEMIS　68,77,90-105,283
ARTIST　181
ArtistDesign(NoE)　180
ARTOP　218
ASAM　114,123
ASCET　215
ASIL　197
ASRB　231
ATEEST　215
Automotive SPICE　128,204
AUTOSAR　109,137,218,240,246
Beyond Level 5　176
Bメソッド　198,277
C++　220
C♯　221
CAN　120,161,230,233
CMM　204
CoPS（複雑な製品システム）　36
Cyber-Physical System　182
EAST-ADL2　215,226
ECLIPS　217
Eclipse Automotive Interest Group　218
Eclipse Foundation　217
ECU　34
EDONA　222
EICOSE　102
ERA 構想　69,259
ERCIM　201
ESD　179
ETP（欧州技術プラットフォーム）　64,88,90
ETSS　205
EURAKA　60
Event-B　198
FET　201
FIBEX　114,125
FlexRay　113,119,231,235
FP7　61,213,259
Framework Programme（FP）　60
Global Europe　82

Go 言語　224
GSM 携帯電話　74
HIS　112,114,125,130,163
IAP（インプリメンテーション・アクション・プラン）　65
IDB 1394　231
IEC 61508　195
Industry Follow Group　200
INTERESTED　212
IP　180
ISO 15504　204
ISO 16949　204
ISO 26262　197,248
JasPar　115
Java　221
JTI（共同技術イニシアティブ）　66,77,89,98
LIN　113,231,232
Microdoft F♯　225
MISRA　129
MODISTARC　118,210
MOST　113,231,242
OSEK/VDX　111,116,216
Papyrus　219
Ruby 言語　221
SECI モデル　31,43
SFIA　205
SML♯　221
SRA（戦略的研究アジェンダ）　65,92,98
STREP　180
TOPPERS　216
TOPSCASED　218
TTCN　113,166
TTP/C　120,122
UML　188,280
UML/MARTE　217
VCC　202
VDM　200,277
Verified Compiler　201
Verified Repository　201
Verisoft　202
VFB　138
V字型開発過程　174

X-by-Wire　194

〈ア　行〉

アーキテクチャ記述言語　190
新しいアプローチ（New Approarch）　58
アプリケーション・コンテクスト　94
アプリケーション性質　274
イノベーション　5
イノベーション・システム　44
イノベーションの国家システム　32
イノベーション・ロードマップ　104
インターフェイス　40
インターフェイス標準　38, 40, 41
ウィーン工科大学 RTSG　121
エコシステム　29
エコスステム（産業エコシステム）　67
エンジニアリング技術　176
欧州型オープン・イノベーション・システム　79
横断型基幹技術　95, 105
オープン・イノベーション　6, 24, 29, 256, 267
オープン・ネットワーク　8
オープンソース　216

〈カ　行〉

カールスルーエ大学 IIIT　118
価値ある信頼性　174, 196
消え行く手仮説　38
企業ネットワーク　8, 257, 265
機能安全　195
共通の戦略的枠組み（common strategic framework）　261
共同研究支援政策　57
共同研究助成プログラム（Cooperation program）　66
組込みシステム　34, 42, 78
組込みソフトウェア　35, 177
クローズド・イノベーション　28
形式手法　183
形式仕様記述言語　223
形式仕様言語　271
形式体系　272
軽量形式手法　278
系列ネットワーク　8, 265
研究ドメイン　95

検証法　271
コア・ネットワーク　8, 265
鉱工業研究組合法　57, 258
構築からの正しさ　175, 276, 280
国際競争力　264
国家イノベーション体制　32
国家共同研究法　258
国家特殊優位　262
コンセンサス標準化プロセス　110, 131
コンソーシアム　109
コンフォーマンス・テスト　113, 118, 246, 251

〈サ　行〉

鎖状リンク・モデル　31
サニティ検査　274
産業クラスター政策　262
産業集積　32
時間制約　193
事後検証　281
市場の密度　39, 45
システミック・イノベーション　36, 39
システム・インテグレータ　37
車載ソフトウェア　177
充足可能性　273
状態爆発の問題　278
自律的イノベーション　38, 40
進化ケイパビリティ論　38
進行性　275
性質仕様表現言語　275
製品アーキテクチャ　167
政府支援のデメリット　80
設計方法論　279

〈タ　行〉

ダイアモンド・モデル　262
代替の経済　41
タイプ整合性　273
タイミング要求　192
正しさの基準　273
縦の調整　109, 118
単一の欧州　59
小さな政府　55
チャンドラー型企業　28
超 LSI 研究組合　57
調整メカニズム　42

出口戦略　82
デジュリ標準　110
デファクト標準化プロセス　110
電気自動車　158
同期言語　222
動的取引コスト　38, 39
独禁法（反トラスト法）　57
ドメイン固有モデリング　188

〈ナ・ハ行〉

ナショナル・イノベーション・システム　7, 258
ナショナル・チャンピオン政策　56
ネットワーク型オープン・イノベーション・モデル　31
バックスラッシュ　174
バッファリングの緊急性　39, 45
パリ地下鉄　198
バリュー・ネットワーク　31, 43, 109
範囲の外部経済　41
汎用的な専門家　40, 46
ビュー　190
標準　40, 42
標準化　57, 96, 110, 132, 233, 250, 254, 266
不具合発見　278

複雑性問題　5, 299
プラットフォーム・リーダーシップ　29
プロセス管理　176
分散リアルタイム　177
文法規則　273

〈マ・ヤ・ラ行〉

マス・カスタマイゼーション　40
モジュラー化　45
モジュラー・システム　40, 41
モデリング技術　183
モデリング言語　186
モデルに基づく開発　184
モデルベース開発　184
ユーレカ・イニシアティブ　210
要求仕様　186
横の調整　109, 111, 113, 114
リアルタイム組込みシステム　177
リサーチ・アソシエイション制度　258
立地優位性　262
リニア・イノベーション　5
リファインメント　198, 276
ルクセンブルグ宣言　56
ロジック・モデル検査　278

編著者紹介

徳田昭雄（とくだ　あきお）

1971年生まれ．立命館大学経営学部准教授．
主要業績：
Tokuda, A. (2009) "International Framework for Collaboration between European and Japanese Standard Consortia," in Kai. Jacobs eds. *Information and Communication Technology Standardization for E-Business Sectors*, IDEA Group Publishing.
徳田昭雄　編（2008）『自動車のエレクトロニクス化と標準化』晃洋書房．
徳田昭雄（2000）『グローバル企業の戦略的提携』ミネルヴァ書房（国際ビジネス研究学会賞）．

立本博文（たつもと　ひろふみ）

1974年生まれ．兵庫県立大学経営学部准教授．
主要業績：
Tatsumoto, H., Ogawa, K. and Fujimoto, T. (2009) "The effect of Technological Platforms on the International Division of Labor: A Case Study on Intel's Platform Business in the PC Industry," in Gawer, A. (ed) *Platforms, Markets and Innovation*, Cheltenham, UK and Northampton, MA, US: Edward Elgar.
立本博文・高梨千賀子（2010）「標準規格をめぐる競争戦略──コンセンサス標準の確立と利益獲得を目指して」『日本経営システム学会誌』Vol. 26, No. 3, pp. 67-81.
立本博文・許経明・安本雅典（2008）「知識と企業の境界の調整とモジュラリティの構築：パソコン産業における技術プラットフォーム開発の事例」『組織科学』第42巻2号，pp. 19-32.

小川紘一（おがわ　こういち）

1944年生まれ．東京大学知的資産経営総括寄附講座特任教授．
主要業績：
小川紘一（2009）『国際標準化と事業戦略』白桃書房．
小川紘一（2006）「DVDの標準化事業戦略」『国際標準化とグローバル・スタンダード』日本規格協会．

オープン・イノベーション・システム
――欧州における自動車組込みシステムの開発と標準化――

2011年7月30日　初版第1刷発行　　＊定価はカバーに表示してあります

編著者の了解により検印省略	編著者	徳　田　昭　雄 ⓒ
		立　本　博　文
		小　川　紘　一
	発行者	上　田　芳　樹

発行所　株式会社　晃　洋　書　房

〒615-0026　京都市右京区西院北矢掛町7番地
電話 075(312)0788番(代)
振替口座　01040-6-32280

印刷　創栄図書印刷㈱
製本　㈱兼文堂

ISBN978-4-7710-2287-4

徳田昭雄 編著
自動車のエレクトロニクス化と標準化
――転換期に立つ電子制御システム市場――
A 5 判 258頁
定価 2,835円

塩見治人・梅原浩次郎 編著
トヨタショックと愛知経済
――トヨタ伝説と現実――
A 5 判 258頁
定価 2,730円

伊達浩憲・佐武弘章・松岡憲司 編著
自動車産業と生産システム
A 5 判 210頁
定価 2,625円

橋本輝彦・岩谷昌樹 編著
組織能力と企業経営
――戦略・技術・組織へのアプローチ――
A 5 判 254頁
定価 2,625円

M. ドジソン・D. ガン・A. ソルター
太田進一 監訳　企業政策研究会 訳
ニュー・イノベーション・プロセス
――技術, 革新, 組織――
A 5 判 262頁
定価 3,150円

宮内拓智・小沢道紀 編著
ドラッカー思想と現代経営
A 5 判 216頁
定価 2,625円

――――― 晃 洋 書 房 ―――――